増補版

メディアの議題設定機能

マスコミ効果研究における理論と実証

竹下 俊郎

学 文 社

The Agenda-Setting Function of the Media:
Theory and Verification in Mass Communication
Effects Studies (Expanded Edition)
by
Toshio TAKESHITA

Tokyo: Gakubunsha Co., Ltd., 1998, 2008
ISBN 978-4-7620-1876-3

目次

序章

大学の授業で毎年必ずといっていいほど見せるビデオがある。アメリカのイカルス・フィルムズ・インターナショナルが一九八七年に制作したドキュメンタリー作品で、一九八〇年代中盤に起こったエチオピアの飢餓を、欧米のメディアがどのように報じたかを検証したものである。日本でも一九八九年三月にＮＨＫで放映されているから、もはや一昔前の話題といっていいかもしれない。しかし当時欧米のジャーナリズムではかなり論争を引き起こした有名なエピソードであり、その意義は今も失われていない。

エチオピアの飢餓の惨状は、一九八四年一〇月にまずイギリスのＢＢＣが、続けてアメリカＮＢＣが生々しい映像を紹介したのをきっかけに、にわかに欧米のメディアの注目を浴びる。その結果、世界各地で大規模な救済キャンペーンがわき起こった。

しかし、この番組の指摘によれば、エチオピアの飢餓はじつはＢＢＣが報じる一年も前からすでに進行していた。だが、エチオピア政府からの必死の呼びかけがあったにもかかわらず、欧米のメディアは当初この問題にあまり関心を示さなかった。アフリカの飢餓がニュースバリューのある出来事として欧米のジャーナリストに認知されるようになったのは、皮肉なことに、事態がとりかえしのつかないところまで悪化し、死屍累々の惨状が出るようになった後であった。

番組自体は、エチオピアの飢餓の「発見」を遅らせ、また発見した後には終始センセーショナルな取り上げ方をした欧米メディアの、その関心の「偏向」を告発したものである。しかし、番組を離れていえば、当時「偏向」はまだほかにもあったのである。じつはエチオピアの飢餓とほぼ同時期に、ブラジルでも二〇〇年来の大干ばつがあり、多くの人びとが飢えに苦しんでいた。にもかかわらず、こちらの出来事は西側のメディアにはほとんど無視された。ブラジルの場合、政府の食糧配給所が広範な地域に散在しており、エチオピアのように被災者が特定の場所に群がり、その中で子どもたちが次々に息絶えていくといった光景は見られなかった。テレビカメラを引きつけるような「見せ場」を作れなかったことが、ブラジルの飢餓が注目されなかった一因だといわれている（Boot, 1985）。

またエチオピアにしても、メディアの脚光を浴び、これで万事めでたしというわけでは決してなかった。救済キャンペーンは、有名なロックミュージシャンが参加し、衛星中継で世界中に放送されたチャリティコンサート「ライブエイド」にまで発展した。政策面へのインパクトの一例として、アメリカの対エチオピア援助額も急に倍増された（それまでエチオピア政府は親モスクワ政権ということで敬遠されていた）。だが、一九八四年の一〇月から先進国のメディアで大々的に取り上げられた飢餓報道は、そのわずか一〇カ月後には激減してしまう（Rogers & Chang, 1991）。飢餓を生み出す構造自体は変わらず、事実その後も繰り返し飢餓が襲っているにもかかわらず、メディアの注目から外れたエチオピアは、先進国の大多数の意識からも消えてしまったように見える。[1]

エチオピアの飢餓のエピソードは、現代人の現実認識におけるマスメディアの役割を考えるうえできわめて示唆的である。一九八三年秋から八四年秋にかけての一年間というもの、エチオピアの飢餓という事態は、先進国に住む大多数の人びとにとっては存在しないも同然だった。そして八四年も末になって突如立ち現われた飢餓問題は、わずか一年ほどの間に、再び表舞台から消え去った。A・ダウンズは、公衆が社会問題に注目する仕方には一定のパターンがあるとして、それを「争点注目サイクル」（issue-attention cycle）と命名したが（Downs, 1972）、エチオピアの飢餓問題でもこうした注目のサイクルが見られたのである。そして、この公衆の注目の盛衰に大きな影響を与えたのがメディア報道であった。

議題設定機能とは

W・リップマンは、かつてマスメディアの働きをサーチライトにたとえた（Lippmann, 1922）。「新聞はサーチライトのようなもので、休みなく動き回りながら暗闇のなかに一つまた一つとエピソードを浮かび上がらせる」（邦訳下巻、二二一ページ）。そもそもニュースとは、「社会状況の全面を映す鏡ではなくて、ひとりでに突出してきたある一面についての報告である」（同、一九三ページ）。

ふだんわれわれがニュースを介して現実として知覚する事柄は、現実世界で生起した事象のごく一部にすぎない。実際に起こった幾多の事件や出来事のうち、何をニュースとして取り上げるかは、メディア制作者の価値判断に委ねられている。メディアは日々の報道において、比較的少数の争点やトピックを選択し、またそれらを格づけしながら提示することで、人びとの注目の焦点を左右し、いま何が重要な問題かという人びとの判断に影響を与える。これを「マスメディアの議題設定機能」（the agenda-setting function of mass media）と呼ぶ。

議題設定機能もしくは議題設定効果の仮説は一九七〇年代初頭に、アメリカのコミュニケーション研究者M・マコームズとD・ショーの二人によって提起された（McCombs & Shaw, 1972）[2]。この一九七〇年代はマスコミュニケーション研究、とくにその中心である効果研究にとってまさに転機となる時期である。一九六〇年代までの効果研究はメディアの説得的効果の追究に焦点を合わせてきたが、結果として得られた一般化は、メディアが受け手の既存の態度を変化させうる機会は限定されている、というものであった。いわゆる「限定効果論」（the limited effects theory）である。この仮説は、マスメディアの無能力さを意味するものと解釈された結果、研究者の意欲に水を差し、効果研究に一時的な停滞をもたらすことになる。

そうした中で七〇年代に入ると、態度レベルではなく、認知レベル（メディアからの知識の学習）に視点を移すことで、マスメディアの効果を再評価しようとする理論仮説が登場するのである。この新しい流れの代表格が議題設定効果である。議題設定効果は、マスメディアの能力は、人びとが「何を考えるのか」（what to think）よりも、むしろ「何について考えるのか」（what to think *about*）を規定するところにある、と発想を変えることで、効果研究の再活性化に寄与したのである。

議題設定効果を因果命題として言い換えると、「マスメディアで、ある争点やトピックが強調されればされるほど、その争点やトピックに対する人びとの重要性の認識も高まる」ということになる。社会システムの観点から見れば、議題設定の機能とは、成員の注目を優先度の高い少数の争点に集中させることにより、社会的な合意形成を発動させることだといえる。もちろん、注目の焦点化は必然的に「盲点」の形成をも伴う。冒頭のエピソードで、エチオピアの飢餓が欧米の人たちの視野から一年近く外れていたり、ブラジルの大干ばつがまったく顧慮されなかったりしたのは、その一例にほかならない。

本書の目的と構成

議題設定仮説が最初に提起されてからすでに四半世紀が過ぎようとしている。この間にこの仮説をめぐってじつに多くの理論的実証的検討がなされてきた。では議題設定仮説は、マスメディアの社会的役割をどう説明しようとするものなのか。実証研究の結果として何が明らかになり、何がまだ明らかになっていないのか。総じていえば、議題設定研究はマスコミュニケーション活動に対するわれわれの理解にどのような貢献をなしてきたのだろうか。本書は、こうした問題に対する筆者なりの追究の軌跡である(3)。

本書は以下のような構成にしたがう。まず一章では議題設定仮説登場の文脈について述べる。議題設定仮説がメディア効果研究の流れの中でどう位置づけられるのか、そのアプローチの特徴は何か、について考察したい。マコームズとショーはこの仮説の創始者といわれているが、しかし議題設定機能の発想自体は彼らの独創ではない。マコームズらの功績は、このアイディアを実証可能な命題へと定式化し、操作化のモデルを提示したことにあると考えられる。議題設定と発想を共有する先行研究（その中には、日本で提起された擬似環境論も含まれる）を取り上げながら、議題設定が、マスメディアの現実定義機能を追究する研究系譜の一部として位置づけられることを示したい。

二章では、限定効果論以降の効果研究のうち、議題設定研究以外について取り上げたい。うちひとつは、限定効果論の見直しに関わる研究動向であり、もうひとつは、議題設定とほぼ同時期に提起された新しい理論仮説についてである。これらは、議題設定と併せて、マスメディア効果の再評価にむすびつく研究だといえる。

三章は、議題設定研究自体の発展についての概観である。とりわけ、基本仮説がどう概念的に精緻化され、どのような実証研究がなされてきたか、結果として議題設定効果について何が明らかになったのかを論じたい。議題設定の実証的テストは典型的には、メディア報道の量的内容分析と世論調査とを組み合わせることによって行なわれる。筆者は、こうした計量的・行動科学的な研究方法を唯一絶対と考えるものでは決してない。とはいえ、もともとマスコミュニケーション論の分野では、直感に基づく安易な一般化や印象批評がともすれば幅をきかせてきた。そうした風潮の中で「思弁による推論を排して実証を重んじるという、一九四〇年代以降の受容過程研究における特徴的姿勢」（竹内、一九八二、七九ページ）は、それなりに評価されてもよいのではないかと考える。議題設定研究もまた、こうした受容過程研究の伝統を継承しているのである。

四章と五章は、日本における議題設定仮説の検証例である。ここでは筆者の既発表論文をかなり原型に近い形で再録している。時期的にはいささか古いものもあるが、しかし、それら自体が日本における議題設定研究の歴史の一部を構成しているという意味で、載せる価値もあるのではないかと考えた。

六章では議題設定研究の今後の課題を示す。研究の新たな発展の方向として三つを挙げた。第一に、受け手効果分析として拡張深化させていく方向、第二に、受け手分析だけでなく送り手分析も含めた、マスコミュニケーション過程全体をカバーする研究へと発展させていく方向、そして第三に、政治過程におけるマスメディアの役割の解明を志向した、よりマクロなモデルの構築を目指す方向、である。

そして終章では、現在進行しつつあるメディア環境の変化が、マスメディアの議題設定機能にどう関連するか、という問題について考えてみたい。情報技術の進展とそれに伴う新しいメディアの増殖は、社会的コミュニケーションの形態の多様化をもたらす。マスメディアの領域においても、多メディア化・多チャンネル化がいやおうなく進行する。こうした変化が、マスコミュニケーション活動、とくにジャーナリズム活動（時事的問題に対する報道・論評活動）の機能に及ぼすインパクトについて、若干の考察を試みたい。

なお本書は、議題設定に関して筆者がこれまで発表してきた論文を基にしている。しかし、四章と五章は別として、ほとんどの章は、原論文に大幅な加筆修正を施したり、あるいは一部だけを使ったりというふうに、原型をとどめないものとなっている。初出一覧を示さ（せ）なかったゆえんである。

注

（1）一例として、一九九一年五月一四日号の『AERA』は、「アフリカの飢餓」という記事を載せている。「世界が東欧や中東に目を向けているうちに、アフリカの飢餓は今年、静かに進行している。このまま対応が遅れれば、事態は八四年当時より深刻になる可能性がある」（一〇ページ）。

（2） 従来の議題設定研究の用語法では、議題設定「機能」と議題設定「効果」という言葉は互換的に用いられてきた。あるいは、機能や効果という語は取り払い、単に議題設定と呼ばれることも少なくない。本書も基本的にはこうした慣例に従うこととする。ただし、筆者のおおまかな使い分けとしては、メディアが個人に及ぼす変化を指すときには議題設定効果、社会システムに対するメディアの役割を意味するときには議題設定機能という呼称を用いる。なお、本書全体の題目が議題設定機能となっているのは、議題設定研究の究極の目的が、社会の一制度としてのマスメディアの役割解明にあると考えるからである。

（3） マスコミュニケーションとマスメディアの用語法について若干付言したい。マスコミュニケーションとは、不特定多数を対象としたメッセージの大量伝達という一種の社会的活動を指し、マスメディアはそうした活動を担う送り手としての機構を意味している。したがって、二つの語はいちおうは区別できるが、しかし、受け手の立場から効果や機能を論じる場合には、従来これらの語は互換的に用いられてきた。本書もそうした慣例に準じている。なお、近年の情報化の進展とメディア環境の変容に伴い、マスコミュニケーションの概念も再定義を迫られつつあると考える。筆者自身も別稿で、マスコミュニケーションに対する新たな定義づけを試みている（竹下、一九九九）。

一章　議題設定仮説登場の文脈

一　限定効果論

マスメディア効果の実証的研究が本格的に開始されたのは、一九三〇年代のアメリカにおいてであった。当初、研究の中心的テーマとして選ばれたのは、短期的な説得的効果の追究である。すなわち、マスメディアの説得的メッセージは、受け手の態度や行動をいかに変化させうるかということが主たる研究課題となった。

こうした課題の選択には、当時のアメリカの社会情勢が反映していたとE・カッツは指摘する（Katz, 1987）。ニューディール政策への市民の協力の確保、総力戦に向けての兵士や国民の戦意の高揚、ファシズムや共産主義の国際的政治宣伝からの市民の防御といった問題が、国家の緊要な関心事とされ、研究者も専門家として協力を要請されていたからである。これとは別に、広告効果に関心を持つラジオ局や広告主企業の影響を指摘する論者もいるが、しかし、少なくとも（当時のラジオ研究のメッカであった）コロンビア大学応用社会調査研究所の面々は、商品や票をいかに売るかということよりも、もう少し社会的な広がりをもった問題関心に動機づけられていた、とカッツは述懐している。

『ピープルズチョイス』

ともあれ、とくに一九四〇年代、五〇年代には、マスメディアの説得的効果に関する数多くのフィールド調査研究や実験室的研究が行なわれた。研究の蓄積から明らかになったことは、少なくともフィールド調査のような自然的状況では、メディア・メッセージによる受け手の態度変化は相対的に起こりにくいということであった。

この知見は、一九四〇年のアメリカ大統領選挙の際に実施され、後に選挙キャンペーン研究の記念碑的業績といわれるようになったオハイオ州エリー郡調査において、すでに見いだされている。コロンビア大学のP・ラザーズフェルドらによるこの研究は、『ピープルズチョイス』という書名で出版され、政治学の投票行動研究でも古典と目されている（Lazarsfeld, Berelson, & Gaudet, 1944）。だが、もともとはマスメディアの効果を追究するために計画された調査であったとラザーズフェルドは述べている[1]。

半年にわたるパネル調査の結果は、しかしながら、ラジオや新聞、雑誌を介した政党宣伝の効果がかなり限定されていることを示したのだった。すなわち、キャンペーン期間中、メディアの政治宣伝に最もよく接していたのは、すでに投票意図が確定した有権者であり、しかもこうした人たちは、反対党の宣伝よりも支持政党の宣伝により多く接触する傾向が見られた。したがって、彼らに対しては、投票意図を変化させるような効果が生じる余地はほとんどなかった。他方、キャンペーンの主唱者が標的としていた投票意図未確定の有権者は、その選挙関心の低さゆえに、マスメディアの政治的な内容にはあまり接触しないことがわかった。説得的メッセージを受け入れる余地が最も大きいと思われる人たちは、皮肉なことにメディアの到達圏の埒外にいたのである。

ところで、この研究は予想外の副産物をもたらした。選挙関心が低く、投票意図の決定時期の遅い人たちに対して、意思決定の決め手になった要因をたずねたところ、マスメディアよりも家族や友人の助言を挙げる人が多いことがわかった。この知見をきっかけとして、パーソナルな影響力への注目が高まり、有名な「コミュニケーションの二段の流れ」仮説（the hypothesis of the two-step flow of communication）が誕生することになる。R・マートンが経験的調査の理論に対する機能の一つとして挙げる「掘り出し」（serendipity）の好例である（Merton, 1957）。そして、このアイディアは一九四五年のイリノイ州ディケイター研究へと発展し、後に名著『パーソナルインフルエンス』として結実することになるのである（Katz & Lazarsfeld, 1955）。この研究の場合も、個人の意思決定の過程においてはマスメディアよりもオピニオンリーダー（家族や友人・知人といったごく身近にいる助言者）のほうが影響力があると主張する点で、マスメディア効果を限定する見方へとつながるものであった。

クラッパーの一般化

エリー郡調査以降も、選挙キャンペーンや公共キャンペーンを対象とした多くの調査研究が行なわれるが、総じていえば、それらは『ピープルズチョイス』の知見を追認するものであることが多かった。そして、一九三〇年代から五〇年代にかけて実施された、膨大な数の説得的効果研究の成果を集大成し、知見の一般化を試みたのがJ・クラッパーである。彼は、一九六〇年に出版された『マスコミュニケーションの効果』という著作の中で、それまでの調査研究から抽出された、メディアの説得的効果に関する一般化命題を提示した（Klapper, 1960）。

クラッパーによる一般化は五つの命題から成っているが、そのエッセンスを取り出すならば、①マスメディアの効果過程には媒介的諸要因が存在すること、②こうした媒介的諸要因の働きによって、マスメディアは受け手の既存の態度を変化させるよりも補強する方向に作用しがちであること、の二点であろう。すなわち、マスメディアによる説得的コミュニケーションの効果は、態度変化よりも、むしろ、受け手の今ある態度を補強する方向に作用することが多い、という結論である。

効果の証拠として想定されていた態度変化が限定的にしか起こらないということが、当時の研究者の間ではマスメディアの無力さを表わすものとして解釈された。このクラッパーの一般化は後の研究者から限定効果論（the limited effects theory）と呼ばれることになる。あるいは極小効果論（the minimal effects theory）と名づける研究者もいる（ただし、クラッパー自身がこれらの呼称を用いているわけではない）。

マスメディアが受け手の態度の補強をもたらす理由を、クラッパーは、刺激（説得的メッセージ）と効果との間に介在する媒介的諸要因の作用に帰したわけだが、なかでも重要な媒介要因として挙げたのが、受け手の心理学的要因としての「選択的メカニズム」と、社会学的要因としての「対人ネットワーク」である。

選択的メカニズムには、選択的接触、選択的知覚、選択的記憶がある。人は、既存の態度と合致するようなメッセージにはすすんで接触し、態度と相容れないメッセージは回避しようとする（選択的接触）。また、メッセージを解釈する場合にも、自分の既存の態度に引き寄せて都合良く解釈する傾向が見られたり（選択的知覚）、あるいは自分の態度と合致する内容だけをよく覚えていたりする傾向がある（選択的記憶）。人が誰しも持っているこうした自我防衛機能のおかげで、受け手の態度を変えようとする説得的メッセージの威力は相殺されると仮定したのである。

他方、対人ネットワークは、個人にとって準拠集団として機能する。もし、ある説得的メッセージの主題に関してネットワーク内で特定の規範が共有されていた場合には、それは、ネットワーク内の個人がメッセージを評価する際の基準として働くだろう。また、ネットワーク内での対人コミュニケーションは、ネットワークの凝集性が高いほど、規範を相互に確認しあい、逸脱を牽制するものとなろう。結果として、集団の規範的見解と相容れない説得的メッセージは、仲間内で否定的な評価を受け、拒絶されてしまうことが多い。こうして対人ネットワークは、個人による情報の受容や拒絶に大きな影響を持つのである。それは、Ｅ・カッツが的確に指摘するように、対人ネットワークが、① 情報の通路として、② 社会的圧力の源泉として、そして、③ 社会的支持の源泉として機能するからである

(Katz, 1957)。

選択的メカニズムと対人ネットワークは、どちらかといえばミクロなレベルで作用する要因である。じつはクラッパーはもうひとつ、マクロなレベルでの要因――これは媒介要因というよりも先行要因と呼ぶほうがふさわしい――を挙げている。それは「自由企業社会におけるマスメディアの性質」と呼ばれる。自由企業社会におけるマスメディアは、その商業的基盤を保持するために、社会で支配的（少なくとも逸脱的ではない）と認められるような見解や価値を伝達しがちである。メディアの存立構造自体が、保守的な、あるいは現状維持的なバイアスをもたらすと主張するものである。

この仮定は一見もっともらしいものではあるが、しかし、限定効果論の説明の論理からは割愛してもよいのではなかろうか。なぜなら、第一に、選択的メカニズムと対人ネットワークの二要因が、実証研究に基づいて抽出されてきたものであるのに対し、三番目の、メディアの商業的保身という要因は、あくまでも推論に基づいたものでしかない。第二の理由は、この要因は「正統」対「逸脱」あるいは「主流」対「異端」といった対立状況を想定したものであるが、説得的コミュニケーション研究で取り上げられる題材はそれだけにとどまらない。二大政党や化粧品のブランドのように、両選択肢とも「正統」と認められた枠内での競争であっても、片方の選択肢に入れ込んでいる人を、メディアによって別の選択肢へと宗旨替えさせることは難しい――。これが従来の説得的コミュニケーション研究が示してきたことなのである。したがって、限定効果論の論理の中心は、選択的メカニズムと対人ネットワークという両媒介要因の作用にこそあると考えられる。

このように限定効果論は、一九六〇年の時点での説得的効果研究の集大成であり、重要な業績である。しかし同時に、この仮説がマスコミュニケーション研究とくに効果研究に対しては逆機能的なインパクトを持ったことも指摘しておかなければならない。

クラッパー自身著書の中で、この一般化があくまでも試論的、暫定的なものであることを断わってはいる。しかし、結果として研究者の間では、この理論仮説が金科玉条のように扱われる傾向が生じたのである。後にR・ブラウンが回顧しているように、「方法（および理論）の進歩によって、消化不十分な諸知見が蓄積されている研究領域では、包括的な総合がそれ自体ドグマと化してしまう危険がある」（Brown, 1970, p. 53）。

限定効果論の絶対視は、「効果研究で重要なことはやりつくされてしまった」というムードを生み、マスコミュニケーション研究者の意気を阻喪させることにつながった。もっとも、限定効果論の命題自体にも、そうした傾向を誘発する要素がなかったわけではない。メディアの効果が受け手の既存の態度の補強でしかないのなら、真に探究すべきは、受け手の態度形成を規定するメディア以外の要因である、という話になっても不思議ではない。クラッパーの一般化は、研究者の問題関心を、マスメディアからそらす機能を果たしたのである。限定効果論の登場は、皮肉なことに、メディア効果研究に一時的にではあるが水を差す結果をもたらしたのである。

二　魔法の弾丸理論の神話

限定効果論に関連し、ひとつ補足しておきたいことがある。

マスコミュニケーション論の教科書を見ると、効果研究の理論仮説の変遷として、「魔法の弾丸理論」（the magic bullet theory）や「皮下注射針モデル」（the hypodermic needle model）というモデルが最初にあり、それらが実証研究から反証を受け、やがて限定効果論にとって代わられる、という記述をしているものが少なくない（たとえば、有名な教科書である、DeFleur & Ball-Rokeach（1989）などを参照）。この場合の魔法の弾丸理論とは、マスメディアが一人ひとりの受け手に無媒介的に作用し、誰に対しても強力かつ画一的な反応を引き起こすと仮定するものである。

たしかに、マスメディアは強大な力をふるうという見方は、つとに世間の「常識」となってきた。しかし、一般の人びとのマスメディアに対するイメージは別として、少なくともメディア効果研究の領域において、初期の、すなわち一九三〇年代、四〇年代の研究者が、実際に魔法の弾丸理論のような理論仮説を前提としていたかという点はいささか疑わしい、とＳ・チェイフィーとＪ・ホーホハイマーは述べる（Chaffee & Hocheimer, 1985）。専門の研究者で魔法の弾丸理論にいちばん似たようなことをいったのはＨ・ラスウェルである（文字通りこういう用語を使ったという確証はないが）。しかし当時のキャンペーン効果研究者の視野には、ラスウェルは入っていなかったはずだと彼らはいう。

チェイフィーらの指摘には、たしかに首肯できる点がある。たとえば、一九三八年一〇月の「火星人来襲騒動」や、一九四三年九月の「戦時国債購入マラソン放送」は、マスメディアの大きな影響力を示したエピソードとして有名である。前者は、俳優オーソン・ウェルズが監督・主演した「火星人来襲」のＳＦラジオドラマが、聴取者に本物のニュースと誤解され、アメリカ全土で約一〇〇万人が不安におののいたといわれる事件である。また後者は、国民的人気を誇る歌手ケイト・スミスが、ラジオで朝八時から深夜二時まで一八時間ぶっとおしで戦時国債購入を訴え、一日で三九〇〇万ドルの売り上げをおさめたというエピソードである。両事例とも、当代一流の心理学者や社会学者による綿密な調査が行なわれ、報告書が刊行されている（Cantril, 1940; Merton, 1946）。それらはマスコミュニケーション研究における古典となっている。

だが、どちらの事例の場合も、実際にそれらを調査した研究者たちの念頭に、魔法の弾丸理論的な効果観があったとは思われない。調査のデザインを見るならば、彼らは、メディア効果がすべての受け手に同じように起こるわけではないことを最初から十分認識したうえで、効果が生じる条件の特定に努めていたのである。

魔法の弾丸理論（皮下注射針モデル）は、じつはラザーズフェルド以降の世代によって、自分たちのモデルを引き立てるための一種のわら人形（strawman＝議論のために引き合いに出される根拠の薄い仮説）として、後から提出されたものではないか、というのがチェイフィーらの仮説である。

教科書では、メディア効果研究における理論仮説の変遷を時計の振り子にたとえることがよくある。まず最初に、魔法の弾丸理論のようにマスメディアを強力だとみなすモデルがあり、次に振り子が反対に振れて、メディアの影響をとるに足らぬものとする見方（限定効果論）が優勢となり、さらに再び、議題設定のようにメディア効果を再評価するモデルへと振れ戻しがある、という説明である。たしかにわかりやすい図式ではあるが、しかしチェイフィーらがいうように、この「定説」は再検討する余地があるのではなかろうか。

三　議題設定仮説の提起

限定効果論は、マスメディアは無効果であるというイメージを研究者にもたらした。しかし、一九七〇年代に入る頃から、この理論仮説を批判し、マスメディア効果を再評価しようとする動きが出てくる。

そのひとつは、メディアからの知識の学習に着目するものである。従来の説得的効果研究では、メディアを原因とする受け手のドラスティックな態度変化は、たしかに見いだしにくかった。だが反面、人びとがメディアから知識を獲得していることは、折々に確認されてきた。

たとえば、第二次世界大戦に際し、アメリカ軍部で新兵の士気を高める目的で製作された宣伝映画は、戦争への情熱をかきたてたり、敵国に対する持続的な憎悪を作り上げたりするという点ではあまり大きな力を持っていないことが実験でわかった。しかし、映画を見ることによって、戦争の事実的経緯に関する兵士の知識は確実に増大した（Hovland, Lumsdaine, & Sheffield, 1949）。また、一九五九年のイギリス総選挙の際の調査でも、有権者はテレビの選挙宣伝から政党の政策について学んでいたことが発見されている（Trenaman & McQuail, 1961）。現代社会においては、一般の人びとが政治に関して知っているほとんどのことは、マスメディアを通して間接的に伝わってきたものである。K・ラングとG・E・ラング流にいえば、メディアは二次的現実（secondhand reality）を作り出しているのである（Lang & Lang, 1959）。

チャペルヒル調査

こうした先行する知見を背景として、とりわけ、B・コーエンの次の言葉――「プレスは、何を考えるべきか（what to think）を人びとに伝えることに多くの場合成功していない。だが、何について考えるべきか（what to think *about*）を読者に伝えることには驚くほど成功している」（Cohen, 1963, p. 13）――に触発されて、議題設定機能（the agenda-setting function）の仮説を提起したのが、コミュニケーション研究者のM・マコームズとD・ショーであった（McCombs & Shaw, 1972）。

限定効果論に準じるならば、マスメディアは公共的争点に対する受け手の態度を直接に左右するものではないかもしれない。だが、マスメディアが人びとの環境認知に果たしている役割を考えるならば、何が重要な争点であるかという受け手の認識に対しては、メディアは少なからぬ影響を及ぼしているのではないか、と彼らは考えた。すなわち、さまざまな争点に関して報道を行なう際に、マスメディアは、各争点の重要度の程度をそれを取り上げる分量や頻度などによって指示し、そうすることによって諸争点に対する公衆の注目の優先順位を決定していると仮定できるのである。マスメディアの、とくにジャーナリズム活動のこうした結果を、マコームズらは、メディアが公衆の「議題」（agenda）を設定するという意味で、議題設定機能と命名した。

当時、アメリカ・ノースカロライナ大学に勤務していたマコームズとショーは、この仮説を次のような手順で検証しようとした。一九六八年アメリカ大統領選挙の秋期キャンペーンが始まった頃、ノースカロライナ州チャペルヒル在住の有権者一〇〇人（有権者登録名簿から無作為抽出され、かつ投票意図が未決定の人びと）に対して意識調査を実施した。対象を投票意図未決定の有権者に限ったのは、意図確定済みの人と比べて、メディア情報の影響をより受けやすいのではないかという推定に基づいている。

意識調査の中で回答者は、今政府が取り組むべき主要な問題と彼らが考えるものを挙げるように求められた。自由回答法によって得られた結果はいくつかの公共的争点カテゴリーに分類されたうえ、回答比率の高い順、すなわち有権者にとって関心が高いと思われる順にランクづけされた。

他方、マコームズらは、調査地域に全国レベルの政治情報を提供している新聞、ニュース週刊誌、テレビのネットワークニュースの内容分析も実施した。面接調査開始六日前から面接完了までの計二五日間の新聞、雑誌、番組が標本抽出され、ニュースや論説でどのような公共的争点が取り上げられていたのかが、有権者の場合と同様のカテゴリーに基づき計数された。そして、出現頻度にしたがって、ニュースメディアが強調した争点のランクづけが行なわれたのである。

さて、こうして得られたメディアと有権者双方の争点ランキングを比較したところ、両者が非常に高い相関を示すことが判明した。とくに、メディア全体としての争点ランキングと有権者のそれとの関連は、相関係数（スピアマン順位相関係数）にして〇・九七にも達した。これは、マスメディアが公共的争点の優先順位に関する有権者の判断に強い影響を及ぼした結果だと、マコームズらは推論したのである。

ところで、全員が投票意図未決定者である回答者の中にも、特定の候補者や政党に好意を抱いている人がいるはずである。もしそうした人の争点優先順位が自分のお気に入りの候補者の（メディアを通じて知った）優先順位を反映しているとすれば、メディアは文字通り単なる媒介役で、議題設定に独自の力を発揮しているとはいえないだろう。そこでマコームズらは、回答者のうち特定の候補者への選好性を示す者だけを選び出し、彼らの争点優先順位がニュース（論説も含む）全体の優先順位とより対応しているのか、それとも（メディアで報道された限りでの）特定の候補者の優先順位により近似しているのかを検討している。ちなみに、一九六八年大統領選挙においては、各候補者（ニクソン、ハンフリー、ウォーレス）が強調する争点は大きく食い違っていた。もし、有権者の優先順位が、好みの候補者のそれと似通っているならば、争点に関する有権者の判断は、議題設定効果よりも、選択的知覚の結果だと解釈できる。

だが検討の結果は、選択的知覚の作用を否認するものであった。たとえ好みの候補者を持っている回答者であろうと、彼らの争点優先順位はメディアのニュース全体としての優先順位のほうによりよく対応していたのである。こうして、争点の重要度の判断という有権者の認知のレベルにおいて、マスメディアが独自の影響を持つことが明らかにされた。もちろん、マコームズとショーの調査は相関分析にとどまっており、メディアから公衆への影響の〝流れ〟を確認してはいない。だが、仮説にきわめて支持的な証拠を提示することで、効果研究の新分野を開拓したことの意義は大きいといえよう。

このマコームズとショーの研究は、一九七二年に『パブリックオピニオン・クォータリー』誌に発表されたが、この論文を嚆矢として、以後、議題設定に関する多数の理論的実証的研究が続出することになる。そして、マスコミュ

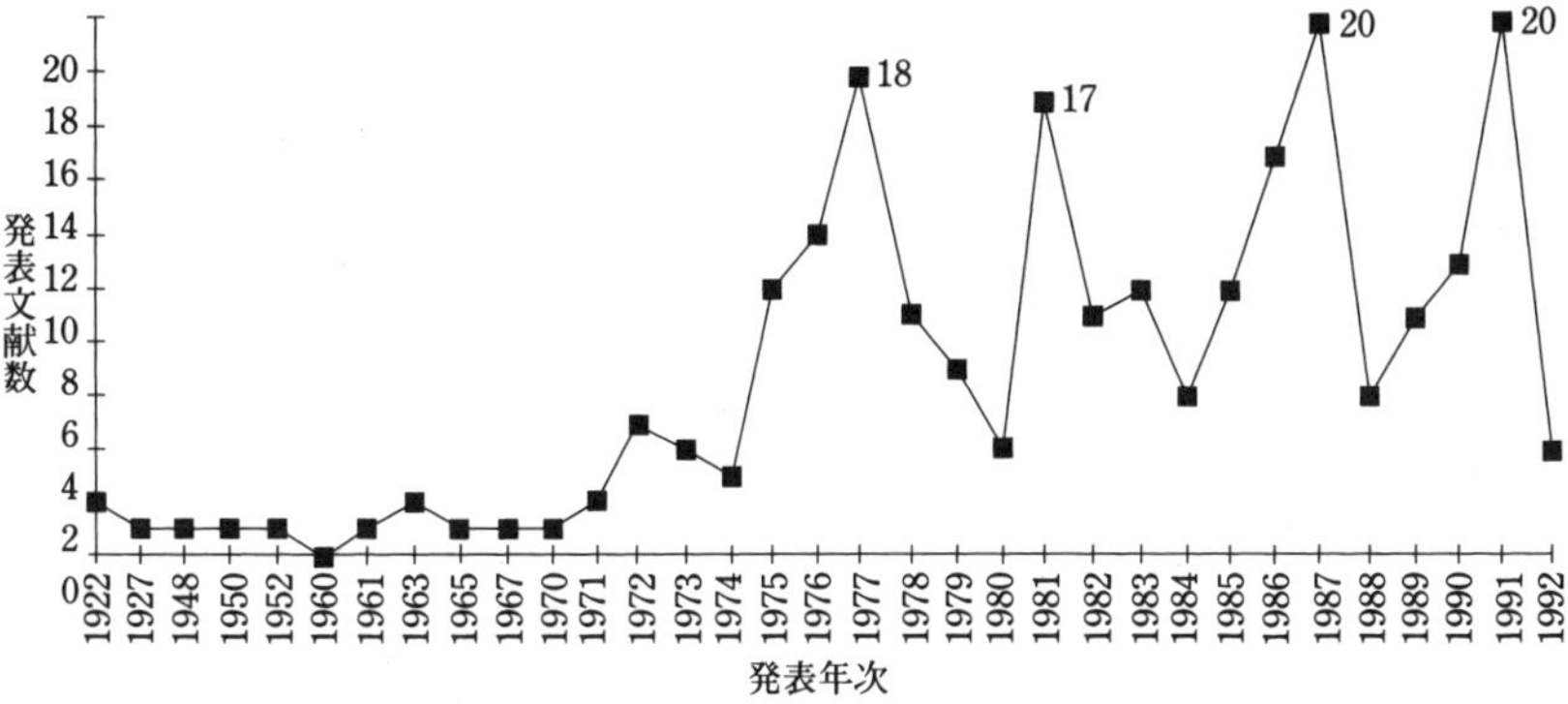

図1-1　議題設定関連文献の年次別発表数

出所：Rogers et al. (1993), p.71.

ニケーション研究においてひとつの系譜と認められるまでになるのである。

E・ロジャーズらは、議題設定研究に関する丹念な文献調査を行なっている（Rogers, Dearing, & Bregman, 1993）。彼らによれば、議題設定概念と明示的または暗黙的に関連する文献の数は、一九九二年分までで二二三本にのぼった。議題設定という用語を用いていなくてもこの概念に関連していればという基準なので、マコームズとショーの一九七二年論文以前に出た文献も含まれてはいる。しかし、大多数は七二年以降に発表されたものである。その年次別の文献数を示したのが図1-1である。[2]

一九六〇年代の争点

ところで、マコームズとショーがチャペルヒル調査を発表したのとほぼ同時期に、別の研究者が、マコームズらとは独立に、やはり議題設定の研究を行なっていた。その人G・ファンクハウザーの論文は、約一年遅れで同じ『パブリックオピニオン・クォータリー』誌に掲載される（Funkhouser, 1973）。こちらにも触れておかなければならない。

アメリカでギャラップ社の世論調査が「今日わが国が直面している最も重要な問題は何ですか」という設問を初めて組み込んだのは一九三五年の

ことである。以来、とりわけ第二次世界大戦以後は、この問いに関して定期的継続的な測定が行なわれている(Smith, 1980)。ファンクハウザーは、とくに一九六〇年代に焦点を合わせ、ギャラップ世論調査による「最も重要な問題」に関するデータ（Most Important Problem の頭文字をとってＭＩＰデータと呼ばれている）とマスメディア報道との関連を調べた。内容分析の対象にはニュース週刊誌三誌を選び、これをニュースメディア全体の報道の指標とみなした。

主要な知見を述べるならば、第一に、一〇年間を通しての各争点の報道量のランキングと世論調査での回答者数のランキングとを比べると、両者はかなりよく一致しており、順位相関係数は〇・七八に達した。すなわち、メディアでよく報道される争点と、世論調査で重要な問題として挙げられる争点とは、総体的に見て、似る傾向があった。ちなみに、六〇年代で最もよく報道された争点はベトナム戦争であり、人種問題（都市暴動を含む）、大学紛争がこれに続く。

第二に、八つの主要な争点ひとつひとつについて、一九六四年から七〇年までの年次別のメディア報道量と世論調査で重要な問題として言及される比率との関連を調べたところ、ここでも明確な対応が見られた。すなわち、メディアである争点の報道量が一定以上に増えると、世論調査でもそれを重要な問題として挙げる人の比率が増える傾向が見られた。

第三に、メディア報道とＭＩＰデータとの対応が擬似相関かどうかを検討するために、ファンクハウザーは争点ごとに、メディア報道と現実世界指標（real-world indicator ＝ある争点や問題の深刻度を表わす客観的な指標）との関連を調べている。なぜなら、仮にメディア報道と重要問題に関する人びとの認識とがよく関連していたとしても、それは、客観的な問題状況そのものが、メディアと一般公衆それぞれに対して直接に影響を与えていた結果かもしれないからである。

しかしながら調べてみると、メディア報道と現実世界指標とは必ずしもよく対応していないことがわかった。たとえばベトナム戦争の問題の場合、現実世界指標としては、ベトナムに駐留する米兵の数が選ばれた。この駐留兵の数が、ベトナムに対するアメリカの関与の度合いの操作的指標と定義されたのである。しかし、ベトナム戦争に関するメディア報道のピークは、現実世界指標のピークに二年も先行していることが明らかになった。他の争点に関しても、メディア報道量は、必ずしも現実世界指標を反映したものではなかった。

メディアの争点報道が、現実世界の動向を忠実に反映したものでは必ずしもなく、しかも争点重要性に関する人びとの意識はメディア報道とよく対応しているという知見は、人びとの現実認識がマスメディアによって規定されていることを示唆するものである。マコームズらとはアプローチこそ違え、ファンクハウザーの研究は議題設定機能の存在を明確に浮き彫りにしたものであった。[3]

このように、一九七〇年代初頭のほとんど同時期に、しかも互いに独立して、メディアの議題設定に関する重要な二本の論文が発表されたのである。だが結果として、議題設定研究の創始者としての功績は、マコームズとショーの側に与えられることになった。[4] J・ディアリングとE・ロジャーズが調べたところでは、後続する議題設定論文で引用される頻度も、マコームズらの論文のほうがファンクハウザーのものよりも桁違いに多い（Dearing & Rogers, 1996）。議題設定研究全体の中でファンクハウザーの業績がいささか過小評価されてしまった理由を、ディアリングとロジャーズは次のように説明する。

第一に、マコームズらは自分たちの研究対象を表わすものとして、議題設定というラベル（キャッチフレーズ？）を考案し、既存の関連研究にも言及したが、ファンクハウザーは自らの研究に何もラベルを付けなかった。

第二に、多くのマスコミュニケーション研究者は個人面接調査の方法に馴染んでいた。ファンクハウザーのような二次分析の方法はポピュラーではなかったし、また追試も行ないにくい。

第三に、マコームズらは議題設定研究をその後も継続して行ない、またこの研究に従事する多くの弟子を育てた。ファンクハウザーは自身で研究を継続しなかった。

ともあれ、学問的キャリアにおける成功不成功はまさに紙一重といえないだろうか。

四　ジャーナリズム的パラダイム

議題設定仮説の登場は、メディア効果研究にどのような新しい要素を持ち込んだのであろうか。次にこの点を考えてみたい。

すでに述べたように、一九六〇年代までの効果研究では、メディアが受け手の態度をいかに変化させうるかが関心の焦点であった。だが、限定効果論が端的に示すように、態度変化を引き起こすメディアの能力は小さいという見方が主流となった。これに対し、七〇年代に入ると、受け手の認知に対するメディア効果が注目を浴びるようになる。

ここでの「態度」とは、対象に対する好き嫌いといった情動的な要素を含んだ評価のことであり、対する「認知」とは、対象についての知識や信念を指すものである。個人の意思決定過程が、認知→態度→行動、という各次元を経ながら進行すると仮定するならば、態度の次元よりひとつ手前の認知の次元でメディア効果を追究しようとする試みが登場したわけである。その代表格が議題設定研究であるといってよい。

態度から認知の次元へと研究の焦点を移した意義は次のように考えられる。

第一に、そもそも認知的効果は後の次元の効果を媒介するものだと考えられる。したがって、マスメディアが認知にもたらす効果を追究することは、後続次元での効果が形成される過程の理解にも寄与する。

第二に、現代社会におけるマスメディアの役割を考えるなら、認知的効果はそれ自体でも追究する価値がある。実際、マスメディアの内容全体から見れば、新聞にせよテレビにせよ、受け手の態度や行動に直に影響を与えることを意図した内容は少数派であり、むしろ受け手への情報伝達を意図したものが多い（Becker, McCombs, & McLeod, 1975）。

さらに研究の焦点の変化は、研究対象や問題意識に対しても影響を及ぼす可能性がある。たとえば、次のような点を予想することができる。

(1)宣伝からニュースへ

研究対象となるメッセージの範囲が、政治宣伝や広告のような説得的メッセージだけでなく、ニュース一般へと拡大した。というよりも、認知次元に重きをおく以上、宣伝からニュースへと検討の中心が移行すると考えたほうがよいだろう。

(2)キャンペーンから平時の活動へ

ニュースに注目する以上、効果測定の場として、これまでの選挙キャンペーンや公共的キャンペーンの状況のみならず、平時のジャーナリズム活動の状況もまた、研究対象に含まれることになろう。

(3)ニュース組織への関心

宣伝からニュースへの関心の移動はまた、考慮すべきメッセージ発信主体が、政治家、広告主、社会運動家などから、ニュース組織やジャーナリストへと変わるということでもある。もちろんニュースにしても、ニュースソースとしての政治エリートや広報担当者の意図や役割は重要である。しかし、素材を選択・加工し、記事や番組へと仕立て上げる最終的な責任はニュース組織にある（はずである）。したがって、ニュース内容への注目は、制作主体である専門家集団としてのニュース組織への研究関心をかきたてることにもつながる。これはマスコミュニケーション研究全体にとっては好ましいことである。というのも、従来、送り手研究は、受け手研究とは有機的な連携を欠いたまま行なわれてきたからである。

　このように考えると、態度次元の効果から認知次元の効果への視座の転換は、単に効果を観察する心理的次元を変化させたというだけでなく、メディアのジャーナリズム活動に対する関心を効果研究に組み込むものであったということができる。

　こうした変化をいちばん的確に指摘したのは、S・チェイフィーであろう（Chaffee, 1980）。彼は一九七〇年代初めに政治コミュニケーション研究の領域で起こった変化を「説得的パラダイム」（persuasional paradigm）から「ジャーナリズム的パラダイム」（journalistic paradigm）への転換と表現している。説得的パラダイムが、人びとをいかに効率的に動員しうるかという観点からコミュニケーション活動をながめるのに対し、後者のジャーナリズム的パラダイムは、人びとが公共的問題に関して十分な知識に基づいた選択ができるよう、必要な情報を提供することにメディアの役割はあると考えるのである。

　では、こうしたパラダイムの転換を促した原因はどこにあるのだろう。限定効果論の絶対視による効果研究の行き詰まりに対して、活路を見いだそうとした研究者の必死の努力の成果なのだろうか。

　もちろんそれもあるかもしれないが、チェイフィーはパラダイム転換の一因として、新しい世代の研究者たちの登場を挙げている。

アメリカでは一九五〇年代になるとジャーナリズムやマスコミュニケーション学の大学院が新設されるようになるが、そこで教育を受けた院生たちが、六〇年代には学会に多数デビューしてくる。彼らは、社会科学方法論の訓練を受けていたものの、より古い世代の、社会学、心理学、政治学出身のコミュニケーション研究者とは違って、よりジャーナリズムに根ざした問題関心を持っていた。彼らは、メディアの主要な役割は、人びとを説得することではなく、情報を提供することだと考えていた（Chaffee & Hochheimer, 1985）。そこで必然的に、態度次元よりも認知次元の効果の追究へと目が向けられたのである。

いうまでもなく、こうしたジャーナリズム的パラダイムを最もよく体現しているのが議題設定研究である。S・ロウェリーとM・デフレーは、議題設定を次のように評価している。

> 議題設定の研究は、コミュニケーション研究の創始者たち――彼らは社会科学や行動科学畑の出身であった――を手本とする研究者のためにではなく、ジャーナリズムの大いなる伝統に関心をよせる研究者のためにしつらえられたものである。議題設定は古典的なトピックに焦点を合わせる――第四権力、政策形成者、有権者、争点、われわれの政治的運命を形成するプレスの力、といったトピックである。それらはジェームズ・ブライスやウォルター・リップマンが取り組んでいた問題であり、社会学や心理学からやって来た、われわれの分野の創始者たちが関心を寄せていた問題ではない。要するに、議題設定は、マスコミュニケーション効果の科学的研究における大きな転換点となったのである（Lowery & DeFleur, 1988, p.351）。

その功罪は別として、第二次世界大戦後のマスコミュニケーション研究は、母学問である社会学や心理学、政治学から少なくとも制度的には自立するようになった。議題設定研究の登場は、そうしたマスコミュニケーション研究の自立の証といえるのかもしれない。

なお、最後に付言するならば、こうしたパラダイムの転換は、研究の財政的基盤にも変化をもたらす。E・ロジャーズが最近述懐したところによれば、「議題設定研究は、他のタイプのマスコミュニケーション研究に比べて、［企業や政府機関といった］外部の資金源からの助成をほとんど受けていないということがわかる」（Rogers, 1997, p.893：［ ］内は引用者による補足）。

五　現実定義研究としての議題設定

議題設定研究は、メディア効果研究において、ジャーナリズムへの関心を活性化させたというだけでなく、マスメディアの現実定義機能に対する関心を、効果研究の表舞台へと引き出す役割を果たしたと考えられる。

先駆者たち

メディアの現実定義機能について、早い時期から重要な問題提起をしていたのは、W・リップマンである。すでに四分の三世紀以上も前に、リップマンはその著『世論』の中で、二〇世紀の「大社会」における人間の環境認識の問題を論じている（Lippmann, 1922）。

「顧みるとわれわれは、自分たちがその中に暮らしているにもかかわらず、周囲の状況をいかに間接的にしか知らないかに気づく」（邦訳上巻、一五ページ）。今日では適応すべき環境があまりに大きく、複雑で、移ろいやすいため、人間は自分の手の届かない世界について頭の中にイメージを作り、それをもとに適応行動を試みる、と彼は論じる。

こうした「外界」と「頭の中の映像」――リップマンはこの頭の中のイメージを「擬似環境」（pseudo-environment）とも呼んでいる――とを媒介する手段がニュースメディアである。個人の頭の中の環境イメージは、メディアからの情報を主要な素材として構成される。そして、この頭の中のイメージが、今度は現実環境に対する個人の行動を方向づける。だが同時にリップマンは、メディアが提供する外界のニュースが「ステレオタイプ」という枠にはめ込まれていること、それゆえ、人びとが共有する固定観念を正すよりも補強する傾向があることも指摘している。

このようにリップマンは、メディアの現実定義機能に関する先駆的な問題提起を一九二〇年代初めに行なった。しかし一九三〇年代からアメリカで開始されたマスコミュニケーションの効果に関する実証的研究では、この問題は真正面から取り上げられることはなかった。三〇年代から五〇年代にかけての研究の主流が、受け手の態度変化に焦点を合わせた説得的コミュニケーション研究であったことは、すでに論じた通りである。

リップマンのアイディアは、むしろ、第二次世界大戦後に本格的に開始された日本のマスコミュニケーション研究に大きな影響を与えた。いわゆる擬似環境論の提起である。擬似環境論は、リップマンのアイディアを、マスメディア、とくにジャーナリズムの機能にさらに特化させて論じたものであり、その基礎を作ったのは、清水幾太郎であった。

清水が著わした『社会心理学』は、現代社会に対する大衆社会論的診断であるが、その中で彼は「コピーの支配論」を提起した（清水、一九五一）。ここでの「コピー」とは、ニュースメディアによる現実描写のことであり、「実物」に対応するものとされる。

現代社会では、人びとが適応すべき環境が拡大した結果、彼らはメディアが提供するコピーに依存せざるをえない。コピーの妥当性を実物にあたって照合することは、普通の人には不可能な話である。われわれはコピーで満足するしかない、コピーに自らの運命を託すしかない、と清水は論じる。

しかし、最大の問題は、コピーが実物に忠実であることはきわめて困難だということである。事件が紙面化されるまでには、事件の目撃者、取材した記者、記事の採否を決める編集者、見出しをつけ格づけをする整理記者といった多くの人びとの判断や評価が関わる。結果としてニュース、すなわちコピーは、高度の抽象の産物とならざるをえない。

さらにこの抽象の原理は、メディアの組織的特性によっても規定されている。すなわち、コピーの作製、収集、分配が営利事業として行なわれる場合には、顧客を最大化するために、性、恋愛、犯罪、闘争など人びとが普遍的に持っている原始的関心に訴える傾向が現われる。また、コピーの作製、収集、分配の事業が政府の機関によって行なわれる場合には、報道は多かれ少なかれ、宣伝の役割を果たすようになる。

いずれにしても、メディアが提供するコピーは、われわれが合理的なやり方で環境に適応するうえで助けにならない。にもかかわらず、われわれはコピーにすがって生きるほかない、というのが清水の悲観的な結論である。

清水の理論は一種の「グランドセオリー」であり、地道な実証を志向するものではないが、認識論的な観点からメディアの役割を考えるという点で、若い研究者たちに刺激を与えた。そして、一九五〇年代から六〇年代にかけて、擬似環境論と呼ばれる理論的パースペクティブが、わが国のマスコミュニケーション研究において、大きな注目を浴びたのである。ここではこうした擬似環境論のひとつの到達点としての藤竹暁の所説を紹介したい（藤竹、一九六八）。

擬似環境の環境化

清水の「コピーの支配論」が、コピーの制作過程における問題を取り上げていたのに対し、藤竹の議論の力点は、むしろ受け手の側におかれている。人びとは、なぜメディアの現実描写を正当的なものとして受け入れるのか、という問題である。

藤竹は、リップマンが『世論』で展開した議論をさらに進め、擬似環境を広義と狭義とに分けた。広義の擬似環境とはリップマンが『世論』で用いたのと同じ用法であり、個人の主観的な環境イメージを指すものである（藤竹はこれを、「状況に対する行為者の定義づけ」とも呼んでいる）。対する狭義の擬似環境は、メディアが作り出す現実描写もしくは環境像を意味する（「状況に対するメディアの定義づけ」）。藤竹自身はもっぱら狭義の意味で擬似環境という語を用いている。

狭義の擬似環境は、メディアによる現実環境の表象であり、ジャーナリストがこしらえた一種の擬制である。にもかかわらず、現代社会では、人びとがそれを現実環境と等価なものとして受け入れる傾向がある。これが「擬似環境の環境化」と呼ばれる現象である。そのメカニズムを、藤竹は次のように説明する。

第一に、個人が直接経験外の世界について知るためには、彼もしくは彼女は、環境について記録し報告する専門機関としてのマスメディアに依存せざるをえない。この、メディアへの依存の不可避性という点は、清水によってすでに論じられている。

第二に、マスメディアの公開性、遍在性という特質のために、マスメディアが提示する擬似環境は、社会の多くの人に共有され、いわば社会的に是認された知識となる。擬似環境に依拠しさえすれば、他者との円滑な相互作用が保証される。擬似環境は、社会の多くの人が安心して身を委ねることのできる「共有世界」となる。

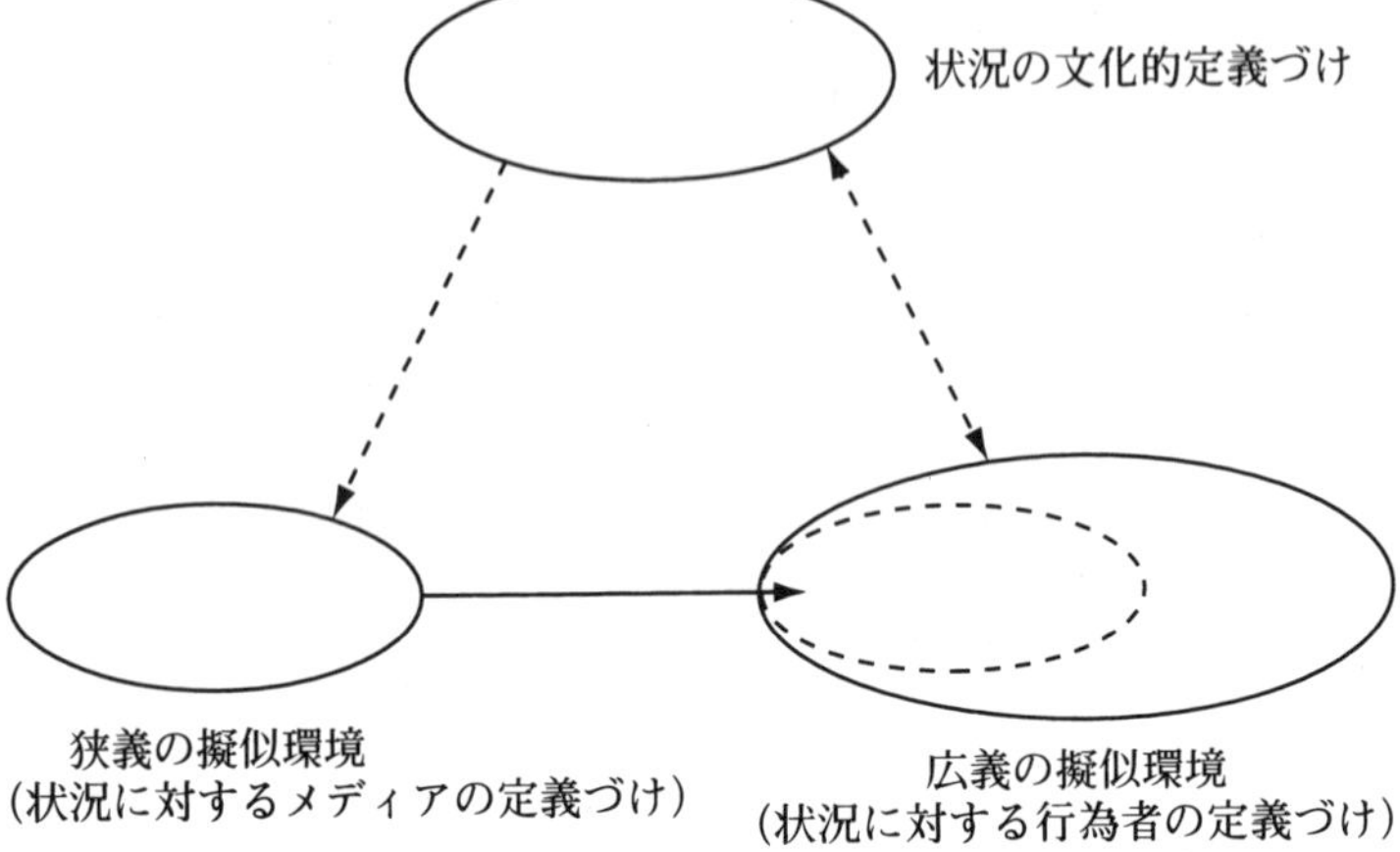

図 1 - 2　擬似環境論の図式

出所：藤竹（1968）, pp. 25-27より竹下が作成.

第三に、ジャーナリズム活動の周期性という特質ゆえに、擬似環境は定期的に更新される。これは、人びとの注目や興味をたえず擬似環境に引きつけておくのに役立つ。

以上の条件が合わさって、人びとは擬似環境を、とくに自分自身で検証を試みることもなしに、自らの環境イメージへと取り込むのである。狭義の擬似環境は、現実環境の正当的な代理物として、広義の擬似環境の一部となる。図1-2は、この過程を示したものである。擬似環境の環境化は、左下の楕円（狭義の擬似環境）が、右下の楕円（広義の擬似環境）に取り込まれる過程として表現される。

藤竹の擬似環境論は、発想のうえで議題設定仮説と多くの共通点を持っている。しかも、議題設定に先んじて提起されたものである。[5] だが残念ながら、議題設定研究がたどったような、多くの後続研究を誘発しひとつの研究系譜へと発展していく、という途はたどらなかった。それにはいくつかの原因があると思われるが（たとえば、海外へ紹介するには言語の壁も大きい）、そのひとつは、伊藤陽一が指摘しているように、擬似環境論の記述的な研究方法にあったのではないかと思われる（Ito, 1987）。すなわち、実証的にテスト可能な仮説命題が、明確に定式化されることがなかったのである。

社会的現実の構成と現実の社会的構成

リップマンが提起し、擬似環境論が受け継いだ問題、すなわち、マスメディアは外的現実とわれわれの現実認識とをどう媒介し、われわれの現実像をどう形成しているのかという問題は、マスコミュニケーション研究にとっては、まさに原問題とも呼べるものである。一九七〇年代に認知的効果の研究が台頭するにしたがい、コミュニケーション研究者の間からも、メディアと現実認識に関する理論的な考察が現われるようになった（たとえば、Adoni & Mane, 1984; DeFleur & Ball-Rokeach, 1989; 三上、一九八七）。

もちろんこうした動きには、マスコミュニケーション研究内部の変化だけでなく、現象学的社会学やシンボリック相互作用論の興隆といったより大きな学問的潮流の動向が直接間接に影響しているのであろう（たとえば、Berger & Luckman, 1966）。とくに「現実構成」の概念の影響は大きい。

少なくともマスコミュニケーション研究に隣接した学問領域では、この現実構成という問題は主に二つの観点からアプローチされてきた。ひとつは、個人はいかにして状況をリアルなものとして知覚するのかという社会心理学的観点から、もうひとつは、人間にとっての現実とはそもそもいかなる成り立ちをしているかという、より社会学的な観点からである。前者を「社会的現実の構成」（construction of social reality）と呼び、後者を「現実の社会的構成」（social construction of reality）と呼んで、区別することもできよう。

まず社会的現実の構成について見るなら、社会心理学で「社会的現実」（social reality）という概念を最初に展開したのは、L・フェスティンガーやK・レヴィンらであった（Festinger, 1950; Lewin & Grabbe, 1945; McLeod & Chaffee, 1972 も参照）。特定の状況に対する定義づけが、物理的な基準（物理的現実）によってでなく、社会的基準（集団内での合意）に基づいて妥当だと見なされているとき、すなわち、「皆がそう考えているから」という理由で、ある状況の定義づけがリアルなものとして知覚される場合、学者たちはそれを社会的現実と呼んできた。

たとえば擬似環境論が指摘してきたように、われわれはマスメディアが提供する環境像を、自力で検証できないにもかかわらず、妥当なものとしてそのまま受け入れる傾向がある。マスメディアがわれわれの直接経験外の状況に対して下した定義づけは、社会的に共有され是認された（少なくともそうなる可能性の高い）見方として、受け手個人にも受け取られるからであろう。かくしてマスメディアを起点とした社会的現実の構成が生じる。池田謙一は、個人の社会的現実を支える要因を、科学や教育などの制度がもたらす信頼性、個人をとりまく集団や人間関係、そして個人の「常識」（既成の信念体系）という三つのレベルに分けているが（池田、一九九三）、マスメディアも制度的要因のひとつに加えられる。ただし、マスメディアは、他の制度の活動を媒介する制度であるという特殊な面も持っている。

他方、こうしたさまざまな制度自体がそもそも社会的に構成されたものだという見方もできる（現実の社会的構成）。制度とは、最広義には社会が個人の行動に課した規則のパターンとして定義できる（Berger & Berger, 1975）。社会で最も基本的な制度といえる「言語」をはじめとして、すべての制度はわれわれの前に客観的な存在として立ち現われるが、じつはそれは、日々われわれが、制度が要求する規則に従った行動を行なうことで、かろうじて維持され再生産されているものにほかならない。とはいえ、こうして社会的に構成された諸制度は、人間が環境を解釈するための準拠枠を提供する。制度は、状況に対する文化的定義づけの源泉となっているのである。

現実構成におけるマスメディアの位置づけを確認するために、藤竹の議論を再度参考にしたい。図1-2に戻ってみよう。

狭義の擬似環境（状況に対するメディアの定義づけ）と広義の擬似環境（状況に対する行為者の定義づけ）を表わす楕円の上部に、「状況の文化的定義づけ」が示されている。この第三の定義づけこそが、当該社会の制度によって支持された準拠枠である。[6]

上述の議論を図にあてはめれば、「社会的現実の構成」は下部の二つの楕円——状況に対するメディアの定義づけと状況に対する行為者の定義づけ——の間の関係に関わるものである。これに対して、「現実の社会的構成」は、上部の楕円（状況の文化的定義づけ）と下部の二つの楕円との間の関係に関わるものといえる。すなわち、文化的定義づけは、行為者の定義づけを規定すると同時に、メディアの定義づけをも規定する。受け手もメディアの制作者も、同じ社会の成員として、文化的準拠枠組みを多かれ少なかれ共有しているからである。

メディアによる状況の定義づけは文化的準拠枠組みを基礎として行なわれる。しかし、影響は一方向的ではない。メディアの定義づけは、行為者の定義づけの一部となり、行為者がそれに基づいて行動することによって、結果的に状況の文化的定義づけにも変化をもたらす可能性がある。

マスメディアの活動、とりわけジャーナリズム活動は、現実環境のいちばん流動的な部分、いちばん新奇な出来事を扱う傾向がある。したがって、状況に対するメディアの定義づけは、社会のメンバーにとっては、暫定的あるいは作業的な定義づけといった性格を持つ場合が少なくない。

しかし、こうした暫定的定義づけの累積が、特定の対象に対する広範な人びとの認識を変える契機となる——すなわち、文化的定義づけに修正をせまっていく——こともあるだろう。とくに問題となる事象が、人びとにとって新奇なものである場合には、メディアの効果は著しい。最近の例では、エイズに対する認識の社会的変化がある。すなわち、初期の「同性愛者の奇病」という見方から、「万人が脅威をうける可能性がある〝ふつう〟の病気」という見方への変化が挙げられる（Albert, 1989）。もっとも逆に、社会に根強く残っている偏見や差別観を反映するようなメディア内容も見られないわけではない。その場合、メディアの定義づけは特定の文化的定義づけを補強していることになる。

さて、「社会的現実の構成」と「現実の社会的構成」との区別を示し、マスメディアの活動はそのいずれにも関わってくることを指摘した。もっとも、より直接的な関わりがあるのは、前者のほうである。そこで本書では、メディアが社会的現実の構成過程において果たす役割を「メディアの現実定義機能」と言い換え、こうした問題意識を共有する研究系譜を「現実定義研究」と呼ぶことにしたい。すでに文中でも何回か使っているが、現実定義機能とは以上のような意味である。先に挙げたリップマンの著作、日本の擬似環境論、そして本書の主題である議題設定仮説は、いずれも現実定義研究の系譜に属するものであると見なすことができる。

非意図的バイアスに関する研究

一九七〇年代以後の効果研究にふたたび戻る前に、ひとつだけ補足をしておきたい。アメリカで一九三〇年代から五〇年代にかけては、説得的コミュニケーション研究が主流となる中で、現実定義機能の研究はなおざりにされたと先に述べた。しかし、例外的にメディアの現実定義機能のテーマを取り上げた研究者もいる。それがK・ラングとG・E・ラングの夫妻である（Lang & Lang, 1984）。

彼らは、一九五一年四月二六日シカゴ市で実施された「マッカーサーパレード」に際して、ひとつの調査を行なった。マッカーサーパレードとは、朝鮮戦争の進め方についてトルーマン大統領と意見が対立し、国連軍総司令官の職を解任されたD・マッカーサー元帥の帰国を歓迎するためのイベントである。マッカーサーは、第二次世界大戦の英雄でもあり、国民的人気は高かった。シカゴでの歓迎式典は、全米にテレビ中継されることになっていた。ラング夫妻は、テレビを通してみたマッカーサー元帥歓迎のパレードと、現場で実際に経験したパレードとが、いかに印象の異なるものであったかを明らかにした。現場の様子は、パレードが通過する沿道の要所々々に調査員を派遣することによって調べられた。

パレードの現場の雰囲気は、一言でいえば、たいへんシラケたものであった。人びとはパレードが目前を通過するときだけ歓声をあげるが、しかし、通過すればそれでおしまいである。だが、現場とは対照的に、テレビ画面では熱狂的なマッカーサー歓迎の模様が繰り広げられていた。元帥は終始、歓声と熱狂の渦の中にいるように見えた。それは、カメラのカットの選択やアナウンサーの情景描写、参加者のテレビカメラへの反作用（カメラの存在自体が群集の行動に影響することも、新しい発見であった）などの要因によって、テレビ独自の現実構成がなされた結果である。とはいえ、テレビ制作者は意図的に「虚偽」の映像を作ろうとしたわけではない。視聴者の注目を引きつけるために、視聴者があらかじめこのパレードに何を期待しているかを推定し、その期待と一致するようなカットやナレーションを採用したためであり、ラング夫妻はこれを「非意図的バイアス」（unwitting bias）と命名している。

彼らの「非意図的バイアス」に関する研究はもう一件ある。一九五二年七月にシカゴで実施された民主党全国大会のテレビ中継に関する研究である。議事進行の中継をしていた三大ネットワークの放送を比較したものである。

分析が行なわれた時間帯には、議事進行はプール取材の映像によってカバーされていた。したがって、各ネットワークの視聴者はほぼ同じ映像を見ていたことになるが、三局はそれぞれ独自の解説を付加し、状況の異なる部分に焦点を合わせた。結果として、各ネットワークを視聴していたモニターは、党大会に対し互いに異なった印象を持つことになったのである。

とくに、議長の裁定の是非やその背景の解釈に焦点を合わせたＡＢＣに接した人や、説明はできるだけ省き議場での対立を困惑気味に伝えたＮＢＣを見ていた人にとっては、党の大統領指名候補（スティーブンソン）が決まるまでの経緯がいまひとつ不明瞭で、結局、ボス的政治家の策略や裏取引によって事が運んだかのような印象を与えることになった。それに対してＣＢＳの視聴者は、指名獲得をめざす各候補者陣営の戦術や意図について逐一説明を与えられていたため、党大会がより理性的に終始したという印象を抱くことになった。

三つのネットワークとも素材となる映像は同じでも、放送の各時点でどの要素に注目し、そして全体として党大会をどのようなコンテクストに位置づけるかによって、番組の全体的な印象はかなり違ってくる。異なるネットワークの視聴者は異なる推論を引き出すようになる。ラング夫妻は、テレビ放送によるこうした出来事の構造化の仕方を「推論構造」（inferential structure）と呼んだ。この五〇年代に早々と提起された概念が、マスコミュニケーション研究で最近さかんに論じられている「フレーミング」（framing）ときわめてよく似ていることに留意すべきである（六章一節参照）。

ラング夫妻の研究は、メディアの提示する現実像が、客観性を標榜するニュースメディアの場合でさえも、メディア独自の視点から現実を構成したものにほかならないことを示した。それは、時としてマッカーサーパレードのように、現場での直接経験とは食い違ったものになる（もちろん、現場での経験こそが「正しい」現実であると断定することはできないが）。

しかし、社会全体への影響ということを考えるならば、このイベントの「正当的」な解釈となるのは、比較的少数の現場参加者の印象ではなく、大勢の人が経験したメディアの現実定義のほうである。メディアの擬似環境に依存せざるをえない人のほうが圧倒的に多いからである。しかも、マッカーサー元帥への熱狂的な歓迎（に見えるもの）は、彼を解任したトルーマン大統領に対する批判や不満として解釈されていくだろう。一般市民も、政治家も、他のジャーナリストも、そこにある種の世論の表出を読みとるのである。藤竹がいう「擬似環境の自己転回」が起こる（藤竹、一九六八）。

このように、ジャーナリズムの現実定義機能に初めて実証的なメスを入れたという点で、ラング夫妻の研究はパイオニア的な意義を持っている。だが残念なことに、研究を発表した当時のアメリカでは、彼らの仕事の後に続く者は出なかった。ラング夫妻の研究自体は高く評価されたものの（マッカーサーパレードの研究は、一九五二年にアメリカ社会学会のE・バーネイ賞を受賞している）、彼らの仕事は当時のマスコミュニケーション研究の主流からは外れたところに位置づけられていた。むしろ、類似のアプローチは、イギリスのニュース研究のほうに先に現れるのである（Halloran, Elliott, & Murdock, 1970）。

六　要約

この章では、マスメディア効果研究の流れの中で、議題設定仮説がどのようにして登場したのか、そして、その理論的アプローチの特徴は何かという点について考察を行なった。

マスメディア効果の実証的研究が本格的に開始されたのは、一九三〇年代のアメリカである。その際、研究の中心的テーマとして選ばれたのは、説得的効果の追究であった。すなわち、マスメディアの説得的メッセージは、受け手の態度をいかに変えうるかということが、多くの研究者の関心の的となったのである。

しかし、約二〇年間にわたる数々の調査や実験の結果から明らかになったのは、マスメディアの主たる効果は、受け手の既存の態度を変化させるよりも、むしろ補強するものであるということだった。こうした一般化は限定効果論と呼ばれ、研究者たちからマスメディアの無能力さを示すものとして解釈された。

一九七〇年代に入ると、受け手の態度の次元ではなく認知の次元でメディアの効果を探ろうとする動きが出てくる。その代表格が議題設定効果であり、「マスメディアで、ある争点やトピックが強調されればされるほど、その争点やトピックに対する人びとの重要性の認識も高まる」と命題化される。メディアが、その編集の作業を通して、特定の争点やトピックへと人びとの注目を焦点化させる機能のことである。実証は、メディア報道の内容分析と受け手の意識調査とを組み合わせる形で行なわれた。議題設定仮説の提起に功績のあったコミュニケーション研究者としては、Ｍ・マコームズとＤ・ショー、およびＧ・ファンクハウザーがいる。

議題設定研究の登場は、メディア効果測定の次元を態度から認知へと移行させたというだけでない。宣伝・広告といった説得的活動から、メディアによる情報提供活動、とくにニュースを制作し提供する活動へと、研究者の目を向けさせるものであった。議題設定研究は、ジャーナリズム活動に対する関心を、効果研究に組み込むものであったといえる。

議題設定はまた、マスメディアの現実定義機能に関する研究の流れを汲むものだともいえる。現実定義機能とは、われわれが独力では検証できないような状況を、メディアがわれわれに代わって定義づけてくれる働きのことである。ジャーナリズムに関していえば、こうした機能についての指摘は、一九二〇年代のＷ・リップマンにまでさかのぼることができる。しかし、説得的コミュニケーション研究が主流であるうちは、若干の先駆的な例外を除いて、この問題が実証研究の俎上に上ることはなかった。議題設定研究は、効果研究において、メディアの現実定義機能に対する関心を活性化させたのである。

注

（1）ラザーズフェルドの自伝によれば、ロックフェラー財団に出すために書かれた最初の計画書では、研究の目的は「パネル技法を利用して、連続放送番組を聞くことによって実際に習慣を変える人々の所在をつきとめる」（Lazarsfeld, 1969, 邦訳、二六〇ページ）ことであった。彼の最初の提案では、農業の技術革新がアメリカ人の行動に大きな変化をもたらすという視点から、農務省の放送番組に関するテストを実施することであったのだが、それが「どうした事情か今となっては思い出せないが、この提案は撤回されて、かわりに一九四〇年一一月の大統領選挙が最初のパネル調査の焦点となった」（同、二六一ページ）。

（2）ディアリングとロジャーズが一九九六年に刊行した著作では、この二二三本にさらに文献を補充し（増分の中には日本で公表された議題設定文献も含まれる）、また年次も一九九四年まで延長した、全体として三八〇余本の詳細な文献リストが掲載されている（Dearing & Rogers, 1996）。このうち、一九七二年以降に発表されたものは三五〇本近くある。彼らの文献収集の基準はいささか緩やかなものなので、リストにある七二年以降の文献のすべてが、マコームズとショーに端を発する議題設定仮説を扱っているわけではない。しかし議題設定研究の興隆を示すひとつの指標にはなりうるだろう。

（3）メディア報道は客観的な現実を必ずしも反映するものではなく、かつ人びとの意識はメディア報道のほうとよく対応しているという傾向は、社会病理学の研究でも指摘されたことがある。たとえば、F・デービスは、新聞紙上に報道された犯罪件数が、州内で実際に発生した犯罪件数の変化との相関関係を持たないこと、また、州内犯罪件数の増加についての州民の判断は、現実の犯罪件数の増加率にではなく、犯罪ニュースの増加率に相関していることを見いだしている（Davis, 1952）。しかし、こうした散発的な知見が、特定の理論的パースペクティブのもとに体系的に整理されたことはこれまでなかった。

（4）ちなみにマコームズとショーは、長年の議題設定研究の功績を称えられ、一九九六年にアメリカ政治学会からマレイ・エーデルマン賞を授かっている。

（5）藤竹は、一九七七年にある国際学会で「私の研究関心と似た発想をする研究者がいることを知」り、「アジェンダセッティング機能に関する議論は、このような研究関心［擬似環境論］についての別の表現形式であることを感じた」と述懐している（藤竹、一九八一、二五ページ、［　］内は引用者による補足）。

（6）図1-2では単純化して示してあるが、現代の大規模化した社会では、さまざまな下位文化が生じるため、文化的定義づけは多元化の様相を呈する。

二章　七〇年代以降の効果研究――議題設定研究以外の動向

議題設定研究についてさらに詳しく検討する前に、一九七〇年代以降の効果研究において、議題設定以外にどのような理論仮説が提起されていたのかを概観しておきたい。それらは限定効果論を批判し、マスメディア効果の再評価を志向するという点で共通性を持っている。

一　沈黙のらせん仮説

議題設定同様、七〇年代初頭に提起され、コミュニケーション研究者の間で大きな注目を集めた理論仮説に、E・ノエル＝ノイマンが提起した「沈黙のらせん」（the spiral of silence）がある。ノエル＝ノイマンはドイツ（旧西ドイツ）の世論研究者であり、マインツ大学で教鞭をとるとともに、ドイツの有力世論調査機関であるアレンスバッハ世論調査研究所の主宰者でもある。

沈黙のらせん仮説が明示的に仮説として定式化され公表されたのは、一九七二年、東京で開かれた第二〇回国際心理学会議（International Congress of Psychology）のシンポジウムが最初であったようである。そこでの彼女の論文の題目は「強大なるマスメディアの概念への回帰」（Return to the concept of powerful mass media）という、当時の限定効果論全盛の状況を考えれば、刺激的なものであった。この報告は、ＮＨＫ総合放送文化研究所（当時）が発行している英文版『放送学研究』（Studies of Broadcasting）の翌年の号に掲載される（Noelle-Neumann, 1973）。その後、「沈黙のらせん理論」の名称を用いた論文が、ドイツ語だけでなく、英語でも学術誌に発表され、多くのコミュニケーション研究者の注目をひくことになる（Noelle-Neumann, 1974, 1977）。単行本としては、ドイツ語版が一九八〇年に、また英語版は一九八四年に出版されている。九三年には英語版の第二版も出ているが、この両方の版とも日本語訳がある（Noelle-Neumann, 1984, 1993）。主にこの第二版に基づきながら、仮説の概要について見てみよう。

沈黙のらせん仮説の概要

沈黙のらせんは、次の二つの仮定を前提としている。第一に、人はその社会的天性として、他者から孤立することを恐れ、それを回避しようとする傾向がある。人はたえず「孤立への恐怖」を経験しており、これは人の行動を動機づけるうえできわめて重要な要因となる。第二に、われわれには「準統計的感覚」（the quasi-statistical sense）が備わっている。これは、社会環境を見回し、周りの人びとが何を考えているのか、特定の争点について何が多数意見なのか、これから勢いを増す意見は何か、といったことを察知する能力だと定義される。こうした能力も、多くの人びとが分かち持っているものだと仮定されるのである。

さて、こうした仮定を出発点として、ある社会的な論争点に関する世論がどのように形成されるかを、ノエル＝ノイマンは予想する。

まずある人が、特定の争点に関して自らの意見を持っていたとする。人はたえず孤立への恐怖を感じているので、まず社会を見渡し、準統計的感覚を働かせることによって、自分の意見は世の中で多数派なのか少数派なのか、あるいは優勢になりつつある意見なのか劣勢になりつつある意見なのかを推定する。

もし自分の意見が社会的に見て多数派もしくは優勢だと知覚した場合、この人は自信をもって公の場でそれを主張しようとするだろう。だが、自分の意見が少数派もしくは劣勢であると知覚した場合、少なくとも公の場で自分の意見を開陳することを差し控える（沈黙を守る）ようになる。少数意見を主張することで、社会的孤立という制裁を受けることを恐れるからである。

こうした過程はらせん的に進行する。公の場でよく登場する意見は、ますます優勢な意見のように思われてくるし、逆に表出されることの少ない意見は、孤立化の度合いを深めていく。片や優勢化のらせん過程、片や孤立化のらせん過程が生じるのである。結果として、初めに優勢であるというレッテルを貼られた意見は、同調者やそれに黙従する人を増やし、結果として実質的にも勢力を増していくだろう。

以上が、沈黙のらせん仮説が予想する過程であり、これを図示したのが図2-1である。選挙期間中の情勢報道などで、ある候補者が有力視され、そこに票がなだれこむことがある。いわゆる「バンドワゴン効果（勝ち馬効果）」と呼ばれるものである。こうした現象の背後にも、沈黙のらせん過程が作用しているとノエル＝ノイマンは考える[1]。

沈黙のらせん仮説を理解するためには、ノエル＝ノイマンが世論というものをどう捉えているのかを知っておく必要がある。沈黙のらせんは、新しい世論が発達する過程として考えられているからである。ただし、ここでの世論とは単に、ある争点に関する人びとの意見、といった意味ではない。ノエル＝ノイマンは世論に独自の定義を与えている。

世論とはまず、「論争的な争点に関して自分自身が孤立することなく公然と表明できる意見」（Noelle-Neumann, 1993, 邦訳、六八ページ）である。さらに、特定の意見が社会的に定着し、慣習や規範の一部と化してしまった段階では、世論とは「孤立したくなければ口に出して表明したり、行動として採用したりしなければならない」意見（同、六九ページ）のことだと彼女はいう。

この世論の定義は一見奇異に思えるかもしれない。意見の内容や領域よりも、人びとの反応の様式のほうを強調す

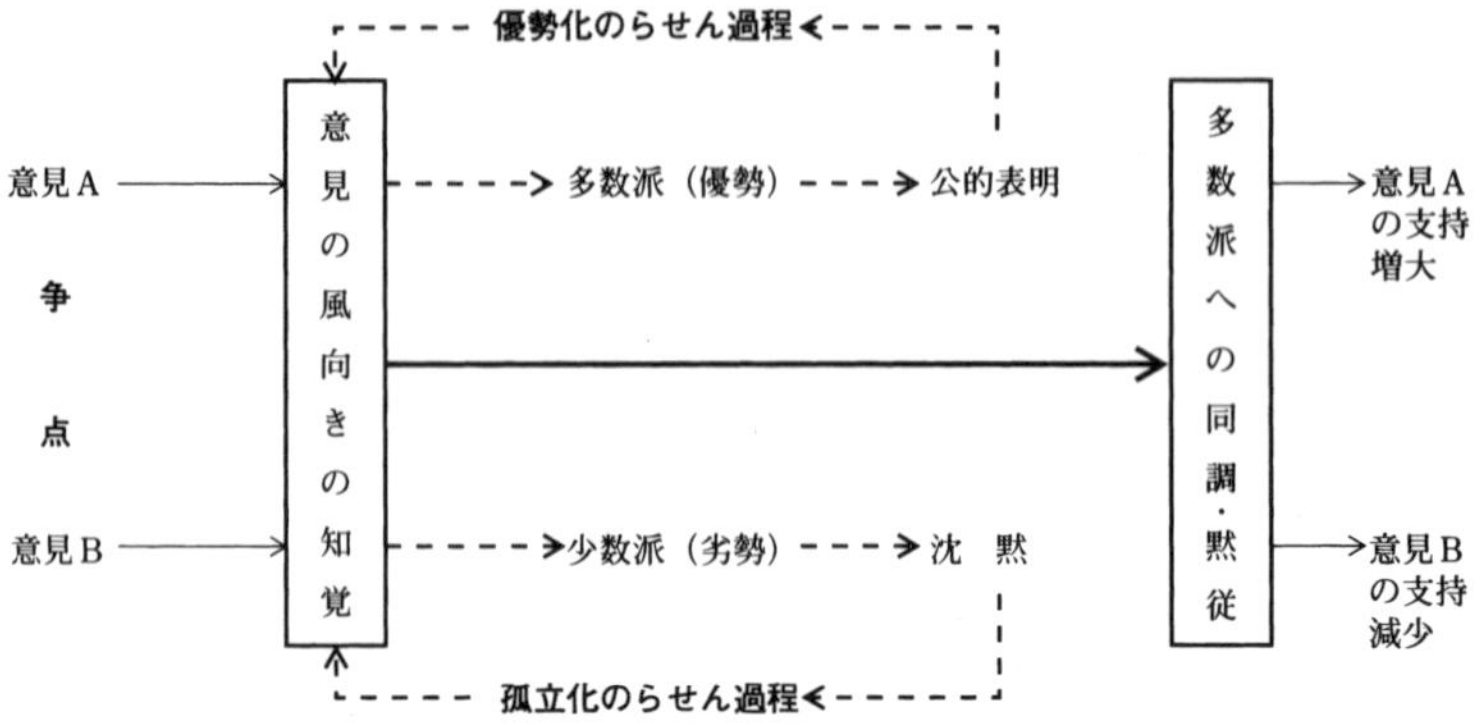

図2-1　沈黙のらせん仮説

注：Noelle-Neumann（1993）などより，竹下が作成．

るものだからである。しかし、世論概念の原義を考えるならば、十分に正当なものだとノエル＝ノイマンは主張する。その証拠を示すべく、彼女は、古今の文学者や哲学者、社会科学者などの著作を渉猟し、世論とか世評とかいう言葉がどのように使われてきたかを検討している。その議論にはいささか我田引水と感じるような箇所もないわけではないが、しかし、それはここでの主題ではない。

沈黙のらせん過程は、人びとがある争点に関する社会の意見動向がどうなっているかを知覚することから始まる。この、社会の意見動向のことを社会心理学者は「意見の風向き」（climate of opinion）と呼ぶことがある。この「意見の風向きに対する知覚」と、「公の場で自分の意見を表明するかどうか」とを媒介する要因が、先に挙げたノエル＝ノイマンの一番目の意味での「世論」なのである。そして、らせん過程が進行するにつれて、この「世論」は、二番目の意味に近づいていくと考えられる。

ところで本章は、議題設定以外の新しいマスメディア効果仮説について概観するのが目的であった。しかし、図2-1にはマスメディアはどこにも描かれていない。沈黙のらせん過程において、メディアはどのような役割を果たしているのだろうか。

マスメディアの役割

人びとが意見の風向きを知覚する方法は二通りある、とノエル＝ノイマンはいう。ひとつは、自らの耳目で直に社会環境を観察する方法。そして、もうひとつはマスメディアを通じての観察である。後者の場合、もしメディア内容に何らかの偏向が見られるとすれば、メディアは人びとに〝偽の〟意見の風向きを提示することによって、沈黙のらせん過程に対して独自の影響を注入することになる。

そして、まさにそうしたことが起こるのだとノエル＝ノイマンは主張する。ひとつの例として彼女が紹介するのは、一九七六年の西ドイツ連邦選挙での経験である（Noelle-Neumann, 1993, 第21章）。

この年にアレンスバッハ研究所が実施したパネル調査では、ＣＤＵ（キリスト教民主同盟）の勝利を予想する有権者の回答が回を減るにつれて急激に減少し、逆にＳＰＤ（ドイツ社会民主党）／ＦＤＰ（自由民主党）連合の勝利を予想する人が増大する傾向が見られた。公的な場で自分の支持政党を表明するかどうかという点では、ＣＤＵ支持者のほうがＳＰＤ支持者よりも熱心であったにもかかわらずである。この仮説に一見矛盾した知見は、有権者のメディア利用を考慮することで説明できることがわかった。すなわち、テレビの選挙報道によって意見の風向きを観察していた人だけが、ＣＤＵは退潮しつつあると感じていたのである。

メディアの影響を明らかにするために、ノエル＝ノイマンらはジャーナリストを対象とした意識調査とテレビの選挙報道の内容分析とを実施した。意識調査の結果では、一般の有権者の場合は保革どちらが勝利をおさめるか見方は拮抗していたのに対し、ジャーナリストの間ではＳＰＤ／ＦＤＰが勝つと考える人が圧倒的に多数を占めていた。すなわち、ジャーナリストたちの政治的立場は一般の有権者と大きく食い違っていたのである。

さらに、公共放送であるＡＲＤとＺＤＦの選挙関連ニュースの録画を内容分析してみると、カメラアングルやショットの選択の仕方によって、ＣＤＵの候補者よりもＳＰＤ／ＦＤＰの候補者により好意的な絵作りがなされていたと推測できる結果がでた。仮に、テレビニュース制作者たちが、意図的にせよ無意図的にせよ、ＣＤＵよりもＳＰＤ／ＦＤＰを好意的に報道していたのだとしたら、そうした報道によって意見の風向きを判断した有権者たちは、テレビが暗示した方向に誘導されていったということになるのだろうか。

一九七六年の連邦選挙は接戦の末、ＳＰＤ／ＦＤＰ連合が僅差で勝利を収めた。連合側に勝利をもたらしたのは、テレビジャーナリストの左翼的偏向だ、とノエル＝ノイマンは結論したいのであろう。しかし、もともと投票行動には多様な要因が影響しており、以上の知見だけでそう断定することは難しい。[2]

ところで、意見の風向きの知覚において、メディアの影響力がいっそう大きくなる理由は、「メディア間の共振性」（inter-media consonance）にあるとノエル＝ノイマンはいう。この共振性とは、メディア同士の報道傾向が互いに似通ってくる現象を指す。権力によって上から統制されているのではなく、報道の自由が保証され、メディアが独立性をもって活動している民主主義社会でも、マスメディアの報道内容は画一的になる傾向があるとノエル＝ノイマンは指摘する。メディア内容が画一的になればなるほど、受け手にとっては選択の余地はなくなるから、（限定効果論の論拠とされたような）選択的メカニズムを働かせることが難しくなる（Noelle-Neumann, 1973）。彼女が「強大なるマスメディアの概念への回帰」を主張する根拠のひとつとなっているものである。

ノエル＝ノイマンとＲ・マテスによると、メディア間共振性は三つのレベルで見いだすことができるという（Noelle-Neumann & Mathes, 1987）。第一は、議題設定のレベル。すなわち、どの争点が報道され、どの争点が無視されるかというレベルでのメディア間の一致である。第二は、焦点形成（focusing）のレベル。これは、ある争点のどの次元や側面が取り上げられるかという決定に関わるものである。[3] そして第三が、評価（evaluation）のレベル。

すなわち、取り上げた出来事をどう評価するか、どのような論調にするかという点でのメディア間の一致である。この「評価」は、意見の風向きにも影響を与える。マスメディアが沈黙のらせん過程に関わるのは、まさにこの第三のレベルにおいてである。

なぜ共振性が生じるかという理由も、彼らはいろいろと指摘している。もともと他の職業集団と比べ、ジャーナリストたちは同質性の傾向が著しいこと、ジャーナリストたちがニュースバリューという職業的規範を共有していること、報道において他のメディアをリードするオピニオンリーダー（エリートメディア）がいること、あるいは、ジャーナリストは匿名的な公衆を相手にしているため、同業者を準拠集団とする傾向があること、などである。さまざまな仮説はあるが、この問題はまだ十分に追究されていない。そもそも、メディア間共振性自体がどの程度普遍的な現象であるかも、まだきちんと確認されていないのである[4]。

ともあれ、マスメディアは一丸となって、意見の風向きに関する特定の定義づけ（それは必ずしも現実を反映したものではない、というのがノエル＝ノイマンの見解だが）を行ない、それが意見の風向きに対する受け手の知覚に影響することによって、マスメディアは沈黙のらせん過程で小さからぬ役割を果たすと予想されるのである。

議題設定仮説と沈黙のらせん仮説とでは、メディアの効果の概念化の仕方はどう異なるのであろうか。議題設定では、どのような対象について考えるべきか、というレベルでメディアは受け手の知覚に影響を与える。これに対し、沈黙のらせんでのメディアの役割は、特定の対象について他の人びとは何を考えているか、を受け手に示唆することにある。対象として具体的に調べられるのは、両仮説の場合とも、公共的争点であることが多い。争点自体の特性についての情報提供と、争点をめぐる意見の風向きについての情報提供。議題設定と沈黙のらせんとは、マスメディアが世論過程に影響を及ぼす二つの経路をそれぞれ示しているのである。

実証的テストと仮説の修正

沈黙のらせん仮説はどのように実証すればよいのだろうか。この仮説が予想する過程は複雑かつダイナミックなものであり、そのすべての要素を実証的テストに盛り込むことは難しい。ノエル＝ノイマン自身をはじめとして、多くの研究者が用いてきた方法は、問題となる争点について、（A）自分の意見が社会で多数派に属するか少数派に属するかという知覚が、（B）公の場で自分の意見を表明する意欲があるかどうか、とどう関連するかを調べるというものである。言い換えれば、（A）が独立変数（原因）で、（B）が従属変数（結果）にあたるといえよう。ただし、沈黙のらせんの理論仮説自体は、（B）の変化がフィードバックされて、さらに（A）に影響を与え、それがまた（B）に及ぶ、といった循環過程を予想している。らせん仮説と命名されるゆえんである。

実証のためのひとつのモデルを示そう（図2-2）。（A）自分の意見が多数派か少数派かの知覚は、（a1）自分自身の意見と、（a2）社会の多数派意見の知覚、の二変数を測定し、組み合わせることで操作化できる。そして、（a1）と（a2）が一致している人は、自らが多数派に属するゆえに、（B）のレベルでは、自信をもって自分の意見を公言する。一方、（a1）と（a2）が食い違っている人は、少数派ゆえに、（B）でも公の場で沈黙を守る傾向が出てくる。この図のようなパターンを発見できれば、沈黙のらせん過程を部分的ながらも検証できたことになるであろう。これが沈黙のらせん仮説検証のための最単純なモデルのひとつである[5]。

ところで、このような手続きで実際に検証を行なってみると、結果がおもわしくないことが少なくない。たとえば日本では、飽戸弘や岩渕美克、小林良彰らが実証を試みているが（飽戸、一九八七；岩渕、一九八九；小林、一九九〇）、必ずしも仮説通りのきれいなパターンが得られていない。もちろん、すべての実証研究が否定的な結果を生み

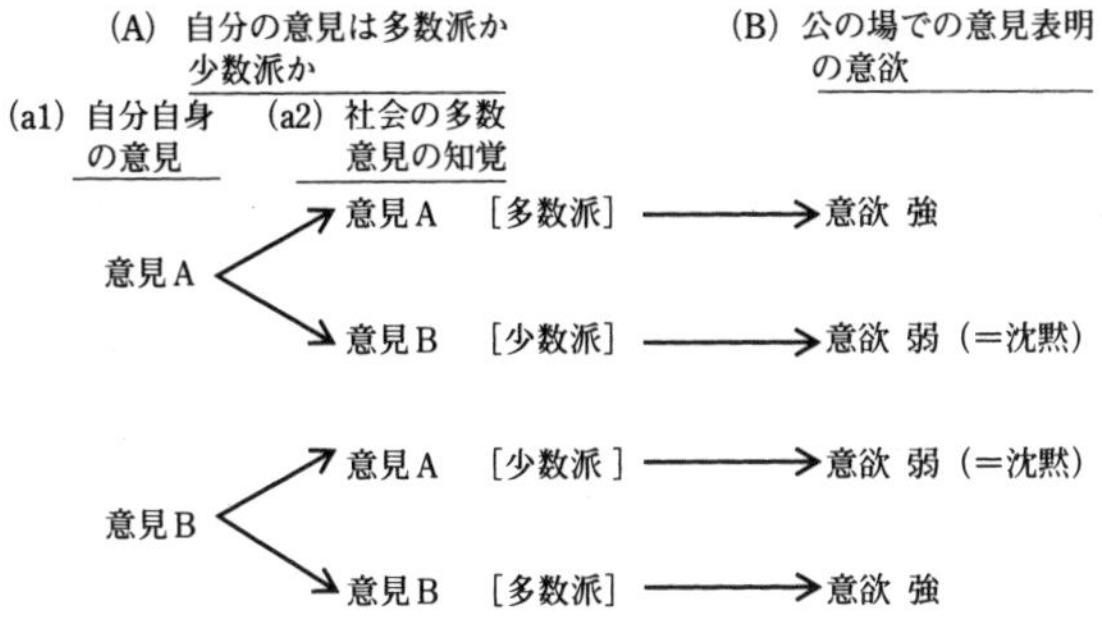

図2-2　沈黙のらせん仮説の検証モデル

だしているわけではないのだが（たとえば、Tokinoya, 1989 を参照）。

沈黙のらせん仮説の実証的検討例として、三上俊治と筆者が、一九九三年総選挙時に実施した調査の結果を示そう[6]。

九三年の総選挙では、公示前に自民党が分裂したために、仮に自民党候補者が全員当選しても単独政権を維持することが困難な状況になっていた。そこで、選挙後の政権の形態をどうすべきか——自民党を中心とした連立政権が望ましいか、あるいは自民党はいったん下野して、非自民の政党による連立が望ましいか——がひとつの論争点になっていた。回答者自身の意見、社会の多数派意見の知覚（ワーディングでは、社会ではなく世間という語を使った）、自分の意見を公言する意思、をそれぞれ組み合わせ作成したのが表2-1である。ここでは、公の場での意見表明という状況を、街角でテレビのインタビューを受けた場合を想定してもらうことで、シミュレートしようとした。このほかにも、ノエル＝ノイマンが考案した「列車テスト」の方法がある[7]。

仮説にしたがえば、表2-1の一行目と四行目のカテゴリーが意見を公言する人の割合が高くなり、二行目、三行目は公言を控える人の割合のほうが高くなるはずである。しかし、予想通りの結果になったのは、二行目と四行目のカテゴリーだけであった。すなわち、結果としては、社会の多数意見をどう知覚しているかにかかわらず、自分の意見として選挙後は非自民の連立政権が望ましいと考え

表2-1　1993年総選挙における沈黙のらせん仮説のテスト

「総選挙後の望ましい政権の形は，自民を含む連立政権か，非自民の連立政権か？」

	自分の意見／世間の意見	自分の意見を公言するか[1) 公言する]	公言は控える
		公言する	公言は控える
一致パターン	自民／自民（n=136）	44.9%	55.1%
不一致パターン	自民／非自民（n=36）	47.2	52.8
不一致パターン	非自民／自民（n=38）	65.8	34.2
一致パターン	非自民／非自民（n=56）	62.5	37.5

注：$\chi^2=8.48$，d.f.＝3，p<.05

1）質問文は次の通り.「いま仮に，あなたが街角を歩いているときに，テレビ局の人からインタビューを受け，衆議院の選挙後の政権のあり方について意見を求められたとします．あなたはこのインタビューに対してご自分の意見をはっきり述べると思いますか．それとも自分の意見を述べるのは控えると思いますか.」

回答：自民＝自民党中心の連立政権が望ましい．

非自民＝非自民の政党の連立政党が望ましい．

出所：三上俊治と竹下俊郎による共同研究の未発表データ

る回答者のほうが、自民連立政権を支持する回答者よりも、自分の意見をすすんで公言する傾向が見られた。沈黙のらせん仮説の予想とは、必ずしも一致しない。このデータの解釈については、すぐ後にまた論じたい。

さて、C・グリンらは、一九七三年から一九九〇年代半ばまでに実施された「沈黙のらせん」仮説に関する実証研究の文献を集め、そのメタ分析を行なっている。日本を含む六カ国で実施された計一七本の研究を検討した結果によれば、自分の意見が他の多くの人からも支持されているという知覚と、自分の意見を公言しようとする意欲との間には、正の関連が見いだされることが多かった。ただし、関連の強さは総じてごく弱いものであり、しかも研究論文間で関連の程度に大きなばらつきが見られた。これは、何らかの随伴条件(contingent conditions＝仮説の有効範囲を規定する条件)の存在を示唆するものである(Glynn, Hayes & Shanahan, 1997)。

また、そもそも仮説の理論的前提に対しても、多くの問題点が提起されている。たとえば、沈黙のらせん仮説は大衆社会論的な社会のイメージに依拠しすぎており、さまざまな下位集団が準拠集団として機能する可能性を軽視しているといった指摘や（Katz, 1981）、実験室的実験の知見に基づき、対面的状況で生じる孤立への不安や恐怖が、非対面的なコミュニケーション状況でも同様に生じると想定していることへの批判などである（Price & Oshagan, 1995）。

あれやこれやの批判や疑問にこたえて、ノエル＝ノイマンは沈黙のらせん仮説に対し、いくつかの条件づけもしくは修正を行なっている（Noelle-Neumann, 1989, 1993）。ここではそれらのうち次の二点にしぼって論じたい。

第一に、研究対象となる争点の性質についてである。

沈黙のらせんは、あらゆる公共的争点に対して適用できるというわけではない。仮説が予想するような世論の圧力を招きやすい争点とは、強い情緒的あるいは道徳的要素を含んだ争点だとノエル＝ノイマンはいう。たしかにこれは首肯できる点である。たとえば領土問題のようにナショナリズムを刺激する問題、あるいはそれぞれの社会の何らかのタブーに抵触する問題（日本での天皇制に関わる問題など）は、沈黙のらせん仮説によりあてはまりやすい事例かもしれない。

この指摘は、沈黙のらせん仮説の適用範囲がある程度限定されるということを認めたものともとれるし、また、争点を報じる際に、メディアがそれを情緒性の強い問題として枠づけすることで、沈黙のらせん過程を始動させうることを示唆するとも解釈できる。

第二に、仮説の前提のひとつである孤立への恐怖について。

ノエル＝ノイマンは近著『沈黙のらせん理論　第二版』の中で、沈黙のらせんは孤立への恐怖を基盤とした決定論的な理論ではないと述べている。「孤立への恐怖は世論過程を決定づける多様な要因の一つなのである。［マスメディア以外の］準拠集団も当然影響していておかしくない。」（Noelle-Neumann, 1993, 邦訳、二四六ページ、［　］内は引用者による補足)。

これと関連して、彼女がかねてより指摘していたのが「前衛層」や「ハードコア層」の存在である。これらの人びとは、社会的孤立を恐れず、自己の意見に強くコミットし、それを声高に表明しようとする少数のグループである。おそらく彼らは、自分の身近にいる同じ信念を共有する人たちを準拠点として行動しているのであろう。世論が変化する過程の最初や最後の段階には、こうした前衛層やハードコア層が重要な役割を演じると考えられている。

孤立への恐怖の作用に関する最近の修正は、前衛層やハードコア層以外の〝普通〟の人の行動においても、多様な準拠集団の存在を考慮すべきであることを認めたものといえよう。こうした修正は、しかしながら、沈黙のらせんの過程が当初仮定されていたよりもさらに複雑なものであること——したがって、実証がますます難しくなること——を示唆するものでもある。

第三は、マスメディアの役割に関してである。マスメディアは、特定の争点に関して何が多数派であるかを定義し、人びとはその定義された多数派を準拠点として行動する、というのが沈黙のらせん仮説の主張であった。しかし同時に、メディアの「有声化機能」(the articulation function) というものも存在することを、ノエル＝ノイマンは指摘している。

ノエル＝ノイマンは沈黙のらせん仮説の実証作業の最中に、仮説の予想とは相容れないようなデータに出会った。多数派が、自ら多数派であることを知っていながら沈黙する傾向があり、逆に少数派は、自らがそうであることを知っていながら、すすんで意見を述べたがる傾向を示したのである。これにはマスメディアの働きが関係していると彼女は考えた。

「メディアは、ある意見や立場を擁護するための言葉や言い回しを提供するのである。だから、自分の意見を言うのに適した表現がメディアによって流布され頻繁に繰り返されることがなければ、その人は沈黙に向かうしかなく、事実上沈黙させられることになる」（Noelle-Neumann, 1993, 邦訳、二〇一ページ、ただし訳文は若干変更した）。これをノエル＝ノイマンは、メディアの有声化機能と呼んだのである。

この有声化機能については、あくまでも補足的に論じられているだけで、これ以上の深い検討は行なわれていない。筆者は前項で、議題設定と沈黙のらせんの相違点として、前者は争点そのものに関する知覚に、そして後者は争点をめぐる意見の風向きに関する知覚に、それぞれメディアが影響するものであると述べた。だが、有声化機能に限っていえば、意見の風向きよりも、むしろ争点そのものに関する情報を提供する機能である。すなわち、議題設定により近い概念であるといえる。

しかしながら、議題設定の発想に馴染んだ者の目から見ると、ノエル＝ノイマンが掲げている事例は、有声化機能としてよりも、議題設定機能のバリエーションとして解釈できるように思える。すなわち、たとえ少数派であっても、メディアで頻繁に登場する意見は一種の正当性を付与される。これは世間の人びとが注目を払うに値する意見であるという格づけをされるのである。この正当性が後ろ盾となって、こうした意見の支持者（少数派）は、公の場でも安心して意見を表明するようになる、というものである。

ちなみに表2-1に戻ってみよう。

自らを多数派と自認するにせよ、あるいは自らを少数派と考えるにせよ、総選挙後は非自民の連立政権が望ましいと考える人は、意見を公言してもいいと答える傾向があった。反対に、自民中心の連立政権が望ましいという意見の持ち主は、どちらかといえば意見表明を避けようとする傾向が見られた。各カテゴリーのケース数（カッコ内に示したもの）を比べてみると、サンプル全体としては、自民中心の連立政権を支持する人が多数派であり、非自民の連立政権を望む人は少数派である。しかし、当時のメディアの論調を見ると、自民党は下野すべきだという主張のほうがかなり強かったのである。非自民の連立政権を支持する人たちはこうしたメディアの論調に力づけられ、意見表明の意欲を持ったと解釈できないだろうか。ともあれ、有声化機能の問題をよりくわしく追究することで、沈黙のらせん仮説と議題設定仮説との接合点を探れるのではないかと筆者は考える。[8]

率直にいって沈黙のらせんはきわめて論争的な仮説である。これは、ノエル＝ノイマンの議論の仕方がいささか粗っぽくかつ強引なためでもあるし、また、彼女自身のキャリア（かつてナチスの学生組織のメンバーであったらしいこと）やそのイデオロギー的立場も関係しているかもしれない（Simpson, 1996）。とはいえ、この仮説自体には、世論研究者やマスコミュニケーション研究者の想像力を刺激する何かが含まれていることはたしかである。

二　培養仮説

文化指標プロジェクト

培養仮説（cultivation hypothesis）は、アメリカのペンシルベニア大学アネンバーグ・スクール・オブ・コミュニケーションのG・ガーブナーが提起した理論仮説であり、彼を中心としたグループによって長年実証研究が行なわれてきた。議題設定仮説や沈黙のらせん仮説との違いのひとつは、培養仮説がマスメディアのうちでも、とくにテレビメディアに特化して、その影響を追究する理論だという点である。

ガーブナーによれば、テレビは、他のメディアとはかけはなれた、きわめてユニークなメディアであるという（Gerbner, Gross, Morgan, & Signorielli, 1994）。その理由は次の通りである。

第一に、テレビは読み書き能力を必要としないし、階層を超えて広く視聴されることで、社会の多様な諸集団にとって社会化と日常的情報（そのほとんどは娯楽の形をとるが）の主要かつ共通の源泉となっている。

第二に、ほとんどの視聴者はテレビを非選択的なやり方で見る。なかば習慣化した、ヒマをつぶすための視聴である。そこで、特定のジャンルや番組よりも、テレビが全体として作り出しているパターンに接触していることが重要な意味を持つようになるのである。

第三に、テレビは国民文化の共有化を推し進める。それは、前工業社会における宗教の働きにも似て、エリートとそれ以外の人とが共に分かち合う毎日の儀式となっている。テレビは、多様な公衆の間に共通の現実観を培養する。パターン（神話、イデオロギー、「事実」関係など）の連続的な反復によって、世界を定義し、社会秩序を正当化することを助ける。

こうしたガーブナーの議論を聞いていると、彼の問題意識が、まさにテレビの現実定義機能の追究にあることがうかがえる。ただし、議題設定と異なる点は、彼がテレビを社会化のエージェントであるとみなしているところである。すなわち、議題設定がメディアのジャーナリズム活動に焦点を合わせ、日常生活の日々変動する部分――事件や出来事――に関する定義づけを、メディアが人びとにどう提供するかという問題を扱っているのに対し、培養仮説が取り上げるのは、現実のうちのより安定した要素――社会構造や価値規範――に関する定義づけに、メディアがどう関わっているかという問題である。

培養仮説は、ガーブナーを中心とする研究グループが一九六〇年代半ばから続けている「文化指標」（Cultural Indicators）プロジェクトの一環として、そもそも提起されたものである。ちょうど経済指標が社会に経済動向を浮き彫りにするように、マスメディア内容は社会の文化変動の指標になりうる、というのがこのプロジェクトの命名の由来であると推測される。

このプロジェクトは「制度過程分析」(institutional process analysis)、「メッセージシステム分析」(message system analysis)、そして「培養分析」(cultivation analysis) の三つのパートから構成されている。マスコミュニケーション研究の伝統的な分類でいえば、それぞれ送り手分析、内容分析、受け手分析に相当する。それぞれを簡単に説明すると以下のようになる。

① 制度過程分析――テレビ内容がいかなる過程を経て制作されるか、またそこでどのような圧力や規定因が作用しているかを調べる。

② メッセージシステム分析――テレビのメッセージに現われるイメージ、事実、価値、教訓などの支配的、集合的なパターンを調べる。

③ 培養分析――テレビのメッセージが、社会的現実に対する受け手の認識にどのような独自の影響をもたらしているかを調べる。

ただし、一番目のパートである制度過程分析は、実際にはあまり手をつけられていない。文化指標プロジェクトの中心は、第二と第三のパートである。

培養仮説の概略を述べるには、具体例を紹介するのが近道であろう。ガーブナーらのグループがこれまで最も多く手がけてきたテーマは、テレビにおける暴力シーンが受け手にもたらす効果についてであった。これには、一九六〇年代後半から七〇年代にかけてのアメリカ社会の事情が関係している。

六〇年代後半はアメリカにとって「騒乱の時代」であった。対外的にはベトナム戦争が泥沼化し、国内では数々の暴力を伴う事件や出来事が続発した。犯罪の増加、都市暴動、学園紛争、反戦運動、キング牧師やR・ケネディ上院議員の暗殺事件などなど。こうした状況下で、暴力問題の原因解明と対応策の策定が国政の緊急課題として認識されることになった。とくに原因解明に関しては、連邦政府や議会が巨額の研究費を予算化し、さまざまな分野の研究者を糾合し、いくつかの大研究プロジェクトが組織されるに至ったのである。その中には、テレビと暴力との関係を研究する部会もでき、ガーブナーらもそこに参加していたのである。

ガーブナーらの研究はまず内容分析——彼らがいうメッセージシステム分析——から始まる。彼らは一年間のうちのある一週間を分析期間として選び、三大ネットワークでプライムタイム（午後七～一一時）に放送されたドラマ番組、および土日の午前八時から午後二時までの（子ども向け）ドラマ番組を録画し、その内容を分析した。ちなみにこのメッセージシステム分析は、一九六七年に開始され、以後二〇年以上も継続されてきた。

議題設定や沈黙のらせんがメディアのジャーナリズム活動の産物——ニュースやドキュメンタリーなどの報道的内容——を分析するのに対し、ガーブナーらは、ドラマ番組に焦点を合わせる。これは、ニュースよりもフィクションのほうが、現実社会の構造や価値規範の支配的・持続的なパターンが表われやすいという仮定に基づくものであろう。この考えには一理あると思われる。

たしかにドラマ番組はフィクション、すなわち作り物にすぎないが、しかし、テレビで放映される大部分のドラマは写実的な性格を持っている。そして、われわれはこうしたフィクションから、特定の職業的世界（医師や弁護士、警察官など）についてのイメージを形成したり、あるいは最新の風俗や流行を知ったり、他の世代の見方や考え方を学んだり、さらにある場合には処世訓を引き出したりしている。[9] メディアのフィクショナルな内容も、ニュース同様、われわれの現実認識に少なからぬ影響を及ぼしているのである。

さて、テレビドラマの体系的な内容分析の結果からいえることは、アメリカのプライムタイムのテレビドラマ番組には暴力シーンが氾濫しているということであった。主要な登場人物の半数以上は何らかの暴力行為に関わっており、何らかの暴力を含んでいる番組は全体の七割にのぼった。週末日中の子ども向け番組では、暴力が含まれる割合はもっと高まる。テレビの世界では、統計が示す現実よりもはるかに多くの頻度で暴力行為が行なわれていた。しかも、暴力行為の生起率は時系列的に見てもあまり大きな変動はなかった。また、暴力行為における力関係の構図（どのような属性の人が加害者、あるいは被害者になりやすいか）もきわめて固定したパターンを示していた（Signorielli, 1990）。

たとえば、テレビの世界で暴力の被害者として描かれやすいのは女性、高齢者、子ども、非白人、低階層といった属性を組み合わせた登場人物であった。暴力シーンは社会の権力関係の象徴だとガーブナーは考えている。「テレビの描写における暴力は、社会の中で権力がどのように作用しているかを示している。誰が何をうまくかすめとることができるのかを示しているのである」（Gerbner & Connolly, 1983, p.223）。では、こうしたテレビの描写は、受け手に対してどのような影響を与えるのだろうか。それを明らかにするのが、培養分析の目的である。こちらは一九七四年以降実施されており、結果が最初に学術誌に公表されたのは一九七六年である（Gerbner & Gross, 1976a）。

第一次培養効果と第二次培養効果

アメリカ人はテレビに毎日平均三時間以上も接しているわけだが、ガーブナーらの意識調査の結果では、テレビを長時間視聴する人は、短時間の人と比べて、テレビの世界に似た形で現実を認識する傾向が見られた。

テレビの世界は暴力に満ちあふれていると先に述べたが、当然ながら、犯罪を処理する警察官も、現実の職業統計で見るよりもはるかに高い比率で登場する。では、それを見ている視聴者はどうかというと、テレビを長時間視聴する人は、短時間視聴者と比べて、自分が実社会で暴力に巻き込まれる危険性を過大評価する傾向が見られた（図2-

3の下のグラフ）。あるいは実社会で働く警官の数をやはり現実よりもかなり多めに見積もったりする傾向も見いだされた。

だが、テレビの影響は、このような表層的な現実の知覚のレベルにとどまるものではなく、意識のより深いレベルにも波及するとガーブナーらはいう。実社会での暴力の危険性を過大評価することは、たとえば、対人不信感（図2-3の上のグラフ）や疎外感の強化へとつながるだろう。テレビの長時間視聴者と短時間視聴者とを比較するという同様の方法で、ガーブナーらはこうしたレベルでの培養効果の検証も試みている。その方法をもう少しだけ見ておこう。

図2-3は、上下のグラフとも、テレビの長時間視聴者と短時間視聴者とを比較したものである。いちばん左端の比較（黒白ペアの棒グラフ）が、サンプル全体で見た場合の長時間視聴者と短時間視聴者の回答である。ここではいわば「テレビ寄りの回答」（暴力に巻き込まれる確率を高めに推定したり、他者への不信感が高かったりといったように、テレビの現実描写をより反映するような認識）をした人の比率が棒グラフで示してある。これで見ると、長時間視聴者ほど、「テレビ寄りの回答」をする傾向があることがうかがえる。

ただし、テレビの視聴時間と「テレビ寄りの回答」との関連が擬似相関である可能性もある。そこで、それぞれのグラフでは、学歴、新聞閲読、性別、年齢といった第三変数をコントロールした結果も示している。たとえば、サンプルを学歴の高低によって二分し、さらにそれぞれのグループの内部で、長時間視聴者と短時間視聴者の回答を比較する。結果として、第三の変数をコントロールしても、長時間視聴者が「テレビ寄りの回答」をする傾向が見られること、すなわち両変数の関連が見せかけでないことが、確認されたのである。

培養効果とは、テレビを長時間見ている人ほど、テレビの現実描写を反映するような仕方で、現実認識を形成する

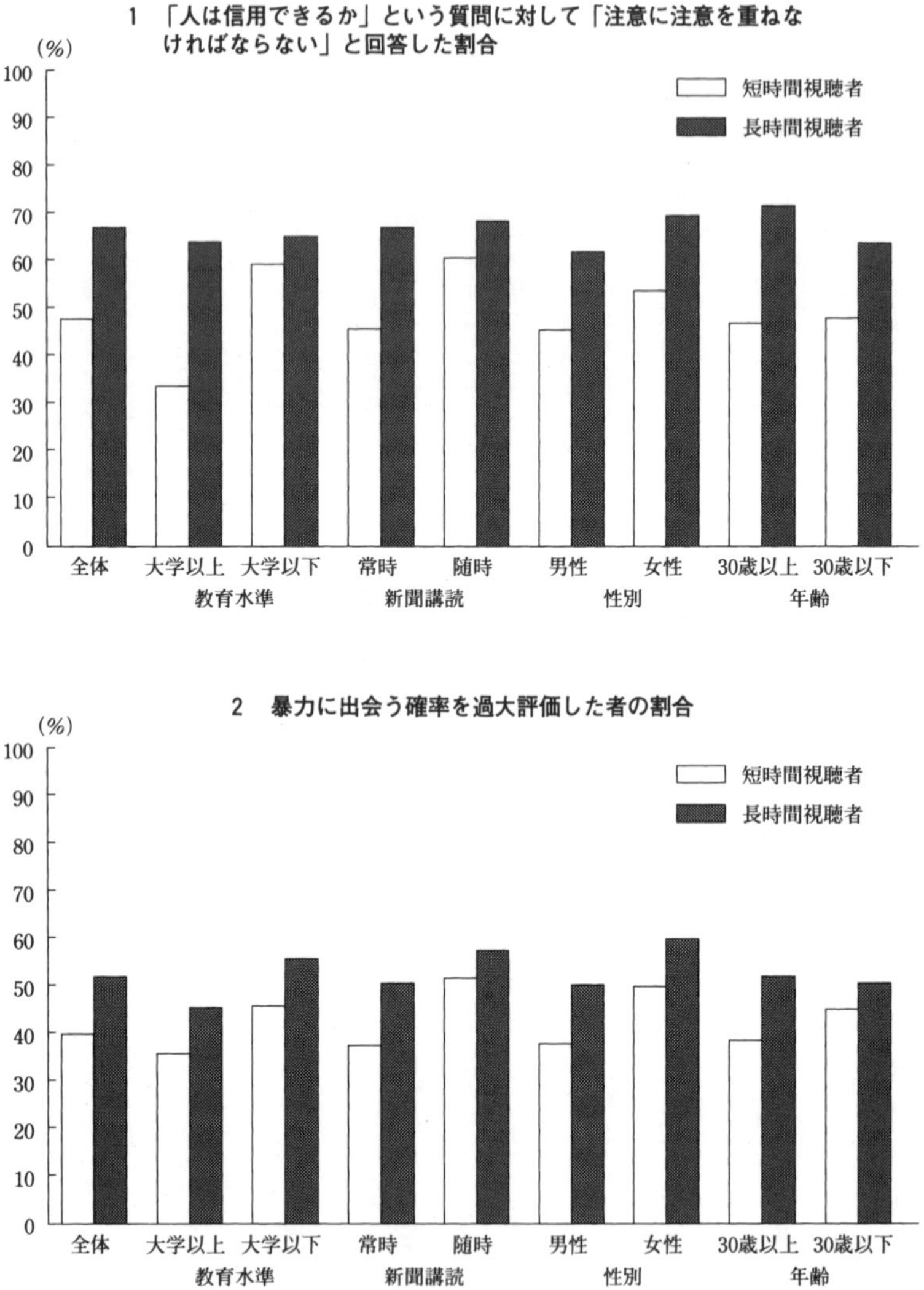

図2-3 培養効果の検証（短時間視聴者と長時間視聴者の比較）

出所：Gerbner & Gross（1976b），邦訳，p.156.

ようになると予想するものである。その場合、第一次培養効果（the first-order cultivation）と第二次培養効果（the second-order cultivation）といった区分けをする場合がある。

第一次培養効果とは、暴力に巻き込まれる確率や、特定の属性（職業、年齢など）の人が社会に占める割合といったように、統計データなどで検証可能な、社会の構造的事実に関する認識に、メディアが影響を及ぼす場合を指す。これに対して、第二次培養効果とは、対人不信感や疎外感の培養（醸成）といったように、社会の価値規範に関する個人の認識へのテレビのインパクトである。

第二次培養効果の例としては、ほかに次のようなものが指摘されている。たとえばテレビで、自分と同じような属性を持った人が暴力の犠牲者になる光景を繰り返し見ることによって、そうした視聴者は暴力に対するあきらめや黙従の態度を持つようになるかもしれない。「犠牲者にふさわしい役割」を果たすよう社会化されていくのである。あるいは暴力に対する誇張された恐怖は、当局による権力行使や強硬抑圧策を容認するような態度を助長するかもしれない。こう考えるとテレビの暴力描写は、人びとをして既存の社会秩序を維持する方向へと仕向けるのである（Gerbner & Gross, 1976b）。こうした予想は興味深いものだが、ただし、それに対応した実証データは提示されておらず、ガーブナーらの推論にとどまっている。

ところで、一九八〇年前後には培養仮説をめぐって学界で激しい論争が行なわれた。

さきほどの図2-3の分析は、第三変数をひとつずつコントロールする方法であった。しかし、重回帰分析といった手法を用い、多くの変数を一度にコントロールしてみると、テレビ視聴と「テレビ寄りの回答」との間の有意な関連が消えてしまうというケースがしばしば見られたのである。そこで、培養分析の検証方法や、さらには理論仮説そのものの妥当性に至るまで、ガーブナーらのグループと他の研究者との間で熾烈ともいえる論戦が展開された。最強の論客はシカゴ大学の社会学者P・ハーシュであった（e. g., Hirsch, 1980）。この論争については、三上俊治が簡潔にレビューしている（三上、一九八七）。論争自体は、最後は互いに言い合ったままで終わってしまうのだが、この論争をきっかけとして、ガーブナーらはすぐ後に述べるような「主流形成」の概念を提起するに至る。

ともあれ、培養仮説も、議題設定の場合と同様、その創始者のサークルを超えて発展し、いまや多くの研究者の共有財産となっている。実証研究もアメリカだけでなく、イギリス、カナダ、オーストラリア、韓国、中国、アルゼンチン、そして日本など、多くの地で行なわれている（日本については、Saito, 1993；斉藤・川端、一九九一；佐々木、一九九六などを参照）。

一九八〇年代初頭までに発表された四八本の培養仮説に関する論文をレビューしたR・ホーキンズとS・ピングリーは、次のように結論している（Hawkins & Pingree, 1982）。

少なくとも第一次培養効果のレベルでは、テレビ視聴の影響は他の変数をコントロールしても認められるようである。しかし、第二次培養効果のレベルでは、他の変数をコントロールすると、テレビ視聴の影響が消滅してしまう場合もある。「テレビ視聴と現実認識との関係が仮に統計的に有意になった場合でも、それは強さでいえば中の弱程度ではないか。テレビが文化の形成者として圧倒的な地位をしめるとはいえない。かといって、逆にテレビの寄与が些細なものだと考えるなら、重要なポイントを見逃すことになる」[10]（p. 244）。

主流形成

「主流形成」（mainstreaming）の概念は、ガーブナーらの一九八〇年の論文で提起された（Gerbner, Gross, Morgan, & Signorielli, 1980）。

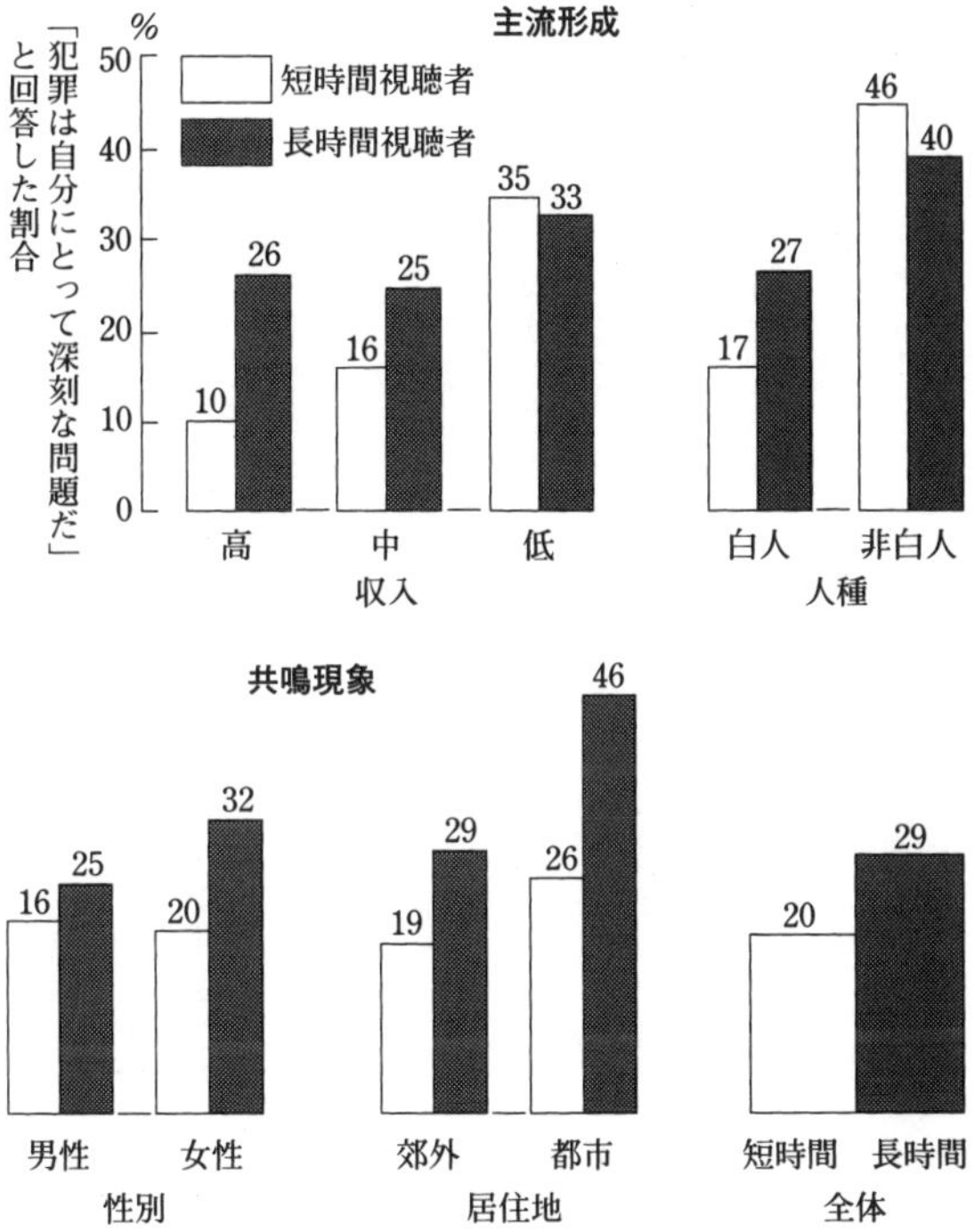

図2-4　主流形成と共鳴現象の例（「犯罪は自分にとって深刻な問題だ」と回答する率とテレビ視聴時間との関連）

出所：Gerbner et al. (1980), p.16.

それまでの培養効果の研究では、テレビの長時間視聴者と短時間視聴者とを比較し、前者ほど「テレビ寄りの回答」が多く現われる、すなわち、テレビが描く世界に沿った現実認識が形成されている傾向があることを検証するものであった。

これに対して主流形成は、テレビが受け手の認識や意見を、特定の方向へと収斂させていくと主張するものである。すなわち、受け手個々人の社会に対する認識や意見は、本来は社会的背景の違いなどにより多様であるが、テレビを長時間見ているとそうした差異がうすれ、誰もが画一化した見方を持つようになる、という仮説である。

図2-4はガーブナーらが説明のために提示しているものである。

従来通り長時間視聴者と短時間視聴者との棒グラフがペアになって並んでいるが、第一次・第二次培養効果の場合と読み方が異なるのは、長時間視聴者あるいは短時間視聴者ごとに、属性の異なるグループ間での回答のばらつきに着目する点である。たとえば、図のデータは、犯罪に対する恐怖心が強い人の比率を示しているが（テレビをよく見ている人ほど、犯罪への恐怖心が高まるという仮説）、短時間視聴者に限ってみると、恐怖心の強さは、所得階層によってかなりばらつきがある。高所得階層は、より安全な地区に住む傾向があるためであろう。しかし、長時間視聴者に目を転じると、高・中・低の所得階層間の回答差はかなり縮まる。これは、テレビが長時間視聴者の現実認識を画一化したためであると解釈される。同様のことは、人種に関する分析でもいえる。長時間視聴者のほうが、白人グループと非白人グループの回答差は縮まっている。

もう一度、所得階層ごとのグラフを見てみよう。従来の培養効果の分析方法に則るならば、高所得階層ではテレビ視聴時間と「テレビ寄りの回答」との関連ははっきりと出ているが（すなわち、長時間視聴者と短時間視聴者の回答比率に大きな差がみられるが）、中所得階層では関連は弱く、また低所得階層では関連はなくなる。サンプル全体で見るならば、テレビ視聴時間と「テレビ寄りの回答」との関連はかなり弱まり、第三変数を同時にコントロールすると、有意な関連は見られなくなってしまう可能性が高い。テレビの効果が擬似である疑いがあると、ハーシュらが批判した点である。

しかしガーブナーらとしては、サンプル全体としてテレビ視聴時間と「テレビ寄りの回答」との間に有意な関連が見られないとしても、特定の属性グループの内部で理論的に重要な関連が存在している場合がある、そしてそれが主流形成という効果を表わしているのだ、と主張したいのだろう。テレビの効果は、すべての人に同じ方向に作用するというものではなく、特定の〝外れた〟グループを、テレビが反映する主流的な現実の定義づけへと引き寄せる点にあるのだ、ということになろう。

ところで、主流形成に付け加えて、ガーブナーらは「共鳴」（resonance）という概念も提起している。これは、受け手の実生活での状況が、テレビと相乗効果をもたらす場合だとされる。たとえば、テレビの暴力シーンでは、男性よりも女性が被害者として描かれる傾向があるため、長時間視聴かつ女性のグループは、犯罪への恐怖心が増幅されやすい（図2-4）。

ガーブナーらによれば、共鳴現象というのは特殊ケースであり、新しい定式化の中心は主流形成にある。だが、共鳴現象がどういう条件を持った人に起こりやすいのかということを、彼らがきちんと特定化していない点は問題である。どんな分析結果が出ても、都合のよい事後解釈が可能となるからである。

八〇年代以降に登場した主流形成の仮説は、暴力や対人不信感といった従来からのテーマだけではなく、もっと幅広い領域に適用されている。たとえば、政治意識に対するテレビの影響もそのひとつである（Gerbner, Gross, Morgan, & Signorielli, 1982）。

ガーブナーらがＧＳＳ（General Social Survey）のデータを分析した結果によれば、テレビは人びとの階層意識や政治イデオロギーを「中庸化」する。すなわち、実際には低所得者層に属していようと高所得者層に属していようと、テレビの長時間視聴者は、短時間視聴者と比べて、自分の暮らし向きを「中流」だと考える人の割合が増える。また、自分の政治イデオロギーをたずねられた場合には、長時間視聴者ほど自分が保守でもリベラルでもなく「中道派」だと答える傾向がある。これは民主党支持者であろうと、共和党支持者であろうと、無党派層であろうと、一律に見られることであった。

しかし、分析をすすめると、長時間視聴者の別の面が見えてくる。具体的に人種や人権問題への意見を調べると、長時間視聴者は、イデオロギー的立場をどう自認しているかにかかわらず、保守派の強硬的な意見へと傾斜する傾向が見いだされた。同様に、増税に対しても批判的な立場へと収斂していった。テレビの長時間視聴者は、自分では中道派と称する傾向があるけれども、実際の意見においては保守派に近いのである。

とはいえ、変則的な部分もある。保守的立場なら「大きな政府」には反対かと思いきや、さにあらず。衛生、環境、都市政策、教育、福祉といったリベラル志向の政策分野については、長時間視聴者は、政府の支出拡大を求める傾向を示した。すなわち、政府のサービスを要求しながら、その一方で、税金、平等、犯罪といった問題では強硬姿勢をとるというスタンスなのである。こうした傾向はテレビ自らが創り出したものではないかもしれないが（八〇年代の新保守主義に特徴的な傾向であろうと彼らは述べている）、しかし、こうした傾向の培養にテレビは寄与しているとガーブナーらは考える。テレビの長時間視聴者は「保守派のように思考し、リベラル派のように要求し、そして中道派を自認する」（Gerbner, 1987, p.7）のである。

テレビは、できるだけ多くの視聴者を引きつけるために、最も一般的で最もコンベンショナルな訴えかけを行なう。社会内部の鋭い対立をぼかし、競合する意見のバランスをとる。しかしその実、テレビの世界は、広告商品の主たる購買層である白人中産階級の価値観を反映するものとなっている。テレビが人びとをそこに招き寄せようとする主流的な現実観が保守的な傾向を帯びるのは、そのためだとガーブナーらは考える。だが同時に、テレビはたえず人を引きつけておくために、大衆迎合的なスタンスをもとらざるをえない。テレビがもたらす主流派の「政治的には強硬だが、商業的には大衆迎合的な態度」（hard-nosed commercial populism）は、このように入り組んだ思惑の産物なのである（Gerbner et al., 1982）。こうしたガーブナーらの議論は、スケールも大きく、たいへん興味をそそられる。しかし、より多くの実証的証拠を集める必要があろう。

ところで、培養仮説の創始者であるガーブナーは、培養効果のダイナミクスを「３Ｂ」(blurring, blending, bending)という言葉で表現している(Gerbner, 1987, 1990)。

テレビは、性別、人種、学歴、階層などの属性に起因する視聴者間の現実認識の差異を「曖昧化」(blurring)し、視聴者の認識をテレビが形成する文化的主流へと「融合」(blending)する。だが、そうしたテレビ的主流が、独占的な放送—広告産業(the broadcasting-advertising industries)の商業主義的論理に基づいて形成されるものである以上、結果としてテレビは、視聴者の現実認識を産業の利害関心へと「従属」(bending)させる機能を果たしている、というのが彼の主張である。

この議論からも明らかなように、培養仮説の背後には、ガーブナーの壮大な理論的構想がある。彼が文化指標プロジェクトによって目指していたのは、現代アメリカ社会において最も普遍的なコミュニケーション制度であるテレビメディアが果たしているところの、長期的累積的な社会統合機能(イデオロギー的統制機能)の解明なのであろう。

だが、こうしたガーブナーの志向と、後に続く研究者たちのそれとの間には、多少ともズレがあるように思われる。

若い研究者たちは、培養仮説をより厳密に実証しようとして、さまざまな試みを導入する。テレビ視聴時間全体ではなく、番組ジャンルごとの視聴量のメジャーを分析に取り入れたり、効果の媒介要因の特定化を目指したりする。また、テレビ以外のメディアへと仮説の適用範囲を広げる試みも登場している。いずれも実証研究の進め方としては当然のやり方である(新しい研究動向については、たとえば、Signorielli & Morgan, 1990 を参照)。

しかし、ガーブナーにしてみれば、こうした若手の動向は、培養仮説を、特定の刺激と反応との結びつきを追究する〝ありきたりの〟効果仮説へと矮小化するものであり、分析の背後にある根本の問題意識が十分に理解されていないという思いを禁じ得ないのではなかろうか。彼の論文を読んでいると、そうしたいらだちが伝わってくるように思われる（Gerbner, 1990）。

さて最後に、議題設定仮説と比較しての、培養仮説の特徴をまとめておきたい。

第一に、研究対象となるメディアや内容が異なる。議題設定は、メディアの種類は問わないが、主としてニュース、ドキュメンタリーなどの報道的内容が対象となる。対して培養仮説は、テレビに関して構築されたものであり、とくに、ドラマやアニメといったフィクションの内容が分析対象として取り上げられている。

第二に、受け手の現実認識を調べる場合にも、問題となる現実の「次元」もしくは「層」が異なる。議題設定は、日々のニュースに現われる公共的争点や社会的事件といった、社会的現実のより表層的・流動的な部分に関心を払う。一方、培養仮説では、より基底的な社会の構造的事実や価値規範が問題となり、それらに対する受け手の認識が調べられる。

第三に、したがってこの違いは、受け手に想定される効果の性質にも関わってくる。議題設定は数週間、数カ月のタイムスパンで生じる効果を仮定することが多いが、培養仮説のほうは（おそらく数年とか十数年とかいった）より長期的かつ累積的な効果を仮定している。

三　限定効果論の見直し

一九七〇年代以降のマスメディア効果の再評価に関する研究動向は、図2-5のようにまとめることができる。

メディア効果の再評価の問題は大別して二つの方向から検討されてきた。ひとつは「効果次元の見直し」である。これは主として、受け手の態度レベルから認知レベルへと研究の焦点を移すことで、それまで看過されてきたマスメ

- マスメディア効果の再評価
  - 効果次元の見直し
  - 限定効果論の見直し
    - 媒介要因の再検討
    - メディア状況の変化

図2－5　限定効果論以降のメディア効果研究の動向

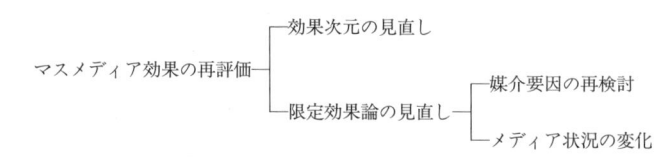

ディアの役割を探ろうとするものである。以上に述べてきた議題設定仮説、沈黙のらせん仮説、培養仮説はすべて認知的効果追究の試みである（ただし、沈黙のらせんの場合は、行動レベルの効果も関係している）。

これに対し、もうひとつの経路は「限定効果論の見直し」であり、クラッパーが提起した説得的効果に関する一般化命題そのものを再度検討しようとする試みである。本節ではこの問題を取り上げるが、この場合も二つの検討課題がある。

ひとつは「媒介要因の再検討」である。限定効果論では補強効果が生じる理由を、説得的メッセージと効果との間にある媒介要因——とくに選択的メカニズムと対人ネットワーク——の作用に帰していた。これらの媒介要因の働きについて、さらなる検討が行なわれるようになったのである。

もうひとつは「メディア状況の変化」である。限定効果論は一九三〇年代から五〇年代にかけてアメリカで実施された説得的コミュニケーション研究の成果を集成したものである。しかしこの時代、家庭での主たるメディアは、ラジオであり、また新聞、雑誌といった印刷メディアであった。テレビが本格的な普及を見るのは、アメリカでは一九五〇年代後半からである。したがって、限定効果論はテレビ登場前のマスメディア効果に関する仮説なのである。テレビ時代の到来は、限定効果論の妥当性をもう一度問い直す機会となったのである。

媒介要因の再検討

限定効果論が、補強効果をもたらす重要な媒介要因——しかも実証的裏づけのあるもの——として挙げるのが、心理学的要因としての「選択的メカニズム」、および社会学的要因としての「対人ネットワーク」であった。こうした要因が効果形成過程を媒介する結果、説得的コミュニケーションの効果は総じて現状維持的となり、態度変化は限定的にしか起こらない、とクラッパーは主張したのである。しかし、こうした媒介要因の作用に関して、それに疑義を呈したり批判したりする研究が徐々に現われてくる。

批判のひとつは、心理学的媒介要因としての選択的メカニズム、とりわけ選択的接触の仮説に関するものである。選択的メカニズムには、選択的接触、選択的知覚、選択的記憶の三種類が仮定されていたが、選択的接触はその第一の関門である。とにもかくにもメッセージに接触してもらわなければ、送り手が意図するような効果は起こりようがない。

ところで、『ピープルズチョイス』の研究の時点では、事実として選択的接触が行なわれていることが確認されただけであった。その後、なぜこうした現象が生じるかを説明する理論が提起され、かねてよりの知見を裏づけることになる。いわゆる認知的一貫性理論（theories of cognitive consistency）と呼ばれるものだが、その代表がL・フェスティンガーの「認知的不協和の理論」（theory of cognitive dissonance）である（Festinger, 1957）。

この理論に従えば、人間は認知要素（信念や態度）間に不協和（葛藤）が生じた場合、それを低減しようと動機づけられるので、たとえば自分の態度と合致しない情報は回避し、逆に支持的な情報にはすすんで接触することが予想される。このように選択的接触は、支持的情報への心理的選好性に基づくものなのである。

ところが、選択的接触に関する実験室的研究が、五〇年代後半以降行なわれてきたが、必ずしも仮説通りの結果が出ない場合が少なくなかった。こうした実験室的研究を系統的にレビューしたD・シアーズとJ・フリードマンは、次のように結論する。すなわち、さまざまな要因の結果として、選択的接触が起こっているように見えることはあるが（これを「選択性の現象」と呼ぶ）、「入手された証拠は、支持的情報への一般的な選好性が存在することを立証できていない」(Sears & Freedman, 1967, 邦訳(2)、二四ページ)。これは、心理的なフィルターもしくは自己防衛メカニズムとしての選択的接触の存在に疑問を投げかけるものであった。

シアーズとフリードマンがレビューした一九五〇年代後半から六〇年代前半までの研究を初期の研究と呼ぶなら、それ以降の研究、すなわち六〇年代後半から八〇年代前半までの選択的接触研究を調べたJ・コットンの結論は、この仮説に対してもう少し〝好意的〟である（Cotton, 1985）。彼によれば、実験室的研究の成果を検討してみると、不協和に動機づけられた選択的接触は明らかに存在するように見える。ただしそれは、他の要因を注意深くコントロールした場合のことである。逆にいえば、自然的状況ではさまざまな規定因が作用することによって、選択的接触は限られた場合にしか生じない、ということになろう。

このように、多くの実験的研究の積み重ねの結果、選択的接触の遍在性に疑問が投げかけられるようになったのである。仮に選択的接触が存在するとしても、それはある程度限られた条件の受け手にしかあてはまらないのではないか、と考えられるようになった。

研究の視点は異なるが、マスメディアの「利用と満足研究」でも、似たような結論に到達している。すなわち、人びとのメディア接触動機は多種多様であり、自己防衛的な動機（たとえば「自分の意見の正しさを確認するために」といった動機）からメッセージを選択する場合もあるし、また別の動機から情報選択を行なう場合もある。たとえば、C・アトキンによれば、特定の主題について、後で誰かと会話をすることが予期されている場合には、人はその主題に関するメディア情報にすすんで接触しようとする（Atkin, 1972）。このように会話の必要に迫られて情報を収集する場合には、その内容に対する自分の好き嫌いなどは、二の次になるだろう。

これまでのところ、選択的知覚や選択的記憶に関しては、選択的接触と比べられるほどの研究はないようである。しかし、メディア接触の段階で多種多様な動機が見いだされている利用と満足研究の知見、すなわち、人は場合々に応じてメディア内容からさまざまな効用を引き出そうとしているという事実に鑑みるならば、情報の知覚や記憶の段階でも自己防衛的な動機や意図ばかりが優先するとは考えにくいのである。

では、自然的条件で選択的接触を引き起こす条件とは何だろうか。田崎篤郎の「耐久財購入後の広告接触」に関する研究が、ヒントを与えてくれているように思える（田崎、一九七二）。

人がある購買行動をした後に、まさにその購入した商品の広告によく接触するという現象が、広告研究では選択的接触の例証として調べられてきた。いったんあるメーカーや銘柄の商品を購入してしまった人にとっては、競合するメーカーや銘柄の広告は不協和をもたらす可能性がある。買うまでにどのメーカーや銘柄にしようかといろいろ迷ったあげくにある商品を選択したという場合には、とくにそうである。そこで、商品を購入した後には、自分が選んだメーカーや銘柄の広告によく接するようになる――。これが認知的不協和理論に基づく、商品購入後の広告接触パターンに関する仮説である。

しかし、あらゆる種類の商品についてこの仮説が成り立つわけではない。田崎が実施した調査によれば、耐久消費財の広告に関する接触調査の中で、選択的接触を行なう傾向が見られた人、すなわち「他の」銘柄よりも「自分の」銘柄の広告によく接触していた人は、自我関与度（ego-involvement＝対象が自己の中心的価値と強く関連している程度）が高く、かつ、銘柄比較をしたうえで、ある特定の銘柄を選び取っていた人であった。

この場合の自我関与度とは、商品の種類から類推されたものである。すなわち、カラーテレビやエアコンよりも、自動車の広告において選択的接触の傾向が見られた。一定の機能さえ果たせばよい家電製品に対して、自動車の場合は、自分の好みや〝自分らしさ〟が反映される商品である。したがって自我関与度も高くなる。加えて、複数の銘柄の中から特定の銘柄を選択した人は、そうでない人と比べて、結果としてその銘柄にコミットしたことになる。だからこそ、自分の選択が誤りでなかったことを広告によって確認しようとするのであろう。

ある主題に対して、自我関与的態度（自我関与度の高い対象に対する特定の態度）が形成されている場合には、それは、自己防衛的な選択的接触を動機づける条件となるのかもしれない。だが逆にいえば、自我関与的態度がとくに形成されていないような主題に関しては、選択的接触以外の接触パターンが見られる可能性がある。

さて、限定効果論のもう一方の媒介要因である対人ネットワークの作用についても、その遍在的な作用がやはり疑問視されている。メディアが提供するある主題に関する対人的コミュニケーションは、その主題に関する知識や関心を共有する人同士で行なわれることが最も多く、主題への関心が低い人にまではコミュニケーション・ネットワークが広がりにくいことが、いくつかの研究で指摘されている。すなわち、コミュニケーションの二段の流れ仮説では、パーソナルな影響は、主題に対して関心の高いオピニオンリーダーから、より関心の低い非リーダーへと流れていくことを予想していた。しかし実際には、関心を共有するオピニオンリーダー同士が話し合いを行ない、非リーダーは「話の輪」の埒外に置かれてしまうのである（以下に述べるロビンソンの研究の他には、たとえば、Troldahl & Van Dam, 1965 を参照）。

たとえばＪ・ロビンソンは、一九六八年のアメリカ大統領選挙の際にミシガン大学政治研究センター（ＣＰＳ）が実施した全国調査データを分析し、次のような知見を述べている（Robinson, 1976）。有権者サンプルの五一％（サンプル中最終的に投票を行なった人の四五％）は、キャンペーン期間中とくにこれといった政治的な話し合いをしていなかった。このような「非会話者」は――政治的な話し合いをしていた人と比べてキャンペーンへの参加度が相対的に低い人びとであったが――投票決定の際にメディアの説得的メッセージ（ここでは新聞の社説による候補者支持表明）の影響を多少とも受けていたことがわかった。他方、政治的な話し合いを行なっていた人びとには、メディアの影響の形跡は見られなかった。こうした結果をもとに、ロビンソンは二段の流れ仮説の修正モデルを提示している。会話をしたグループと非会話者のグループとにサンプルを分割してみると、前者の場合には、対人コミュニケーションがメディアの影響を媒介しているのに対して、後者の場合には、メディアから受け手へと、情報も影響も直に流れているのである。

推測するに、ロビンソンの研究における非会話者は、もともと選挙への関心が低く、周囲の人たちとわざわざ政治的な話し合いをする必要を感じていなかったのではないか（あるいは周囲の人も同様に無関心だったのかもしれない）。彼らは少なくとも選挙に関しては、自分の身の回りに対人ネットワークを見いだしにくい人たちであった。しかし、彼らのうちのかなりの割合の人は、投票にはいかなければいけないと感じ、そこでメディアを準拠集団として意思決定を行なった、というところであろう。

ロビンソンの研究は、説得的コミュニケーションにおいて、対人ネットワークが媒介要因として常に働くわけではないことを示唆するものである。

以上のように、クラッパー以降の研究は、限定効果論の根拠となっていた選択的メカニズムと対人ネットワークという媒介要因の作用が、必ずしも普遍的ではないことを示している。それは即、限定効果論で説明できる範囲が、当初予想していたよりも限られていること示唆するものでもある。限定効果論の有効範囲自体を限定的に考えなければならないのである。だが、限定効果論の説明力が限定されているというだけでは不十分である。限定効果論が適用できるのはどういう条件の場合か——すなわち、限定効果論の随伴条件を確定する必要があるだろう。

随伴条件を考えるうえでひとつのヒントになりうるのは、先にも述べたように、コミュニケーションの主題に関して自我関与的態度が形成されているかどうかということである。自我関与的態度が選択的接触の生起に関わっていることは、田崎の研究によっても示されているが、この要因はまた、対人ネットワークとも深い関連を持つのではないか。

すなわち人は、自我関与度の高い主題に関しては、「同好の士」を身の回りで積極的に探し求めようとするだろう（現在ならば、インターネットで地理的に離れた人ともコンタクトをとるかもしれないが）。自我関与は、対人ネットワークを作り出す要因ともなりうるものである。そして、そうしたネットワークの中で、互いの意見や好みを確認し合うということが行なわれるだろう。

しかし、それほど自我関与度が高くない主題の場合、そしてそうした主題に関して何らかの意思決定をする必要がある場合、人は、手軽に利用できるマスメディアに、情報と判断の指針とを求めようとするのではないか。マスメディアが代替的な準拠集団となるのである。

受け手の類型化

問題を別の視点から見てみよう。

アメリカ大統領選挙キャンペーンに限っての議論ではあるが、S・チェイフィーとS・チョーは、キャンペーンの受け手の性格と構成が、メディアシステムの変化や社会状況の変化に伴い多様化してきたと主張する（Chaffee &

Choe, 1980)。

すでに述べたように、限定効果論はテレビ普及以前の時代の調査知見に基づいている。当時の研究者――とくにラザーズフェルドたち――は、強い党派性こそ、キャンペーン接触の必要条件だと考えていた。すなわち、政党への忠誠心の強い人ほど選挙への関心が高く、キャンペーンにも熱心に接触する。だがこうした人たちは、キャンペーンが始まる前から態度を確定しており、メディアによる態度変化の余地は少ない。限定効果論は、こうしたタイプの受け手に対する効果をモデル化したものであった（仮にここでは、こうした人びとを「タイプ1」と呼んでおく）。この場合、強い党派性を持たない人は選挙への関心も低く、そもそもメディアには接触しないと考えられていた。

しかし、とチェイフィーらは言う。一九五〇年代から有権者の脱政党化現象が徐々に進むにつれ、選挙に関心を持ちながらも政党への忠誠心は弱いという人びとが、次第に増えてきた。彼らは党派性は弱いが、しかし、メディアのキャンペーンには熱心に接触することがわかった。ひいきの政党を持たず、選挙の都度、候補者の資質や政策などの情報を吟味し、キャンペーン期間中に態度決定を行なうのである（同様に「タイプ2」と呼ぶ）。

さらには、テレビの普及と、それが選挙で大きな役割を担うようになった結果、別のタイプの有権者がキャンペーンの受け手に加わった。選挙への関心は低いが、娯楽番組を見るついでに、あるいはふだんの習慣的な視聴ゆえに、偶然的・非自発的にテレビの選挙情報に接触する人びとである（「タイプ3」）。関心は低いといっても、そのうちのかなりの割合の人は投票に参加するのである。なお、チェイフィーらの一九七六年調査のサンプルにおける「タイプ1」「タイプ2」「タイプ3」の構成比は、それぞれ三〇％、四〇％、三〇％であった。

政党離れの進行とテレビの普及は、「タイプ2」「タイプ3」の有権者の割合を増やした。これが、限定効果論の説明力を限定させることになっている、というのがチェイフィーらの仮説である。ちなみに政党離れもテレビの普及も、先進国では多かれ少なかれ共通に見られる現象であろう。

限定効果論の随伴条件について考察するうえで、チェイフィーらの研究とともに示唆的なのが、P・カッシングの商業広告に関する研究である（Cushing, 1985）。彼はクラスター分析の手法を用いて、消費者の製品に対する志向を次の四タイプに分類している。

第一は、「関与的な銘柄愛好者」（Involved brand loyalists）。製品への自我関与度が高く、また、それについてお気に入りの銘柄がある人びとである。第二は、「関与的な情報追求者」（Involved information seekers）。製品への自我関与度は高いが、とくに愛着のある銘柄はない。態度決定のために熱心に情報を追求する。第三の「習慣的な銘柄購買者」（Routine brand buyers）は、製品や銘柄への自我関与度は低いが、習慣（惰性）で特定銘柄を買い続けている人びと。そして第四の「非関与的な銘柄変更者」（Uninvolved brand switchers）は、製品への自我関与度が低く、毎回たまたま気に入った銘柄を購入する人びとである。

選挙と商業広告という分野の違いはあるものの、チェイフィーらの図式とカッシングのそれとの間には、かなりの類似点が見られる。これは彼らの分類が、説得的コミュニケーションの受け手を類型化する枠組みとして、ある程度の一般性を持つことを示唆するものであろう。そこで両図式を参考にして、説得的コミュニケーションの受け手を図2-6のように類型化してみた。

分類の第一の軸は、メッセージの主題への自我関与度（以下、「関与度」と略記）である。田崎やカッシングの研究が、この要因の重要性を示唆していた。第二の分類軸は、メッセージの主題に関して、受け手が接触前から何らかの態度を固めているか否かということである（主題に関する態度の確定度）。チェイフィーらは選挙における脱政党化現象を指摘していたが、他の領域でも、われわれは日々新しい問題、新しい商品に遭遇している。メッセージに接触した時点で、その主題に関する態度が決まっていないという場合は少なからずあるだろう。

図2-6の「Ⅰ」は、受け手のうちでも主題への関与度、態度の確定度が高い人である。すなわち、自我関与的態度を持っている人といえる。チェイフィーらの「タイプ1」、カッシングの「関与的な銘柄愛好者」に相当するタイプである。「Ⅱ」は、主題への関与度は高いが、態度はまだ固まっていない人。チェイフィーらの「タイプ2」、カッシングの「関与的な情報追求者」にあたるものである。「Ⅲ」は、主題に対して低関与の人だが、主題に関する態度はいちおう決まっている人である。カッシングの「習慣的な銘柄購入者」はこれに相当する。また、チェイフィーらの分類の「タイプ3」も、どうやらここにあたるようである。なぜなら、チェイフィーらの分析によると、タイプ3の人びとに対しては、キャンペーンメッセージはほとんど効果を持たず、彼らは投票日間際になって、結局は既存の弱い党派的態度を手がかりに意思決定を行なったからである。

しかし、「Ⅲ」の人びとは、態度が決まっているといっても、なにぶん関与度の低い対象に関する態度であるから、状況によっては変化する可能性も高い。たとえば、よその党派（銘柄）にきわめて魅力的な新人候補（新製品）が登場した場合や、なんらかの理由で今支持している党派（銘柄）に幻滅した場合などは、さっさとよそに乗り換えるということも起こりうるだろう。すなわち、「Ⅲ」といっても「Ⅳ」（カッシングの「非関与的な銘柄変更者」に相当）と明確に区別はできないのではないかという予想が成り立つのである。両タイプの境界線を点線で示したのはこうした理由からである。

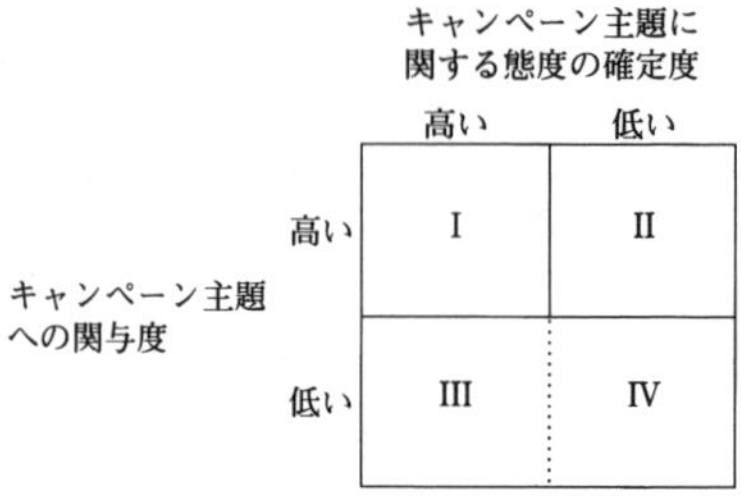

図2-6　説得的コミュニケーションの受け手の類型化

このように、田崎篤郎、チェイフィーとチョー、カッシングらの研究から示唆を受け、ここでは限定効果論の随伴条件を、メッセージ主題に関する自我関与的態度の存在であると仮定したい。図2-6では「I」のタイプに相当する。このタイプの人は、限定効果論の予想通り、マスメディアから補強効果を受けることがいちばん多いのではないか。

では、それ以外のタイプの受け手に対しては、説得的コミュニケーションはどう作用するのであろうか。これが次の課題である。

低関与学習

まず図2-6の下側のセル、すなわち、メッセージ主題に対する関与度の低い受け手に対する効果について考えてみよう。

「関与が欠如した状態での学習」(learning without involvement)という概念を提起したのがH・クルグマンである(Krugman, 1965)。彼も限定効果論への批判から出発している。理論ではメディアの効果は限られているというが、しかし実際にテレビ広告は大きな効果をあげているように見える。この矛盾を説明するために、関与という概念に着目したのである。論文の副題こそ「関与の欠如」(=無関与)と表現しているが、関与度というのはそもそも連続した変数であるから、実際には「低関与」(low involvement)という言い方がされることが多い。

受け手が広告から情報を学習するやり方は、深い意味を持たない、重要でない事柄を学習する場合に似ている、とクルグマンはいう。広告の些末な情報は、受け手に繰り返し繰り返し伝えられる。受け手はそれを覚えては忘れ、また覚えては忘れ、の繰り返しである。しかし、こうした些末な情報は繰り返されるうちに受け手の長期記憶へと注入され、商品の銘柄に関する知覚構造を漸次的に変化させる。そして、関連した行動的場面で、そうした知覚が活性化され、選択行動に結びつく――。これが低関与学習の過程である[11]。

低関与学習が起こるのは、とくに安価な商品の広告の場合である。たとえば、われわれは洗剤や罐コーヒーといった商品を買うにあたって、情報を丹念に集め、各銘柄の特色を注意深く吟味し、その後に最も好ましい銘柄を選ぶ、といった手の込んだ手続きはとらない。むしろ、店頭や自動販売機の前に立ったとき、これまで慣れ親しんできたからとか、たまたまＣＭで商品名を覚えているからとか、ＣＭが面白かったからとか、そういった理由だけで銘柄を選んでいるのではなかろうか。

このような低関与の決定状況では、広告は受け手に銘柄名を印象づけるだけでも一定の購買効果を期待できる。短いメッセージを大量に繰り返すテレビ広告は、この点できわめて有効なメディアだとクルグマンは考えるのである。

低関与条件と高関与条件とでは、コミュニケーションが受け手にインパクトを与える過程が異なるとクルグマンは主張する。商業広告は低関与条件でのコミュニケーションである。これに対して、公共的問題のキャンペーンや大統領選挙キャンペーンなどは、受け手の高度な関与に特徴づけられている。限定効果論は高関与条件のコミュニケーションを扱ったものだと彼はいう。

しかし、先に挙げたチェイフィーとチョーの研究での「タイプ3」の有権者の存在は、政治コミュニケーションにおいても低関与条件の受け手がいることを示唆している。低関与の有権者は、単に名前を覚えている（simple name recognition）という理由だけで、ある候補者に投票するかもしれない。それゆえ、そのような人には、テレビの政治広告の繰り返しが一定の効果を持つと予想される（Bowen, 1994）。

さて、クルグマンのアイディアを発展させたＭ・レイは、関与度が高い商品の広告効果形成過程が「認知」→「態度」→「行動」という過程を経るのに対して、関与度が低い場合には、「認知」→「行動」→「態度」の順になると仮定する（Ray, 1973, 1982）。しかも、後者のモデルでの「認知」とは、銘柄名をよく記憶しているとか、何となく信頼できそうな気がするとかいった、ごく表層的なレベルのものにすぎない。だが、それでも購買行動に影響を持ちうるのである。低関与の商品の場合には、態度は（もし形成されるとすれば）むしろ購買後の使用経験に基づいて形成されると考えられる。このように、低関与条件では、マスコミュニケーションが大きな影響力を行使する可能性がある。

精緻化見込みモデル

最近の説得的コミュニケーション研究で注目すべき成果のひとつは、R・ペティとJ・カシオッポが提起した「精緻化見込みモデル」（the elaboration likelihood model；以下、ＥＬＭと略記する）である。ペティらの研究自体は実験室的状況におけるものだが、ＥＬＭはマスコミュニケーション状況にも十分適用可能だと考えられる（Petty & Cacioppo, 1986；Petty & Priester, 1994；土田・上野、一九八九）。

ここでの「精緻化」とは、説得的メッセージの論点について深く考えることを意味する。個人が説得的メッセージを受けたとき、それを精緻化する見込みがどの程度あるかによって効果が異なるとＥＬＭは予測する。メッセージの論点について深く考えた（精緻化した）結果として生じる態度変化を「中心的ルート（the central route）を経た態度変化」、内容についてあまり考えることなく、むしろコミュニケーションの「周辺的手がかり」（peripheral cue）に基づき態度が変化した場合は「周辺的ルート（the peripheral route）を経た態度変化」と呼ばれる。なお、周辺的手がかりとは、メッセージの論点の内容以外の要素、すなわち、誰が発言しているのか、どういう表現をしているのか、どんな状況で話しているのか、などといった要素のことを指している。

かくしてＥＬＭでは、受け手が説得的メッセージの論点について精緻化しようとする動機づけやその能力を持っているかによって、論点に対して形成される態度の性質は異なると主張するのである。精緻化の動機づけや能力を強く持ち合わせている場合ほど、受け手の頭の中でメッセージの論点に関して十分な吟味が行なわれ（中心的ルートによる処理）、結果として形成された態度は、より持続的で行動との一貫性も強いものとなる。

なお、形成された態度の方向は、受け手がメッセージの論点について肯定的に考えるか否定的に考えるか（中心的ルートの場合）、あるいはコミュニケーションの周辺的手がかりをどう感じどう評価するか（周辺的ルートの場合）で決まると考えられる。

説明のプロセスこそ違え、限定効果論が予測するような補強効果も、ＥＬＭで説明することができる。ペティらは、メッセージ精緻化の動機づけを規定する要因として、関与度を挙げている（Petty & Cacioppo, 1986）。説得的メッセージの主題が受け手にとって関与度の高いものであればあるほど、人はメッセージの論点について深く考えるだろう。さらに、もしその主題についてすでに強固な態度を有している場合には、その態度に沿った認知反応を引き出すことになろう。すなわち、強固な自我関与的態度が形成されている場合には、自我防衛的な傾向を帯びた精緻化が行なわれると予想される。これが補強効果に相当するものといえる。

ここまでの議論で明らかなように、ＥＬＭでいう「中心的ルートを経た態度変化」と「周辺的ルートを経た態度変化」の区分は、クルグマンやレイがいう「高関与条件」対「低関与条件」の区分に対応するものだといえよう。そして、図2-6でいえば、「Ⅰ」「Ⅱ」が「中心的ルート」、「Ⅲ」「Ⅳ」が「周辺的ルート」におおむね対応するといえるだろう。もちろん、ＥＬＭのほうが認知心理学の新しい成果を取り入れ、より綿密な概念化がなされている。

もう一点付け加えるならば、ＥＬＭでは、関与度がとくに高い場合に補強効果が生じると予想している。図２-６では分類の便宜上、「Ⅰ」と「Ⅱ」を同じく自我関与度の高いグループにふりわけた。しかし考えてみると、「Ⅰ」の人びとはメッセージ主題への自我関与度が高く、かつ、すでに特定の立場へとコミットしているのであって、まだ立場を決めていない「Ⅱ」の人びとよりも、じつは関与度のレベルが高いと仮定しても理にかなっているのではなかろうか。すなわち、関与度のレベルは「Ⅰ・Ⅱ」→「Ⅲ・Ⅳ」という二段階になっているというよりも、ＥＬＭが示唆するように、「Ⅰ」→「Ⅱ」→「Ⅲ・Ⅳ」という三段階にレベル分けできると考えたほうがよいかもしれない。もしこれが妥当だとすれば、限定効果論の随伴条件は、主題に対する関与度という一本の軸だけで説明できるかもしれない。この点はさらに検討する必要がある。

最後に、メディア効果の再評価にとって、テレビメディアの普及が持つ意味について考えたい。

すでに述べたように、チェイフィーとチョーは、テレビが政治的関心の低い人たちに対して、偶然的・非自発的接触という形態で、政治情報を受け取る機会を提供していると仮定した。また、クルグマンは、テレビによる些末な情報の繰り返し提示が、低関与学習をもたらすと考えていた。では、ＥＬＭとテレビとはどう関わっているのだろう。

ＥＬＭの、「周辺的ルートを経た態度変化」という概念は、テレビの効果を考えるうえでもきわめて示唆に富むものだと考えられる。周辺的ルートの態度変化は、メッセージを精緻化しようという動機づけや能力が欠如している場合に起こると仮定されている。テレビはまさにそうした条件に合っているのではなかろうか。

まず第一の、精緻化の「動機づけ」が弱い場合。これは、クルグマンも指摘するように、大部分のテレビ広告にあてはまる条件である。洗剤や食料品、医薬品、雑貨など、広告で扱われるほとんどの商品に対して、われわれは自我関与をしていないし、商品の広告メッセージについて一生懸命考えるということもほとんどない。にもかかわらず、広告された商品に対して一定の態度を形成したり、広告された商品を実際に購入したりすることもある。

第二に、精緻化するための「能力」が欠如している場合。これには、能力そのものが欠けている場合だけでなく、能力は持っていても外的要因によってそれがうまく発揮できないという場合も含まれる。たとえばテレビは、時間的順序にしたがってメッセージをどんどん流すため、視聴者が自分のペースで情報を受け取ることができない。メッセージの聞き漏らしや見過ごしが起こりやすい。また、テレビは「ながら視聴」が一般化しており、ブラウン管への注意が散漫になっていることも多い。さらに、映像情報と音声情報とがミスマッチの場合、映像情報により注意が向かい、音声情報（ナレーションなど）の学習が阻害されるという実験結果も報告されている（福田、一九九五）。実際には、複雑な問題を扱ったメッセージほど、適切な絵を見つけることがむずかしいだろうから、映像とナレーションのミスマッチは日常茶飯事であろう。

以上のような理由から、テレビメディアには、メッセージの精緻化を阻害するような特性が備わっており、したがって周辺的ルートを経た態度変化が起こりやすいメディアであると考えられる。結果として、メッセージの論点とは関わりのない、さまざまな周辺的手がかりに基づく態度変化がテレビの場合にはよく起こるのではないか。たとえば、内容について深く考えないままに、信頼のおけそうなパーソナリティのコメントだから、その意見を自分も受け容れてしまうとか、あるいは、コマーシャルで好きなタレントが出演しているから、その商品をなんとなく好きになるとかいった場合である。また、ニュースなどで紹介された「街の声」が視聴者の知覚や態度に影響を与えるという、いわゆるイグゼンプラー効果も、同じコンテクストで説明できるかもしれない（橋元・福田・森、一九九七；Perry & Gonzenbach, 1997）。もちろんそうしてできた態度変化は、中心的ルートを経た場合よりも持続性の乏しいものかもしれないが、時として行動に結びつくこともあろう。

以上、限定効果論以降の研究の発達からいえることは、限定効果論のようにメディアの説得的効果を一律に小さいものと考える必要はもはやないということである。ただし、説得的コミュニケーション過程には、送り手、受け手、メッセージ特性、コンテクストなどに関する多様な条件や要因が絡み合っている。説得的効果を説明するためのモデルは、いきおい複雑なものになる傾向がある。

四　要約

本章では、一九七〇年代以降のマスメディア効果研究のうち、議題設定以外の研究動向について検討した。認知的効果に関する理論仮説としては、沈黙のらせん仮説と培養仮説の二つを取り上げ、また、限定効果論の見直しの動きについても概観した。

沈黙のらせん仮説によれば、人は誰しも孤立することへの恐怖心を持っているので、ある公共的問題に関して自分の意見が少数派もしくは劣勢であることがわかると、孤立を恐れて意見の公言を控えるようになる。逆に多数派もしくは優勢な意見の持ち主は自信を持って意見を公言する。この過程がらせん的に進行することで、少数派と目された意見はさらに孤立化し、多数派と目された意見はますます優勢化する。マスメディアは、どの意見が優勢でどの意見が劣勢かを人びとに示唆することによって、この沈黙のらせん過程を介して、世論の動向に影響力を行使しうる。

議題設定が、マスメディアは争点の特性に対する人びとの知覚に影響を与えると予想するのに対し、沈黙のらせんは、争点をめぐる「意見の風向き」(climate of opinion) の知覚にメディアが影響すると仮定する。両理論仮説は、マスメディアが世論過程に影響を及ぼす二つの経路をそれぞれ代表している。

一方、培養仮説はテレビの長期的効果に関する仮説であり、テレビを長時間見ている人ほど、テレビの現実描写を反映するようなやり方で、現実認識を形成するようになると主張するものである。議題設定は日々のニュースに現われる争点や出来事といった、社会的現実のうちでも比較的表層的・流動的な部分に着目する。それに対し培養仮説は、より基底的な、社会の構造的事実や価値規範に関する認識にテレビがどう影響を与えているかを追究するものである。培養仮説が志向しているのは、テレビの社会化機能あるいは社会統合機能の問題である。したがって、ここで仮定されているメディアの効果は、議題設定効果よりもさらに長期的・累積的な性質のものであり、その分、実証的テストにも難しさが伴う。

ところで、限定効果論についてもさまざまな見直しの試みが提起されるようになった。とりわけ、効果過程を媒介し、補強効果を生み出すとされる「選択的メカニズム」と「対人ネットワーク」の二要因に関しては、その作用の遍在性が徐々に疑問視されるようになった。ひとつの仮説として、限定効果論の有効範囲は、メッセージ主題に関して自我関与的態度を保持している受け手に限られると考えることができる。他方、主題に関して自我関与度の低い受け手の場合には、マスメディアからごく表面的な知識を受け取るだけで、何らかの態度変化や行動決定に至る可能性がある。とくにテレビは、こうした「低関与学習」にうってつけのメディアだと考えられている。

最近の説得的コミュニケーション研究で注目すべき成果のひとつは、「精緻化見込みモデル」（the elaboration likelihood model）であろう。このモデルは、限定効果論や低関与学習を包摂し、メディアの説得的効果について、より体系的な説明をもたらしてくれる可能性を持つ。

注

（1） 選挙における情報報道の影響は、日本の場合、アナウンスメント効果と呼ばれることがある。この現象に関する研究については、竹下（一九九四）を参照。

（2）ましてや、ノエル＝ノイマンがＣＤＵの政策コンサルタントをひきうけており、また彼女自身の政治的信条ゆえに、リベラルなジャーナリストに対して一貫して批判的な態度をとっていることを考えれば、彼女の結論にはすぐさま同意しがたい。

ちなみに、Ｅ・カッツは、ノエル＝ノイマンと、次節で紹介するＧ・ガーブナーとを、実証研究に批判的アプローチを取り入れたパイオニアであると評している。政治的にはそれぞれ右派と左派に属すると付け加えてはいるが（Katz, 1987）。

（3）この「焦点形成」は、議題設定研究の最近のテーマのひとつである、属性型議題設定あるいは第二レベルの議題設定と同義である。これについては六章で述べたい。

（4）ただし、日本の場合を考えても、われわれは、主要なニュースメディアがこぞって同じような問題を取り上げ、同じような論調を展開しているという印象を持つことがしばしばある。新井直之はそうした報道のあり方を「総ジャーナリズム状況」と命名している（新井、一九七九）。また、選挙報道の内容分析をしてみると、朝日と読売のように社説の論調は違う新聞であっても、どのトピックを取り上げるかという点ではかなりよく一致している場合がある（一例として、竹下、一九九五）。

（5）ちなみに、沈黙のらせん仮説の検証には、多変量解析を用いた複雑な方法など、さまざまなバリエーションがある。たとえば、*Keio Communication Review, 10*（1989）に掲載された、沈黙のらせん特集の諸論文を参照されたい。

（6）東京都練馬区の有権者が対象。詳しい概要は三上（一九九四）を参照。

（7）「列車テスト」とは、調査対象者に公的場面での行動をシミュレートしてもらうために、ノエル＝ノイマンが考案した質問である。まず回答者に、長距離列車でひとり旅の途中であると想定してもらう。そこで同じコンパートメントに乗り合わせた見知らぬ人が、たまたまある問題（調査対象の問題）について自分の意見を披露した。あなたは、すすんでその議論に加わりたいと思うか、それとも敬遠したいと思うか、とたずねるものである。公的場面のシミュレーションの仕方については、これら以外にもいくつかの質問法が考案されている。

（8）本章とはまったく別のアプローチとして、Ｍ・マコームズとＤ・ウィーバーは、マスメディアへの接触動機をキー概念として、議題設定過程と沈黙のらせん過程との接合を試みている（McCombs & Weaver, 1985）。

（9）いわゆる利用と満足研究でも、ラジオの連続ドラマが主婦のリスナーにとって、「日常生活の教科書」といった役目を果たしていることを明らかにしている（Herzog, 1944）。

（10）ホーキンズとピングリーの別の研究についてもう一言だけ。ガーブナーらの仮説では、第二次培養効果は、第一次培養効果を基礎とし、さらに推論を重ねることで形成されると考えられていた。「世の中は暴力がいっぱいで危険だ」（第一次）→「だから他人はうかつに信用できない」（第二次）といった具合である。

しかし、彼らは最近の認知心理学の成果を援用しながら、第一次と第二次の培養効果の連続性について疑義を呈している（Hawkins & Pingree, 1990）。すなわち、第一次培養効果と第二次培養効果は、前者が後者を生み出すのではなく、それぞれ独立して形成されるのだと仮定することも、心理学のモデルとしては可能だというのである。仮説の当否は今後の検討課題だが、こうした新しいアプローチの導入も研究の幅の広がりを示すものであろう。

（11）クルグマンは、関与の概念を説明するにあたって、従来の自我関与概念にも言及しているが、じつは彼自身は、それとはやや違ったふうにこの用語を定義している。これまで本章でも用いてきた自我関与は、いわばメディア接触前の条件である。すなわち、コミュニケーションに対する受け手のある種の動機状態を意味するものである。これに対してクルグマンのいう関与とは、コミュニケーション中の経験に関わるものなのである。すなわち、メッセージへの接触中に、そのメッセージの中にどれだけ自分と関連した要素を見いだしているか、という意味である。

しかし、本章では、関与という概念を引き続き自我関与の意味で用いたい。というのも、クルグマンのアイディアに啓発された広告研究者も、自我関与という意味で関与という語を用いている人が少なくないし（後述のM・レイもそのひとりである）、また、自我関与は、クルグマンのいう、コミュニケーションへの参加という意味での関与の、十分条件だと考えられるからである。

三章　議題設定研究の発展

一九七二年に発表されたM・マコームズとD・ショーの論文によって議題設定研究の幕は切って落とされた（McCombs & Shaw, 1972）。その後、研究はどのように発展してきたのだろうか。本章では議題設定研究の成果を概観し、またいくつかの問題について考察を加えたい。

一　仮説の定義と測定モデル

仮説の構成要素

「マスメディアである争点やトピックが強調されればされるほど、その争点やトピックに対する人びと（受け手）の重要性の認識も高まる」というのが議題設定仮説の命題であった。言い換えれば、議題設定とは、「メディアによる争点強調」（独立変数＝原因）が「争点重要性（顕出性 salience と呼ばれることもある）に関する受け手の認識」（従属変数＝結果）に影響するという一種の因果関係を表わす。これが議題設定の基本仮説である。

なお、争点重要性という場合、ここでの「重要」とは、優先性、切迫性といった意味だと理解されている。他はさしおいても、まずは取り組まなければならないという意味での重要性なのである。そもそも「議題」（agenda）という言葉には、文字通り「会議の議題」という意味もあるが、もっと広く「行動予定」とか「行動計画」といった用法もある。

さて、議題設定仮説を実証的に検討するためには、仮説を構成する二変数とその連結の様式に関する概念的定義がより精緻化され、さらにそれに対応する適切な操作的定義がなされなければならない。ここではまず議題設定仮説がどう精緻化されてきたかという点を見ておこう。まず、「メディアによる争点強調」について。議題設定研究では、これは「メディア議題」（media agenda）とも呼ばれる。

分析上まず問題となるのは、「メディアの種類」によって議題設定の効果に差が生じるのかどうかということである。マコームズとショーの一九六八年調査では、新聞、テレビ、ニュース週刊誌の各内容分析結果を総合して争点ランキングを作った場合に、有権者の争点ランキングと最も高い相関値が得られた。しかし、ニュースメディアの内容は決して一枚岩ではないであろうし、受け手のメディア接触の仕方にも個人差があろう。したがって、これはあまり厳密な手法とはいえない。メディアごとの議題設定能力に関して、より詳細な検討が必要である。

さらに、「内容のタイプ」もメディアのインパクトと関連するかもしれない。たとえば、レギュラーの記事やニュース項目の中で争点が提示される場合、調査報道による特集記事やドキュメンタリー番組のスタイルで訴求がなされる場合、さらに選挙では、候補者や政党がうつ政治広告の中で争点が提起されることもある。[1]

次に、従属変数である「争点重要度（顕出性）に関する受け手の認識」もしくは「受け手議題」（audience agenda）に目を転じよう。受け手議題に関しては、三通りの概念化が提起されている（Becker, 1982 ; McCombs, 1981 ; McLeod, Becker, & Byrnes, 1974）。[2]

第一に、「個人内議題」（intrapersonal agenda）。これは、受け手個人の意識内で重要だと認識された争点のことである。マコームズとショーが最初の調査でたずねたのは、この意味での受け手議題であった。

これに対し、他者との話し合いの中でよく話題にされる争点があれば、それは「対人議題」（interpersonal agenda）と呼ばれる。対人コミュニケーションの中で顕出的な争点のことである。個人内議題が、マスメディアが個人の環境認知像に影響を与えるというリップマン的発想の流れをくむ概念だとしたら、こちらの対人議題は、マスメディアと会話内容との関連を論じたG・タルドの系譜に属するものといえよう（Tarde, 1901）。

第三の概念化は「世間議題」（perceived public agenda）と呼ばれるものである。これは、自分自身はさておき、世間の人たちの関心を集めている（と回答者が知覚する）争点のことである。前章で沈黙のらせん仮説を論じた際に触れた「意見の風向き」（climate of opinion）に関連した概念だといえる。じつはこれは英語の文献では「知覚されたコミュニティの議題」（perceived community agenda）と呼ばれている。すなわち、コミュニティ（あるいは社会）の中で関心を集めている争点、といったところだろう。しかし、日本人の感覚としては「世間」という言葉のほうがよりピンとくるし、もともとの概念化の趣旨にもむしろかなったものだと思われる。世間とは、第一次集団のような狭い範囲ではなく、匿名の他者をも含むようなある程度の広がりをもった人びとのネットワークのことであり、その中で交わされる判断や評価が、個人にとっても無視できないような集合体のことである。世間は一種の準拠集団として機能する（阿部、一九九五；井上、一九七七）。したがって、人びとがメディア報道から、世間での関心のもたれ方をどう推定するかということは、個人の意識や行動にとっても何らかの意味を持つことになろう。

それでは、独立変数であるメディア議題と従属変数である受け手議題とは、どう連結していると仮定できるのか。効果過程に関しても、三種の概念化が提起されている（McCombs, 1976）。

第一の「知覚モデル」（0/1 or awareness model）は、マスメディアが特定の争点について取り上げるか否かによって、受け手がその争点を知覚するか否かが決まるというものである。これはマスメディアによる学習の基本的過程を示したものではあるが、自明の理とみなされ、通常の議題設定研究では取り扱われない。

第二の「優先順位モデル」（0/1/2 …N or priorities model）は、諸争点の重要性に関するメディアの優先順位が、そ

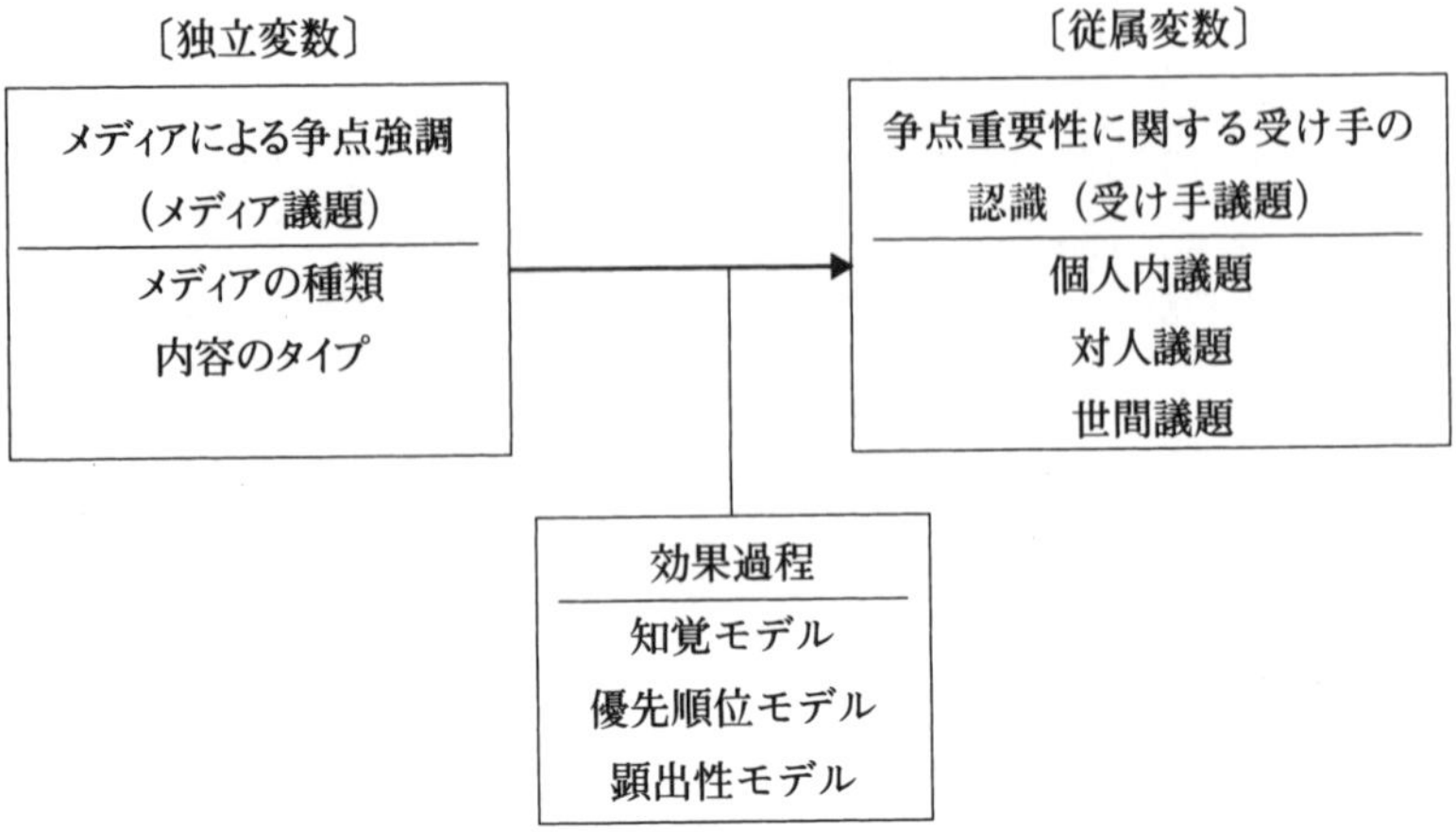

図３－１　議題設定仮説の構造

	アグリゲートデータ	個人データ
争点のセット	Ⅰ	Ⅱ
単一争点	Ⅲ	Ⅳ

図３－２　議題設定の測定モデルの類型化
出所：McCombs（1981）, p.124.

のまま受け手の優先順位に転移すると仮定するものである。

第三の「顕出性モデル」(0/1/2 or salience model) によれば、メディアでとくに強調された少数の争点のみが（閾値を超えて）受け手にとっても顕出性の高い争点となる。だが、メディアの優先順位と正確に対応した優先順位が、受け手の側に再生されることはないと考える。

さて、以上の議論をまとめたのが、図3-1である。

測定モデルの類型化

議題設定効果を具体的にどう測定するのか。この問題に関して、マコームズは既存の研究をもとにして、議題設定の測定モデルに関する類型化を試みている (McCombs, 1981)。それを示したのが図3-2である。[3]

縦の軸は、分析に際して争点のセットを使うか、あるいは単一争点だけを取り上げるかの区分である。前者の場合には、一定数の争点間の優先順位を、メディア内容と受け手の両方に関して測定し、その一致度を調べることになる。後者の場合には、特定の争点に関する受け手の重要性の認識が、メディア報道の推移や受け手側の条件の差異に伴い、どう変動するかを調べることになる。

横の軸は、分析に際してアグリゲートなデータを用いるか、個人のデータを用いるかという区分である。すなわち、集団全体をマクロな単一の主体とみなすのか、あるいは個々人を分析の単位と考えるかの違いを意味する。

マコームズによれば、彼とショーとが行なった最初の実証的テストも含め、これまでに発表された大部分の研究が、図のタイプⅠに該当するという。このタイプの研究は、受け手それぞれに最重要視する争点をたずね、それをサンプル全体で集計して言及頻度の高い順に各争点を順位づけしたものを、受け手側の議題と定義する。そして、それをメディア側の争点優先順位——内容分析により、多く取り上げられている順に争点を順位づけしたもの——と比較するという手続きをとっている。両者の対応は、順位相関係数を計算することによって調べることが多い。

これに対しタイプⅡは、一定数の争点セットを扱う点ではタイプⅠと変わりないが、こちらは受け手個人ごとに争点優先順位を測定し、それをメディアの争点順位と比較するところに特徴がある。このタイプの仮説検証法では、随伴条件（後述）を分析に導入し、随伴変数が仮説の予想する方向に変動するにつれ、メディアと受け手個人の争点順位の類似度が増大すれば、仮説に支持的な結果が得られたと解釈される。

一方、タイプⅢは、研究の焦点を特定の争点のみに限定する方法である。これは具体例を挙げたほうがわかりやすいだろう。J・ウィンターとC・エーヤルの研究は、このタイプの典型である（Winter & Eyal, 1981）。彼らは、一九五四年から一九七六年までに実施された二七回のギャラップ世論調査データと、各調査時点に先立つ一定期間の「ニューヨークタイムズ」の第一面記事とを素材とし、公民権運動に関する新聞の報道量の変動と、公民権運動を最重要とみなす世論調査の回答者率の変動とが対応しているかどうかを調べている（二七回の調査時点をnとして、相関係数を算出）。

さて最後のタイプⅣは、研究例は少ない。じつはマコームズがこの類型化を提起した一九八〇年の時点では、概念的には設定できるものの該当研究はないと報告されている。しかし、その後に発表された研究から探し出すならば、S・アイエンガーとD・キンダーが実施した、議題設定に関する実験的研究はこのタイプに該当するといえよう（Iyengar & Kinder, 1987）。すなわち、ある特定の争点に関するニュースを実験刺激としてニュース番組のビデオに埋め込んでおき、このビデオを被験者に見せて、事前—事後で件の争点に対する重要度の認識がどう変化したかを調べる研究である。

なお、マコームズによれば、この図でアグリゲートレベルの分析として分類される研究（タイプⅠとタイプⅢ）では、議題設定仮説に対して比較的強い支持が得られる傾向がある。だが、タイプⅡに属する研究では、仮説が支持されなかったり、支持された場合でもごく弱い関連でしかなかったり、といった結果が出ているという（McCombs, 1981）[4]。

このように、成功事例がアグリゲートな分析に偏っているということが意味するところをめぐっては、研究者の間で論争が起こっている。それについては後述したい。さらに、筆者自身は、アグリゲートデータ／個人データという分類軸自体に異論を持っているが、これについても後で論じたい。

二　基本仮説に関する実証研究

メディア議題

メディア議題に関しては、三つの問題を検討したい。第一に、メディアの種類によって議題設定効果に差がでるのか。第二に、内容のタイプの違いは効果に差をもたらすのか。第三に、表現方法の違いについてはどうか。実際にはこれらの要因はすべて絡み合っているわけで、それらをより分けて厳密な比較を行なうことは容易ではない。とくに議題設定研究の場合、統制実験ではなく、自然的状況で測定がなされることが多いからである。したがって、ごくラフなスケッチにとどまらざるをえないが、従来の研究から示唆されるところを述べていきたい。

最初の問題は効果のメディア間比較である。この場合、二大ニュースメディアとしての新聞とテレビの比較に研究者の関心は集中してきた。

まず、新聞に関しては議題設定仮説が成立する一方、テレビの議題設定力は（存在するにしても）弱いものにとどまるという説がある。T・パターソンとR・マクルアーが代表的な論者であり、彼ら自身の調査を含め、この問題を扱ったいくつかの研究が、この予想を支持している（Benton & Frazier, 1976 ; McClure & Patterson, 1976 ; Patterson & McClure, 1976 ; Tipton, Haney, & Baseheart, 1975）。

この理由としてパターソンらは次の二点を挙げている（Patterson & McClure, 1976）。

第一には、テレビニュースは、あらゆる出来事をみな同じような数分間の枠に圧縮して羅列するというフォーマットをとる。そのため、受け手が重要な出来事とそうでない出来事とを識別しにくい。その点、新聞は見出しの大きさや記事の位置、面積、写真の有無などでメリハリをつけることができる。

第二に、テレビでは、ニュース選択の基準として映像次元が考慮されるため、些末な内容でも「絵になる」出来事が取り上げられやすい。だが、もともと公共的争点をめぐる出来事は、重要だが映像化に適さない場合が少なくない。

しかしながら、いま挙げられた研究はすべて選挙キャンペーン状況で調査をしたものである。他方、P・パームグリーンとP・クラークが非キャンペーン状況で実施した調査では、テレビの議題設定力がむしろ新聞のそれを上回っていた（Palmgreen & Clarke, 1977）。彼らはその理由を状況設定の違いに帰している。選挙キャンペーン期間中は新聞以上にキャンペーンの儀式的側面に関心を寄せているテレビも、平時には争点報道に力を注ぐため、議題設定力が回復するのだと彼らは推論している。

新聞とテレビのどちらが強力かと問うのではなく、マコームズとショーは違った見方をしている（McCombs & Shaw, 1977b）。新聞とテレビでは効果のタイムスパンが異なり、両者は違った性質の議題設定力を発揮するというのである。一九七二年に実施した調査の結果をもとに、彼らは次のように推論する。新聞は比較的長い時間をかけて公衆の認知を漸次的に変化させていく。これに対し、テレビの議題設定力はより即時的なものだと考えられる。

この仮説は、一九七六年に実施された調査でも追認されている（Weaver et al., 1981）。パネル調査による検証において、メディア議題と受け手議題とを比較するための時間的枠組みを短めにとった場合には、テレビ議題のほうが新聞の議題よりも受け手との相関が高く、また、時間的枠組みを長めに設定した場合には、新聞のほうがテレビよりも強い相関が出た。D・ウィーバーらは、新聞の「議題設定的役割」に対して、テレビの短期的なインパクトを「スポットライティング的役割」と形容している。

W・ワンタは、自らの研究も含めて、主に一九八〇年代九〇年代に実施された五本の調査結果をもとに、メディア間比較の問題を検討している（Wanta, 1997）。彼の結論は、上記のマコームズらやウィーバーらのそれに近いものである。曰く、新聞とテレビのどちらの議題設定効果が強いかという点に関しては、既存の調査知見からは明確な傾向は出てこない。しかし、テレビの効果のほうが新聞のそれよりも即時的な――つまり、すぐ効いてすぐ衰えるという――性質を持っているように見える。従来の研究でテレビの効果が弱く出るのは、新聞と同じ時間的枠組みで比較をしようとしたからではないか。これがワンタの下した結論である。

議題設定のメディア間比較が意外に難しいのは、ワンタも指摘するとおり、印刷メディアと放送メディアとを比較可能なデザインで実施した研究自体がそもそも数少ないためである。メディアの内容分析は時間と費用のかかる作業である。調査対象のメディアはどれか一種類に制限せざるをえないという場合も少なくないだろう。また、キャンペーン状況、非キャンペーン状況のどちらで測定するかといった条件によっても、結果が違ってくるかもしれない。さらに新聞とテレビでは、主たる利用者の属性が異なっているという問題もある。

要するに、議題設定において新聞とテレビのどちらが強力かという問題は、関連するさまざまな要因を考慮しなければならないため、いちがいに結論を出しにくい。ただ、新聞とテレビでは効果の性質が違うのではないか、より具体的には、両メディアは効果のタイムスパンが異なるのではないか（テレビのほうが即時的）という点は、複数の比較研究が示唆するところであり、とりあえずは有望な仮説としてみなしてもよいのではなかろうか。ワンタが指摘するように、同一の時間的枠組みで新聞とテレビとを比較した場合、テレビの効果のほうが弱く出やすいという知見も、このタイムスパンの違いということから部分的には説明可能であろう。これはまた、新聞とテレビの議題設定的役割を、競合的にではなく補完的に捉えようとする試みにもつながる。今後はこうした観点からさらに研究をすすめていくべきだろう。

なお、メディア間比較の研究例が少ないのは、日本の場合も同様である。しかもアメリカとはかなり条件が異なる点もあるので、日米比較の際にも注意が必要である。たとえば、キャンペーン状況で調査をする場合、選挙制度の違いにより、キャンペーン期間は日本のほうがずっと短い。また、メディア制度の違いについていうなら、アメリカの新聞は基本的にローカル紙だが、日本では全国紙が大都市圏を中心に広く読まれている。

第二の問題として、内容のタイプの違いが効果差をもたらすかという点について考えてみよう。

テレビでは、定時のニュースのほかに、イベントの生放送や特別番組といった形で問題が取り上げられる場合がある。もちろん新聞でも特集記事が組まれることがあるが、通常の記事との違いは、テレビの定時ニュースと特別番組との違いほど際立ってはいないだろう。

この点で、パターソンが一九七六年アメリカ大統領選挙時に実施した調査は示唆的である（Patterson, 1980）。彼の研究では、ネットワークニュースへの接触は議題設定効果を生み出してはいなかった。だが、政党の全国大会の中継放送を見た人に関しては、一定の議題設定効果が見られたのである。ただし、少し後に行なわれたテレビ討論では明瞭な議題設定効果は検出されなかったので、特別番組ならどんなものでも効果的だと即断するわけにはいかない。ちなみに、一九七六年のテレビ討論で議題設定効果が出なかったことは、L・ベッカーらの研究でも示されている（Becker et al., 1979）。ただし、政治イベントの効果という線を推し進めていけば、議題設定とメディアイベント論との関連も射程に入ってくるだろう（Dayan & Katz, 1992）。

　政治広告についてはどうだろうか。ノースカロライナ州の上院議員選挙の際に実施されたある調査では、ニュースも政治広告もともに有権者の議題と有意な関連を持っていた。しかし、ニュースと広告のどちらがより有効かということについては、明確な結果は得られていない（Ghorpade, 1986）。J・シュローダーらは、政治広告と通常のニュースの効果とを比較する実験を行なっているが、ここでも二種類の内容の間に明確な効果差は見いだせなかった（Schleuder, McCombs, & Wanta, 1991）。しかし、政治広告は、受け手に直接影響するだけでなく、ニュース内容でどの争点が強調されるか、すなわちジャーナリストに直に影響を与える可能性があることを別の研究が示唆している（Roberts & McCombs, 1994）。政治広告の議題設定効果研究はまだ未開拓のテーマである。

　コンテクストは異なるが、商業広告についても、議題設定の観点から効果を追究しようとする試みがある。M・サザーランドとJ・ギャロウェイは、議題設定仮説を「マスメディアが消費者のトップブランドに関する認識を規定する」と読み替えることによって、この仮説が商業広告領域でも有用な知見を生み出しうると主張している（Sutherland & Galloway, 1981）。実際の例として、時野谷浩の新車のテレビCMに関する調査は、学部学生を対象とした試論的なものではあるが、各新車ごとのテレビCM出稿量と、学生の意識におけるそうした新車ブランドの関心の度合いとの間に、正の相関関係があることを示している（時野谷、一九八三）。発表年次を見ればわかる通り、これら商業広告に関する研究はいずれも一九八〇年代の初めに発表されたものである。しかし、議題設定研究と広告研究との接合の試みは、まだあまりなされていないように思われる。

最後に、テレビニュースを内容分析する場合の課題についても付言したい。従来、テレビニュースの分析においては、ほとんどの場合、音声情報だけをピックアップしてコーディングをしてきた。映像処理の次元でどの争点を強調しているかを内容分析に組み込もうとした研究がないわけではないが、あまり成功していない（Williams & Semlak, 1978）。ところで、二章でも触れたことだが、最近の認知心理学を援用した研究は、映像情報と音声情報とがミスマッチの場合は、音声情報の記憶が抑制されることを示唆している（福田、一九九五）。複雑なあるいは抽象的な政策問題ほど映像表現が難しいであろうから、テレビの議題設定力が印刷メディアの場合よりも低く現われる一因となっているのかもしれない。しかし、逆にナレーションと図柄とがうまく調和したときには、音声情報と映像情報が相乗的に作用し、テレビの議題設定力は増幅される可能性がある。[5] テレビの議題の測定において映像情報をどう処理するかという問題は、重要な方法論的課題として残されたままである。

受け手議題

議題設定の実証的テストにおいて、複数のニュースメディアを比較可能な形で調査デザインに取り込んだ研究が少ないのと同様に、異なるタイプの受け手議題（個人内議題、対人議題、世間議題）を同時に測定するような研究もまた数が少ない。受け手議題の測定は、どれかひとつのタイプに限られている場合が圧倒的である。

希有な例は、ウィーバーらが一九七六年大統領選挙に際して、一年がかりで実施したパネル調査である。ここでは、受け手議題の三タイプが同時に測定されている（Weaver et al., 1981）。

彼らの研究によれば、三タイプの受け手議題のうち、メディア報道から影響を受けていたと推測されるのが、個人内議題と対人議題であった。この二タイプの受け手議題は、キャンペーン当初から似通っている傾向があった。それに対し、世間議題（知覚されたコミュニティの議題）は、他とは相対的に独立した内容であった。ところが、世間議題は夏の終わり頃から他の二タイプの議題と似た方向へと変化しはじめ、キャンペーンの最終月には三タイプの議題はほとんど同一になる。おそらくキャンペーンの進行が有権者の対人コミュニケーションを促し、それにつれて他者の問題関心に対する知覚（＝世間議題）が修整されたためだとウィーバーらは解釈している。

日本では、筆者が、複数のタイプの受け手議題を測定した研究を試みたことがある（竹下、一九八八；Takeshita, 1993）。その際に焦点となったのがいわゆる世間議題である。その理由は、すでに述べたように、英語の「知覚されたコミュニティの議題」を「世間議題」と意訳したことと関係している。

井上忠司は「世間」について次のように論じている。元来唯一絶対神を持たないわが国の人びとは、「世間」に準拠し「世間」に恥ずかしくない行動をとるという、きわめて状況主義的な倫理を培ってきた。「世間」を見つめ、「世間」と自分との間に生じるズレをたえず微調整しながら、「世間なみ」に生きることをめざしてきた。こうした準拠集団としての「世間」の範囲は、しかしながら、時代とともに変動している。現代では、マスメディアが作り出す「世論」が、「広い世間」を指すものと見なされている（井上、一九七七）。

こうした井上の仮説に従うならば、次のような予想が立てられる。日本人は、政治や社会の問題のうち何がいま重要かという判断のレベルにおいても、世間の人びとがどう考えているかということを気にかけ、マスメディアの情報からそれを探りだそうと努めるのではないか。したがって、日本人の場合、個人議題よりも世間議題のほうがメディア議題とよく一致するのではないか、そして、世間議題を媒介することによって、個人議題や対人議題がメディアの影響を受けるという仮説を提起することができるのではないか[6]。

表3-1　1983年総選挙における新聞の議題と受け手議題との比較
（スピアマン順位相関係数，N＝9）

新聞議題の測定期間	個人内議題	世間議題
面接期間前		
約2週間(11/20-12/3)	.62	.76
約3週間(11/13-12/3)	.80	.88
約4週間(11/6-12/3)	.56	.70

備考：1．内容分析の対象は「朝日」「読売」の第1面（項目数による分析）．
　　　2．受け手調査の相手は，東京都荒川・江東・墨田区在住の有権者700名（選挙人名簿から無作為抽出）．有効回答数は505．
　　　3．面接期間は1983年12月3日～11日．

調査の結果では、予想通り、世間議題のほうが個人議題よりも、メディア議題との相関が高くなる傾向が見られる。一例として、未発表の分析結果をここで示そう。表3-1は、一九八三年一二月の総選挙に際して、東海大学広報学科の研究グループ（代表　林建彦教授）が実施した調査に基づくものである。筆者も研究グループの一人として参加した。

メディア議題を集計するための内容分析の期間を三通り設けてあるが、いずれの場合でも、個人内議題よりも世間議題のほうが、新聞の議題との相関が高い。他の二地点で実施した調査でもほぼ類似したパターンが見られた。このような傾向を、筆者は、井上の「世間」の議論に見られるような、日本の文化的特性が反映された結果だと論じたことがある（Takeshita, 1993）。

ただし、この解釈はあくまでもひとつの仮説である。というのも、海外の研究では世間議題が測定されることはあまりなく（むしろ、対人議題のほうが調査されることが多い）、したがって、日本のデータとの比較が難しいからである。たしかに、上記のウィーバーらの調査では、個人内議題が他のタイプの受け手議題よりもメディアの効果を受けやすいという傾向が見られた。しかし、比較のためのデータはまだ不足している。

日本の議題設定研究のもうひとつの特徴として、「知覚されたメディア議題」（perceived *media* agenda）を利用した分析事例がある。すなわち、メディアの客観的な強調争点と受け手の争点重要性の認識とを直接に比較するのではなく、被調査者に「いま、自分が最も重要であると考える問題」と「いま、新聞などのマスコミが最も重要な問題だと主張している（と被調査者が知覚する）問題」とをたずね、両方の回答内容が一致すれば議題設定の効果あり、不一致ならば効果なし、と判定するものである（前田、一九七八；堀江、一九八二；岩渕、一九八六；小林、一九八三、一九九〇）。「知覚されたメディア議題」は、議題設定効果過程の媒介変数として位置づけることができるから、これらの研究は、議題設定を部分的に検証するものといえよう（ただし、小林〔一九九〇〕では客観的なメディア議題も併せて測定している）。「知覚されたメディア議題」の概念は、アメリカの研究でも用いられた例があるが（Atwater, Salwen, & Anderson, 1985a）、日米それぞれで独自に案出されたものだと思われる。

小林良彰が実施した調査によると、「知覚されたメディア議題」と「個人内議題」とが一致する人は、サンプル全体の二割から三割程度にすぎない（小林、一九八三、一九九〇）。ただしこの場合、何割以上が一致すれば効果ありと結論できるという絶対的な基準があるわけではない。受け手のメディアへの依存傾向を示す何らかの変数とかけあわせ、依存度が高いほど議題の一致度も高いといった関係が得られれば、そこにメディアの影響の形跡を見いだすことができよう。

なお、三宅一郎は、「知覚されたメディア議題」と「世間議題」とはほぼ等しいと見なしている（三宅、一九八九）。たしかに、心理過程を考えれば、両者は内容的に類似して不思議ではない。しかし、概念的には両者は区別可能である。

時間的構造

議題設定効果の時間的構造に関しては、二つの問題を取り上げたい。第一は、最適効果スパンの問題、第二は、キャンペーン期間を通しての議題設定のパターンの問題である。

最適効果スパンとは、受け手議題との関連が最大となるような、メディア議題の測定期間の長さのことである。議題設定効果は継続的・累積的なメディア活動の結果生じると考えられる。だが、メディア活動がどのくらいの時間を経て受け手の認知に影響を及ぼすのか、最適効果スパンはどのくらいか、という点については、まだ確定的なことはわかっていない。初期の議題設定研究では、受け手の議題と比較すべきメディア議題の測定期間（内容分析の期間）の設定は、各研究者の裁量に委ねられていた。

その後、最適効果スパンを経験的に究明するために、メディアの内容分析の期間をさまざまに変化させながら、受け手データとの対応を調べる試みがなされるようになった。

たとえば、G・ストーンとM・マコームズは、大学生を対象として、彼らの争点重要性の認識を『タイム』『ニューズウィーク』の争点報道と比較している（Stone & McCombs, 1981）。この二人の試論的分析では、内容分析の測定期間を受け手調査前の二～六カ月と設定した場合に、ニュース週刊誌の議題と学生の議題とが最もよく対応したという。

他方、ウィンターとエーヤルは、ギャラップ世論調査の二一年間分のデータを二次分析し、公民権問題に焦点を合わせてメディアの議題設定力を検討している（米国のニュースメディアの代表として「ニューヨークタイムズ」を使用）（Winter & Eyal, 1981）。彼らの分析では、最適効果スパンは面接調査前の四～六週間という結果が得られている。また、類似のアプローチでいく種類かの争点ごとにテレビニュースの議題設定力を探究したH・ザッカーの分析では、面接前一カ月間が最適効果スパンであった（Zucker, 1978）。

日本に目を転じると、筆者が一九八二年三月に和歌山市で実施した調査では、新聞とテレビニュースの内容分析測定期間を、受け手面接最終日前の一週間から六週間まで一週ずつ順次拡張しながら、メディアの議題と和歌山市民の議題との対応を検討している（竹下、一九八三＝四章）。その結果、最適効果スパンは、新聞では受け手面接最終日前の二週間ないしは三週間、テレビでは（メディアと受け手の議題の対応はずっと弱くなるが）面接最終日前の三週間ないしは四週間であるという知見が得られた。

小川恒夫は、この竹下の研究も含め、日本で実施された五件の議題設定研究を時間的構造という観点から再検討している（小川、一九九一）。彼によれば、これらの研究結果から、日本における議題設定研究の知見は、「報道の一週間程度以内の場合よりも、報道から二週間から三週間経過した後の方が、効果が顕出しやすい」（一二九ページ）と要約することができるという。

このように、それぞれ選択したメディアや分析のデザイン、調査を実施した状況が異なり、出てきた結果も一様ではない。しかし、少なくとも次のようなことはいえよう。すなわち、議題設定とは、刺激へのごく短期的な接触から生じるものではなく、短くても二週間から一カ月、場合によっては数カ月間のメディア報道に対する累積的接触の結果としてもたらされるような効果だということである。特定の争点の重要性を人びとに印象づけるために、繰り返し根気よく報道し続けることが必要だということであろう。議題設定効果は、ある程度冗長性を持ったメディア活動を前提とするものなのである。

なお、最適効果スパンに関する研究として、ちょっと変わり種を紹介しよう。

M・サルウェンは、地球環境問題に焦点をしぼり、その下位争点（たとえば、廃棄物処理、水質汚染、土壌汚染、大気汚染、野生生物の保護など）のレベルで議題設定効果を調べている（Salwen, 1988）。すなわち、メディアは、地球環境問題という複合的な問題のうち、どの側面を強調して取り上げるか。そして、受け手の側はどの側面を重要だと考えているか。そのメディアと受け手の認識との対応を調べようとしたのである。

一九八三年から八四年にかけて、ミシガン州で三回の電話調査を実施し、この各回のデータごとに、地元紙の環境問題報道との対応を調べている。ここでは最適効果スパンを探ることが主眼であるから、新聞議題の測定期間は、面接調査時点前の一週間、二週間、三週間、というように累積的に延長され、それぞれの期間の集計ごとに、受け手議題との相関が計算されたのである。

結果として、第一回調査では、最適効果スパンの証拠は得られなかった（時期ごとの相関値はバラバラであった）。第二回調査では、メディア議題の測定期間の長さが面接前六週間を超えると相関が上昇し、面接前九週間と一〇週間で相関がピークに達した。さらに第三回調査では、同様に、面接前の五、六週間で相関が上がり、その期間をさかのぼって延長していっても相関値はずっと高い水準にとどまっていた（しいていえば、ピークは一四～一七週間に見られた）。このように、特定争点の下位争点レベルの議題設定効果分析では、最適効果スパンは比較的長めであった。また、相関値のカーブがはっきりとした山の形を描くというよりも、メディア議題の測定期間がある程度の長さになり、相関がいったん高まると、その後相関値の下がり方は緩やかなものであった。

メディア議題と受け手議題との相関値が、「釣り鐘型」ではなく、こうした「高原型」のパターンを描くのは、地球環境問題はメディアを通してしか知ることのできない問題であり、受け手はその内実についていったん学習してしまえば、その後報道量が低下しても、しばらくは安定した認識を保ち続けるからではないか――これが分析結果に対するサルウェンの解釈である。

地球環境問題に関しては、筆者も日本で似たような下位争点レベルの分析を試みたことがある。一九九二年に東京

表3-2　地球環境問題に関する新聞の下位争点議題と公衆の下位争点議題との関連[1)]

新聞の議題の測定期間（累積週）	回答者全体（n=578）	環境問題全般の顕出性のレベル[2)]		
		高（n=177）	中（n=244）	低（n=157）
面接調査前2週間（地球サミット期間を含む）	.47	.19	.56	.21
4週間	.62	.39	.68	.42
6週間	.78	.62	.87*	.62
8週間	.78	.62	.87*	.62
10週間	.78	.56	.88*	.64
12週間	.75	.51	.83*	.61
14週間	.75	.51	.83*	.61
16週間	.68	.48	.77	.44
18週間	.69	.48	.78	.48
20週間	.68	.48	.77	.44

注：1）スピアマン順位相関係数　N=9
*──1％レベルで有意（片側検定）
2）環境問題全般の顕出性のレベル
高──今日本が抱えている問題のうち，環境問題が一番重要だと回答した人．
中──環境問題を重要な問題の一つとして挙げはしたが，一番重要な問題とまでは見なさなかった人．
低──重要な問題として，環境問題に言及しなかった人．
出所：Mikami et al. (1995), p. 220より作成．

都で実施した調査をベースにして、地球環境問題の九つの下位争点について、新聞報道（「朝日」「読売」）と、人びとの重要性認識との対応を調べた（Mikami et al., 1995）。表3-2は、その分析結果の一部を示したものである。

ここではメディア議題と受け手議題との相関のピークは、メディア議題の測定期間を面接調査前の六週間から一〇週間程度に設定した場合に現われている。やはりサルウェンの場合と同じように、メディア議題の測定期間がある程度長くなると、相関値のカーブは緩やかなものになっている。地球環境問題という争点の内実（下位争点）についての学習が、比較的長期的累積的に行なわれていることを示唆する結果である。

さて、最適効果スパンの問題はひとま

ず切り上げ、議題設定効果と時間との関わりについて、もうひとつの問題を取り上げたい。それは、アメリカ大統領選挙のようにキャンペーンが長期にわたる場合、その各段階でメディアがどのような議題設定効果を発揮するかという問題である。

アメリカ大統領選挙キャンペーンは、選挙年の二月頃からはじまる各州の予備選挙や党員大会、そして夏の党全国大会などの行事を含めると、一一月の投票日までほぼ一年がかりの大イベントである。こうした長期的なキャンペーンの時期時期におけるマスメディアの議題設定力を追究したのがウィーバーらのチームである（Weaver et al., 1981）。彼らは選挙年であった一九七六年の二月から一二月（一部は翌年一月まで）にかけて、レバノン（ニューハンプシャー州）、インディアナポリス（インディアナ州）、エバンストン（イリノイ州）という三地域の計一五〇名の有権者を対象に、総計九回（うち二回は投票日以降）にわたるパネル調査を実施した。そのうち最後の面接を除く八回分の調査データを用い、キャンペーンの異なる時期区分ごとに、メディアと受け手との間の影響の向きや大きさがどう確定されうるのかを検討している。交差時間差相関分析を用いたこうした分析の一部を示したのが、図3-3である。[7]

ウィーバーらの一九七六年調査では、第一に、キャンペーンの時期は、新聞とテレビ（ネットワークニュース）の議題設定効果の生起と深い関わりを持っていることがわかった。メディアの効果が極大化するのは予備選挙期（一月～六月）においてであり、夏期（六月～八月）秋期（九月～一一月）のキャンペーンへとすすむにつれて、効果は減少の一途をたどっていくのである。これは、キャンペーンの進行につれ、人びとが争点に対する自らの判断や評価を固めていくからだと推測される（図3-3でも、テレビの顕著な効果が見いだせるのは、二～三月のテレビ議題と五月時点での有権者議題の間のみである）。

第二に、予備選挙期を見ると、テレビの議題設定力が新聞のそれを上回っていた。だが、予備選挙期の雰囲気は、

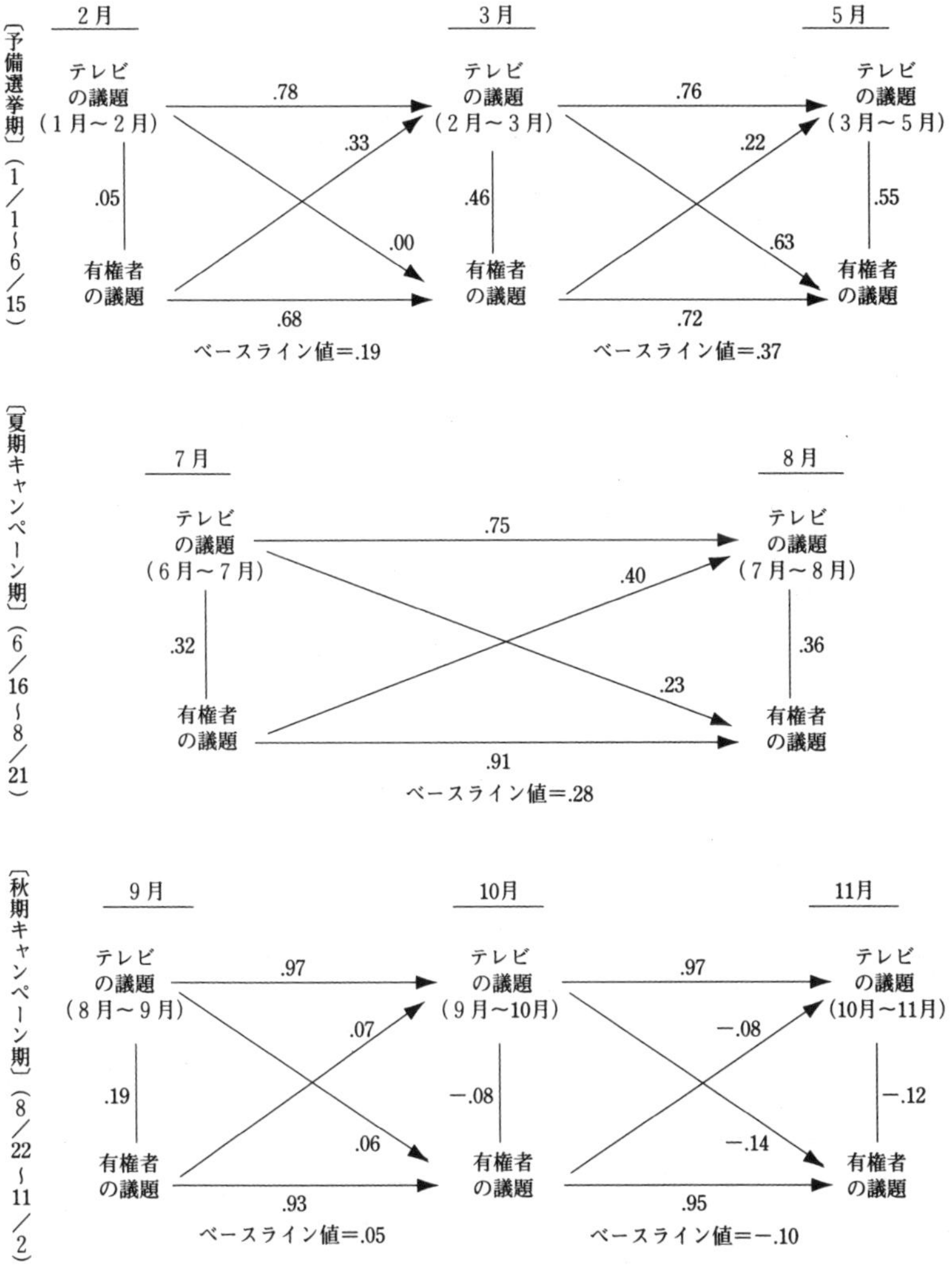

図3-3　交差時間差相関分析を用いた議題設定分析の例
——1976年アメリカ大統領選挙——

備考：有権者サンプル全体（n＝115～139）としての分析．受け手側のメジャーは個人内議題による．

出所：Weaver et al.（1981), p.90, 124, 150より作成．

キャンペーンたけなわの白熱した状況よりもむしろ平時のそれに近いから、この結果は、平時にはテレビが新聞よりも影響力を持つという、パームグリーンとクラークの調査知見と矛盾するものではないと考えられる（Palmgreen & Clarke, 1977)。

第三に、だからといって、新聞は議題設定において大きな役割を果たしていないと即断することはできない。予備選挙期のメディアと受け手の議題とを子細に観察してみると、新聞の議題は終始ほとんど不変であったのに対し、テレビの議題は時間の経過につれ新聞の議題の方向にだんだんと変化していき、また受け手の議題はテレビの議題に似通っていく傾向が見られたのである。あたかも新聞の議題が設定した基準線に、受け手の議題が、テレビを媒介として誘導されていくかのようであり、議題設定影響力の一種の「二段の流れ」を予想させるような結果であった。ちなみに、夏以降は新聞とテレビの議題はほとんど同一となり、キャンペーン終了までに大きく変動することはなかった。

ウィーバーらの研究は、もちろんこの知見を他のキャンペーンにまで単純に一般化することはできないが、長丁場のキャンペーンにおけるメディアの議題設定的役割のダイナミクスを示唆するものとして興味深い。もうひとつ、議題設定効果が選挙キャンペーンの高揚期よりも平時に近い状況で生起しやすいという知見は、ともすればキャンペーンの時期に精力を集中しがちであったマスコミュニケーション効果研究に反省を迫るものでもあろう。マスメディアが最も潜勢力を発揮する時期を、研究者は軽視していたのかもしれないからである。

三　測定モデルをめぐる問題

L・ベッカーの批判

マコームズを中心とした研究者グループは、最初の実証的テスト以降も精力的に議題設定の調査を実施してきた（大規模なプロジェクトとしては、Shaw & McCombs, 1977; Weaver et al., 1981）。こうした彼らの一連の調査、および彼ら以外の議題設定研究者が実施した調査の大半は、基本的にはマコームズとショーの最初の調査の測定モデルを踏襲しており、その限りにおいて、程度の差こそあれ、議題設定仮説に支持的な証拠を出し続けている。ここではこの測定モデルを「マコームズ＝ショー・モデル」と便宜上呼んでおこう。

マコームズ＝ショー・モデルは研究者の間では、アグリゲートレベルの分析を行なっているものとして解釈されてきた（図3-2のタイプⅠ）。すなわち、メディアの報道内容と、有権者集団総体としての争点優先順位とを比較しているものと考えるのである。だが、議題設定があくまでも個人レベルのメディア効果である以上、こうしたアグリゲートレベルの分析では不十分であるとL・ベッカーは批判する（Becker, 1982）。

もちろん、数こそ多くはないが、被調査者個人ごとに争点優先順位を測定し、それをメディアの争点順位と比較するというデザインの調査もある。だが、このような調査では議題設定効果の証拠を検出しえないか、検出しえたとしても、比較的限られた人に微弱な効果しか見いだしえない場合が多かったのである（たとえば、Becker et al., 1979; Gadziala & Becker, 1983; McLeod, Becker, & Byrnes, 1974）。

ベッカーはこうした結果を重視し、議題設定仮説の方法のみならず、理論としての妥当性にさえ疑義を呈するのである。すなわち、仮にメディアが人びとの争点顕出性（重要性の認識）に影響を及ぼすということがあったとしても、「そのような効果がなんらかの規則性をもって生じるかどうかは、まだはっきりしない問題である」(Becker, 1982, p.534) と結論づける。これは議題設定仮説の否定にほかならない。ここではベッカーの論点を主に取り上げたが、彼以外にも、同様の趣旨の批判を提起する研究者がいる (Blood, 1989 ; Stevenson & Ahern, 1982)。

D・ウィーバーの反論

こうした批判に対して、マコームズらはどうこたえているだろうか。(8) 一九七二年と一九七六年の調査にマコームズとともに従事し、その後も議題設定の中心的研究者のひとりであるウィーバーの反論を聞いてみよう (Weaver, 1982)。

ウィーバーは、マコームズ＝ショー・モデルによる分析が個人レベルのものではないというベッカーの意見には同意するものの、しかし、こうした測定モデルに基づいた調査結果にも意味があると主張する。こうした調査結果は「メディアが一定の期間にわたり特定の主題を強調することが、そうした主題に関心を持つ市民の数に影響を与える」(p.7) という命題を支持しており、これはマクロレベルあるいは社会レベルでの議題設定効果を示唆するものであるという。もちろん、争点に関する人びとの認識に影響を及ぼす機関や要因はマスメディアのみではない。しかし、一切合切の条件を考慮したうえで議題設定効果が存在するか否かを問われれば、「条件つきのイエス (a qualified “yes”)」だとウィーバーは答える。すなわち、「特定の時期において」「特定の争点や主題において」「特定の受け手集団に関して」といった条件つきで、議題設定仮説は十分に成立すると彼は考えるのである。

ウィーバーは、マコームズ＝ショー・モデルがアグリゲートレベルの分析に関わるものだという前提を肯定しながら、なおかつ、そうしたモデルに依拠した調査データを正当化しようと苦慮しているように見える。だが、本来個人レベルの現象である議題設定効果を、マクロレベルで証明しているという弁明はいささか苦しく、ベッカーへの有効な反論になりえていないように思われる。

マコームズ＝ショー・モデルの擁護

ところでマコームズ＝ショー・モデルに対するベッカーの批判を整理してみると、

① 議題設定は個人レベルの効果で、メディアの争点優先順位が受け手個々人の争点優先順位へと転移する過程である。

② マコームズ＝ショー・モデルは、メディアの争点優先順位と受け手集団総体としての争点優先順位とを比較している（アグリゲートレベルの分析）

③ したがって、マコームズ＝ショー・モデルは、本来受け手個人レベルの効果であるはずの議題設定の測定には適切でない。

となるだろう。

ウィーバーの反論も、①、②は認めており、③に対する評価が、よりモデルに〝好意的〟なだけである。

さて、われわれはここで、①、②についてもう少し子細に検討してみよう。

まず②であるが、確認しておきたいのは、受け手データの収集自体は個人単位で行なわれているということである。具体的には、被調査者個々人に最も重要と思う争点をたずねるという方法である。だが、こうしたデータは、一定の処理を経て、アグリゲートレベルの指標を構成すると解釈される。すなわち、回答結果は集計され、各争点は言及頻度の多い順にランクづけされる。ベッカーは——そして他の議題設定の研究者たちも——このランクオーダーを、マクロな行動主体としての受け手集団の争点優先順位を表わすものとして解釈しているのである。

①を前提とし、この②の解釈を認めるならば、③は首肯せざるをえないだろう。多少マコームズらにひいき目に見ても、アグリゲートレベルの分析は、議題設定仮説を「間接的に」検証するものでしかない。

ところが、②のように解釈した受け手のランクオーダー指標は、さらに別の欠点を持っているのである。すなわちこの指標は、受け手各人が自己の優先順位を持っていると仮定されているにもかかわらず（①より）、現実には各人の第一位の争点に関する情報しか考慮していない。したがって、アグリゲートな指標と見た場合でも、受け手集団の優先順位構造を的確に反映するには粗雑すぎるのである。

この測定モデルにおける受け手のメジャーは、一般の投票における単記投票方式（各人が選択肢から一つだけを選ぶ）と原理的には同一だが、社会的決定理論の研究によれば、単記投票には「選択肢の集合に対する人びとの評価が、それらに対する順序づけではなく、『コレ』と思うもの一つと『ソレ以外』の二分法的評価であるとき……人びとの意見を正当に結果に反映させてくれる」（佐伯、一九八〇、五一ページ）という特性がある。したがって「単記投票の結果にもとづいて選択肢を『順序づける』ことは全くのナンセンスである」（同）とされている。それゆえ、②の解釈をとる限り、この点でもランクオーダー指標は不適切さを免れない。マコームズ＝ショー・モデルは仮説の間接的な検証さえなしえていないことになる。

それでは、マコームズ＝ショー・モデルは議題設定効果の測定に関してほとんど無意味なのだろうか。①の前提、すなわち、議題設定とはメディアから受け手への争点優先順位のそのままの転移である、という仮定を認める限りはそうであろう。

だが、本章の最初の節でも示したように、こうした仮定は、議題設定の効果過程に関する三通りの概念化のうちのひとつに相当するものでしかない。効果過程の概念化には（最単純な「知覚モデル」はこの際脇におくとして）「優先順位モデル」と「顕出性モデル」とが提起されていたが、①の主張は、あくまでも「優先順位モデル」を前提とした場合の議題設定の考え方なのである。この前提を変えてみるとどうなるだろうか。

「顕出性モデル」は「優先順位モデル」よりも緩やかな仮定で、メディアから受け手への議題設定効果は、メディアで強調された少数個の争点のみが（閾値を超えて）受け手にとっても顕出性の高い争点になる、という形で生じると考える。このモデルの場合の受け手のメジャーは、被調査者各人に最も関心のある争点をたずねるといったものでよい。「顕出性モデル」の測定は、こうして回答された争点が、メディアで強調されていた争点と一致しているか否かを判定するという形で行なわれることになるだろう。

だが同時に、「顕出性モデル」のような過程が生じるならば、次のような現象を観察することができよう。すなわち、メディアで強調される度合いの高い（すなわち刺激値の高い）争点ほど、それを顕出的だと考える人の割合が多くなるという現象である。したがって、マコームズ＝ショー・モデルのように、マスメディアの争点ランクオーダー（強調度の順位）と、受け手の集合としての争点ランクオーダー（各争点を顕出的だと考える人の分布の順位）とを比較することは、「顕出性モデル」型の議題設定を測定する便宜的な方法として認められるであろう。

すなわち、マコームズ＝ショー・モデルは、マコームズら自身も十分に自覚していなかったかもしれないが、実は「顕出性モデル」型の議題設定を追究するにふさわしい測定モデルだったのではないか。図3-2に戻るならば、横軸のアグリゲートデータ／個人データの区分は、顕出性モデル／優先順位モデルの区分に読み替えるべきではなかろうか。もちろんこの場合の分析単位はすべて個人である。「優先順位モデル」ではなく「顕出性モデル」型の測定モデルであるという再解釈を与えることによって、マコームズ＝ショー・モデルとそれに基づく研究知見は、より適切に評価できるように思われる。

もちろん、上に「便宜的」と述べたように、メディアと受け手の争点ランクオーダーの順位相関を測る方法は、議題設定効果の測定法としては、まだまだラフなものかもしれない。より精緻化された測定モデルの開発が今後の課題であることは間違いない。とはいえ、従来のシンプルな測定モデルにも、ベッカーが考えている以上に妥当性を主張しうる面があるというのが筆者の考えである。

四　随伴条件

随伴条件とは仮説の有効範囲を規定する条件のことである。

J・マクロードらは一九七四年に発表した論文の中で、マコームズとショーの一九七二年論文を批判し、自らが一九七二年にウィスコンシン州マディソンで実施した調査結果をもとに「議題設定仮説を広範かつ非限定的なメディア効果として受け取ることへの強い警告」(McLeod et al., 1974, p.159) を発した。しかし、彼らの指摘を待つまでもなく、議題設定が普遍的な効果——すなわち、いかなる場合、いかなる人にも当てはまる効果——であるとは当初から予想されていなかった。マコームズとショーの最初の研究自体が、メディア報道への感受性の高い人を取り出すために、調査対象を投票意図未決定者に絞っていたことが何よりの証拠であろう。

ところで、議題設定研究では現在までに主として次のような随伴条件が提起されている。

メディアに対する心理的構え

議題設定研究で興味深いことは、受け手のメディア利用動機の次元にまでさかのぼり、随伴条件が考察されていることである。代表的なものとして「オリエンテーション欲求」（need for orientation）がある。何らかの意思決定を必要とする課題に関して、それに高い関心を持ちながらもまだ態度を確定していない人は、自らの判断の拠り所を求めようとする欲求が高まるだろう。これをオリエンテーション欲求と呼ぶ（オリエンテーションとは、指針とか、方向づけとかいった意味である）。この欲求が強い人ほど、メディアの議題設定効果に対する感受性が高まると予想されているのである。

オリエンテーション欲求の概念を提起し、その後も中心的に取り組んでいるのはウィーバーである。彼はこの概念を、「関連性」（relevance）と「不確実性」（uncertainty）という下位概念の組み合わせとして定義した。ある主題に関して、関連性が高く、かつ不確実性も高い状況にあるとき、オリエンテーション欲求は最も強まると仮定される。たとえば選挙を例にとるならば、選挙に関心があり投票にはいこうと思っているが（関連性が高い）、しかしまだ誰に投票してよいか決めかねている（不確実性が高い）というのが、オリエンテーション欲求のレベルが最も高くなる条件である。このような条件にある人は、行動の指針を求めるべく、メディアや対人コミュニケーションによく接触し、またそれらから影響を受ける可能性も高いと仮定される。

事実、ウィーバーは一九七二年の大統領選挙、七四年の議会選挙、七六年の大統領選挙でこの仮説を検証し、オリエンテーション欲求の強い人ほどメディア議題と受け手議題との関連が強くなることを発見している（Weaver, 1977, 1980 ; Weaver et al., 1981）。一九七六年実施の研究について簡単に紹介しよう。

先に、議題設定の時間的構造について論じたときに触れたように、一九七六年の大統領選挙時にウィーバーらが実施した調査は、選挙年全体をカバーするパネル調査であった。キャンペーンの時期は、予備選挙期、夏期キャンペーン期、秋期キャンペーン期の三つに区分できたが、オリエンテーション欲求が随伴条件として最も威力を発揮したのは秋期キャンペーン期である。サンプル全体としては、秋期には議題設定の影響力はほとんど検出されなかったのだが、しかしこの時期（それも終盤に近づくにつれ）、オリエンテーション欲求の強い人びとの争点顕出性のみは、メディアの強調争点と一致する傾向が見られたのである。さらに投票後の面接で明らかになったことだが、オリエンテーション欲求が強い有権者は「争点投票」（issue voting）を行なう傾向が他の人びとよりも目立っていた。したがって、キャンペーン終盤のメディア報道は、これらオリエンテーション欲求の強い人びとを介して、選挙結果の帰趨に一定の影響を及ぼしていたと推測されるのである。

ただし、ウィーバーが行なった研究については、ひとつの問題点が指摘されている。オリエンテーション欲求の分析では、関連性と不確実性という二変数を組み合わせることによって、高欲求・中欲求・低欲求の三つのレベルにサンプルを区分するのだが、ちょうど中レベルの欲求に関する定義の仕方が、一九七二年調査と七六年調査とでは異なっている。それぞれの定義の仕方を示したのが図3-4である。ここでは便宜上「旧モデル」「新モデル」と呼んでいる。しかし、どちらのモデルがより妥当かという点については、ほとんど検討されてこなかったのである。この点はD・スワンソンが指摘しているし（Swanson, 1988）、ウィーバー自身も認める点である（McCombs & Weaver, 1985）。

なお筆者は、一九八六年、東京都町田市長選挙に際して実施した調査で、この概念の実証的検討を試みている（Takeshita, 1993）。その結果によれば、第一に、オリエンテーション欲求が高レベルの有権者ほど強い議題設定効果を受ける傾向が見いだされ、この随伴条件が日本でも適用可能であることが示唆された。第二に、オリエンテーション欲求の旧モデルと新モデルとの比較検討では、旧モデルの定義のほうがより妥当であるという結果が得られた。

オリエンテーション欲求概念の理論的な意義としては、次の二点を指摘できるだろう。

第一に、オリエンテーション欲求は、人びとがメディア利用を行なう動機づけの一種であり、概念的には利用と満

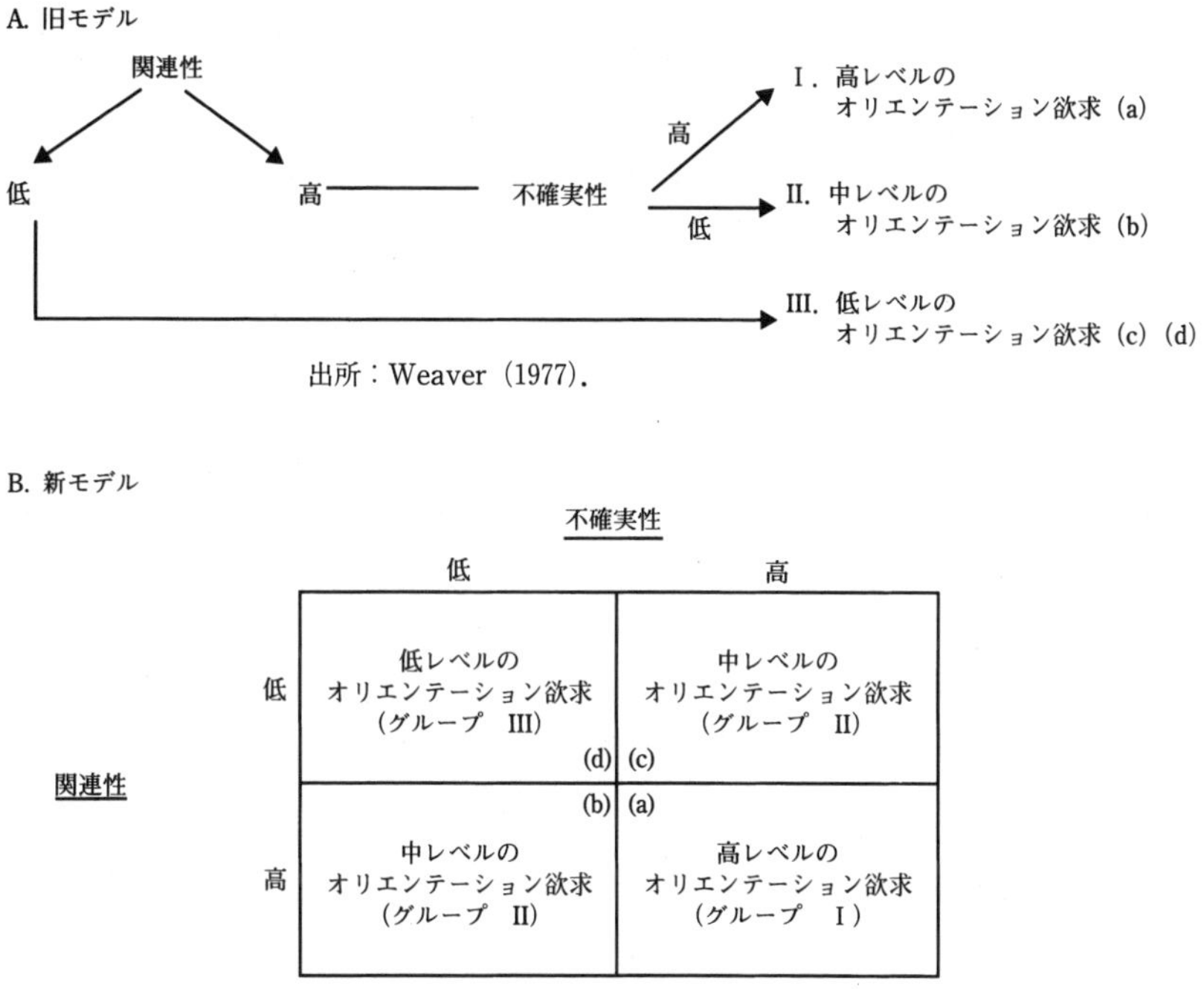

	不確実性 低	不確実性 高
関連性 低	低レベルのオリエンテーション欲求（グループ Ⅲ）(d)	中レベルのオリエンテーション欲求（グループ Ⅱ）(c)
関連性 高	中レベルのオリエンテーション欲求（グループ Ⅱ）(b)	高レベルのオリエンテーション欲求（グループ Ⅰ）(a)

出所：Weaver et al. (1981).

図3-4　オリエンテーション欲求のモデル

足研究における「期待する充足」(gratifications sought) に相当するものである。すなわち、利用と満足研究の系譜から生まれた概念が効果研究に組み込まれて、分析を精緻化することに貢献しているのである。ここに受け手研究の二つのアプローチの統合の可能性を見いだすことができる（利用と満足研究については、竹内、一九七六を参照）。

第二に、関連性と不確実性の二変数を用いた、オリエンテーション欲求のレベル分けは、他の研究者による受け手の類型化とも類似点を持っている。とくに二章三節で掲げた「説得的コミュニケーションの受け手の類型化」（図2-6）とは、重なり合う部分が多い。議題設定効果を最も受けやすい人、すなわちオリエンテーション欲求が高レベルの人は、図2-6では「II」（主題への関与度は高いが、態度はまだ固まっていない人）に対応すると考えられる。ちなみに「I」が、限定効果論に最もあてはまる、補強効果を受けやすいと予想される人であった。議題設定は認知レベル、補強効果は態度レベルの効果であるが、このように影響を受けやすい受け手の条件という観点から見ると、この二種の効果は補完的な関係にあることがわかる。一九七〇年代以降の認知的効果の研究は、六〇年代までの限定効果論をやみくもに否定するものでは決してない。認知的効果研究は、限定効果論をふまえたうえでの新たな理論的発展であることが、この図からうかがえるのである。

　ところで、メディアに対する心理的な構えで議題設定効果に影響を及ぼす条件としては、「メディアの信頼性」も考えられるのではなかろうか。

　実験的な説得コミュニケーション研究においても、「情報源の信頼性」(source credibility)が、説得を規定する条件として重視されていた(Hovland, Janis, & Kelley, 1953)。同様に、議題設定のような認知的効果においても、ニュースメディアに対する信頼性が高い人ほど、何が重要な争点かに関するメディアの判断をすすんで受け入れようとするであろう。この予想を支持するいくつかの証拠があるが(Iyengar & Kinder, 1985；小林、一九八三；Wanta & Hu, 1994)、これまでこの要因についてはなぜかあまり取り上げられてこなかった。今後の重要な研究課題である。[9]

対人コミュニケーション

　議題設定を規定するもうひとつの要因として「対人コミュニケーション」がある。マスメディアとパーソナルな影響とが共に働く場合には、後者のほうが受け手へのインパクトが大きいことを既存の研究は示してきた。

　たとえば、ワンタとY・ウーは、調査対象者が対人コミュニケーションでどんな争点について話したかを調べているが、ニュースメディアで大きく取り上げられた争点についてよく話し合いがなされる場合には、メディアの議題設定効果は高まり、他方、メディアに載らない争点が話題となる場合には、メディアの効果が相殺される傾向が見られた（Wanta & Wu, 1992）。これは、メディアの影響に対するパーソナルな影響の相対的優位性を示唆する知見である。

また、E・アーブリングらは一九七四年のNES（全米選挙調査）のデータに基づき、失業／景気後退、政府の信頼性、犯罪といった個別の争点ごとに議題設定仮説をテストしている。この研究でも、日頃、対人コミュニケーションに参加する度合いが低い有権者ほど、マスメディアの議題設定効果がより顕著に現われる、という分析結果が出ている（Erbring, Goldenburg & Miller, 1980）。

では、マスメディアとパーソナルな影響とが共に作用する状況において、両要因が同じ方向に作用する場合と、異なる方向に作用する場合とでは、どちらがより一般的なのであろうか。前者を補強説（対人コミュニケーションがメディアで強調された争点やトピックを話題にすることでメディアの議題設定効果を補強する）と呼び、後者を抑制説（対人コミュニケーションがメディアのそれとは異なる注目の焦点を指示することでメディア効果を抑制する）と呼ぶならば、これまで双方を支持する知見が生み出されている。

補強説としては、たとえば、大統領選挙キャンペーン期間中に実施されたE・ショーの研究がある（Shaw, 1977）。この場合には、政治的な話し合いの頻度と新聞の議題設定効果の大きさとの間におおむね正の関連が見られた。さらに、話し合いの中での役割という点では、相手を説得する役回りよりも、もっぱら聞き役に徹している人のほうが、個人内議題と新聞の議題との相関は強かった。おそらく、メディアによく接している人の話を聞くことによって、メディアから間接的に影響を受ける結果になっているのではないかとショーは推論している。

同じく選挙キャンペーン時に、大学生を対象に調査を実施したL・E・マリンズの研究も、補強説の一種といえよう（Mullins, 1977）。彼もまた、対人コミュニケーションの頻度とメディアの議題設定力の大きさとの間に正の関連があることを確認している。ただし、なんらかの政治運動団体に参加している人には議題設定効果が現われにくい傾向があることも報告している。これは、政治運動団体がメディアのそれとは異なる独自の争点を強調し、参加者の注目の獲得をメディアと競い合うためだと考えられる。すなわち、対人コミュニケーションがメディアの議題設定を補強するのは、話し相手となる人が、特定の争点や問題に強く関与しているといったことがない場合に限られるようである。

抑制説としては、T・アトウォーターらが平時に環境問題の下位争点を題材として実施した研究がある（Atwater, Salwen, & Anderson, 1985b）。彼らの分析によれば、新聞の議題と被調査者の個人内議題との関連は、環境問題について対人コミュニケーションを予期する度合いが高い人ほど、弱まる傾向が見られたのである。すなわち、環境問題に関して対人コミュニケーションが活発である人ほど、議題設定効果を受けにくかった。ただし、個人内議題とは別に「知覚されたメディア議題」（環境問題に関してメディアが何を強調していると思うか）をたずねた場合には、こちらのほうは対人コミュニケーションが活発な人でも、客観的なメディア議題とよく一致する傾向が見られた。つまり、環境問題について他者との話し合いを強く予期している人は、メディアがどんな問題を強調しているかということは了解したうえで、なおかつメディアとは異なる争点重要性の判断を下していたと解釈できる結果であった。

以上のような知見から導き出される暫定的な結論は、次のようになろう。すなわち、特定の争点や問題に強く関与している人が話し相手の場合、対人コミュニケーションはメディアの議題設定効果（個人内議題における効果）を抑制する傾向がある。だがそれ以外の場合には対人コミュニケーションは議題設定効果を補強することが多い。

争点の特性

メディアの議題設定力は、取り上げられる争点の特性によっても異なるという仮説を最初に提起したのはH・ザッカーである（Zucker, 1978）。彼は、メディアの影響を規定する争点特性のひとつとして「直接経験性」（obtrusiveness）を挙げている。これは、個人が問題となる争点の影響を直接に経験できる度合いとして定義される。直接には経験できない、すなわち〝疎遠で〟間接経験的な争点であればあるほど、それに関する人びとの判断を左右するメディアの力は増大する。その後の研究では、争点を直接経験性の度合いが高い「直接経験的争点」（obtrusive issues）と、度合いが低い「間接経験的争点」（unobtrusive issues）とに分類し、効果の違いを調べる研究がなされてきた。

たとえば、ウィーバーらの一九七六年調査では、研究で取り上げた一一の争点が、メディアでの言及のされ方や受け手の回答パターンに応じて四つの直接経験的争点と七つの間接経験的争点とに分けられた。そして、分析を一一の争点全部から七つの間接経験的争点へと限定したところ、新聞、テレビとも、メディアの議題と受け手の議題との相関が著しく増大するという結果が得られた（Weaver et al., 1981）。

また、R・ベーアとS・アイエンガーは、一九七四年から八〇年までのギャラップ、ヤンケロビッチなどの世論調査データとCBSの全国ニュースで放送された項目との対応を見ることで議題設定効果を追究している（Behr & Iyengar, 1985）。その際、彼らは、インフレ、失業、エネルギー問題の三つの争点に絞って、テレビニュースでのそれぞれの報道量と、世論調査でそれぞれを最も重要だと回答した人の比率とを時系列的に比較している。結果としてインフレとエネルギー問題に関しては、それらがニュースのトップ項目として取り上げられた場合には公衆の重要性知覚が増大するという議題設定効果のあることが見いだされた。しかし、失業問題に関しては、人びとの知覚はニュースではなく現実の状況（指標として失業率や平均失業期間などの統計が用いられた）によってより規定されていた。その原因のひとつとして、この調査期間における失業問題が、直接経験的な争点としての性格を持っていたからではないかと分析者たちは推測している。

同じくギャラップなどの世論調査データを利用した時系列的な議題設定効果の分析としてW・ゴンゼンバッハの研究がある（Gonzenbach, 1996）。彼は麻薬問題に焦点を合わせ、一九八四年から一九九一年にかけての全国メディアの報道（「ニューヨークタイムズ」と三大ネットワーク）、現実の動向（コカインが原因で病院の緊急医療室に運び込まれた人の数で操作化）、連邦政府の対応（麻薬対策への支出額で操作化）、大統領の関心動向（ホワイトハウスのPRリリースを分析）、そして世論の動向といった諸要因相互の関連を、「自己回帰和分移動平均」モデル（ARIMA）を使って調べた。その結果によれば、メディアが麻薬問題を大きく取り上げることによって人びとの関心が高まるという、通常の議題設定のパターンは見られなかった。マクロレベルで見た場合、最初に、麻薬問題の実態の悪化や麻薬問題への連邦政府の取り組みの強化があり、それがこの問題への公衆の関心にゆるやかに影響を与えていた。そして、この公衆への関心は、今度はメディアの報道に影響を与え、それがさらに大統領の麻薬問題への注目を形成することになった。少なくとも八〇年代後半から九〇年代初頭にかけては、このような関連のパターンが発見されたのである。通常の議題設定効果が起きなかったのは、麻薬問題が人びとにとって直接経験的な争点であったからだとゴンゼンバッハは推論している。

直接経験性という軸に沿って争点を区分するという手法は、見方を変えれば、受け手議題に対するマスメディア以外の影響源を統制する試みだといえる。厳密にいえば、ある争点の影響を直に受けるかどうかということは、争点の特性ではなく、受け手側の条件である。影響を受ける程度に個人差がある場合もあろう。直接経験的／間接経験的というラベルは誤った命名法であるというR・ブラッドの批判はその意味で正しい（Blood, 1989）。

しかし、争点の直接的影響の度合いに関して適切な経験的指標を得られない場合もあるだろうし、また、国際紛争や地球環境問題のように、大部分の人にとってマスメディアがほぼ唯一の情報源であるといった問題領域が存在することもまた事実である。したがって、争点が受け手に直接影響する度合いを、争点のタイプという観点から随伴条件として定義することは、便宜的な方法としてそれなりに有効なのではないかと筆者は考える。

議題設定効果の強弱に関連する別の争点特性として、A・ヤゲードとD・ドジアは、「抽象的争点」（abstract issues）対「具体的争点」（concrete issues）という区分を提起している（Yagade & Dozier, 1990）。この場合、具体性とは、人びとがその争点について、いかに生き生きと具体的なイメージを思い浮かべることができるかどうかで測定する。独自のスケール（the visual scale）を用意し、受け手に直に判定してもらうわけだが、彼らの調査結果では、受け手間の判定の一致度は高く、それに基づき争点を抽象的、あるいは具体的と分類することが可能だという。たとえば、核軍備や財政赤字の問題は抽象的争点であり、麻薬やエネルギー問題は具体的争点として判定された。

ヤゲードらの分析では、具体的な争点の場合は、ニュースメディアの議題設定力は増大し、抽象的な争点の場合には議題設定力は減少することがわかった。しかし、争点が抽象的か具体的かということは、部分的には、メディアが争点をどう定義づけるかに規定される。すなわち、メディアが争点をフレーミング（枠づけ）するやり方が、議題設定効果に一定の影響を与えることを示唆するものといえる。

争点のフレーミングの影響に関しては、他の研究者も指摘している。

W・ウィリアムズらは、メディアが選挙期間中に公共的争点について取り上げる場合でも、それを明示的に候補者と結びつけて報じない限り、受け手のキャンペーン議題（選挙キャンペーンにおける重要争点。ただし、ここでは対人議題のメジャーで測定）にはあまり影響を与えないことを調査で明らかにした（Williams, Shapiro, & Cutbirth, 1983）。有権者は、さまざまな争点のキャンペーンに対する関連性を見極めるために、候補者と争点との間の明確な結びつきを必要としていると彼らは主張する。

類似した知見はワンタとY・ヒューによっても提起されている（Wanta & Hu, 1993）。彼らの研究は国際ニュース報道に限定しての分析であるが、その結果では、議題設定効果を持ちやすい国際ニュースとは高度のコンフリクトを含んだストーリーであること、抽象的な争点よりも具体的な争点であることが示唆された。さらに、抽象的な争点であっても、自国との関連が明示されていれば、そのストーリーは効果を持つ可能性がある。メディアが国際的な争点をどうフレーミングするかが、議題設定効果を生み出すうえで重要な鍵となるというわけである。

また小川恒夫は、日本の大学生を対象とした実験に基づき、ニュースが争点に関する断片的な事実だけを報道するよりも、争点が受け手にどのような影響を及ぼすかを示した情報を付け加えることによって、議題設定効果が高まると報告している（小川、一九九五）。この知見もフレーミングの問題として解釈することができよう。

もうひとつ。K・ショーエンバッハとH・セメトゥコが実施した研究は、一九九〇年一二月にドイツで実施された国政選挙を事例としている（Schoenbach & Semetko, 1992）。ちょうど東西ドイツ統合直後の初の選挙に際して、旧西ドイツ地区で実施した調査である。環境問題と並ぶ重要な争点として「旧東ドイツ地区の状況」がクローズアップされたのだが、面白いことに、この問題に関するタブロイド紙のキャンペーン初期の報道量と、人びとのこの問題の重要性に対する認識との間には、負の関連があることがわかった。すなわち、タブロイド紙は、旧東ドイツ問題をさかんに取り上げはしたのだが、きわめて楽観的なトーンで報じたために、読者の間でのこの問題の重要性の認識を弱める働きをしてしまったのである。

随伴条件としての争点特性の問題をつきつめていくと、メディアによる争点のフレーミングの問題に行き当たる。これはわれわれにひとつの方法論的課題を提起するものである。すなわち、従来の議題設定研究では、争点ごとの報道量を単純にカウントし、それをもとに争点強調度の指標を作ってきた。しかし、争点報道のフレーミングの仕方が議題設定効果に影響を及ぼすとするならば、メディア議題のこうしたラフな測定法は再検討されねばならないのかもしれない。

五　因果関係と後続効果

実験的研究

本章の冒頭で述べたように、議題設定仮説は、「メディアによる争点強調」（=メディア議題）が「争点重要性（争点顕出性）に関する受け手の知覚」（=受け手議題）に影響するという因果関係を表わすものであった。しかし、マコームズとショーの最初の研究以来、大部分の研究はメディア議題と受け手議題の間の相関関係を示すにとどまってきた。さらに、パネル調査や世論調査データを用いた時系列的分析は、メディア議題の変動が受け手議題のそれに時間的に先行することを示すことによって因果関係に迫ろうとしてきた。しかし、仮にそれが確認されたとしても、あくまでも因果関係の必要条件をクリアしたということであり、因果関係を最終的に証明したとはいえない。フィールド調査における時系列的分析では、第三変数を完全に統制することは難しい。因果関係を証明する最も確実な手続きはやはり統制実験である。したがって、S・アイエンガーとD・キンダーが実験的方法によって議題設定仮説を検証したことは、議題設定の研究史上大きな意味を持つ出来事であった（Iyengar & Kinder, 1987；Iyengar, Peter, & Kinder, 1982）。

アイエンガーらの実験の典型的な手続きは次のようなものである。

まず、地方紙の案内広告などを見て応募してきた多様な属性から成る被験者たちが、大学で行なわれる六日間通しの実験に二〇ドルの謝礼と引き換えに参加した。第一日目は事前テストの質問紙に回答し、その後に、前夜に三大ネットワークの一局で放送された全国ニュースの録画を見せられた。その後の四日間は、やはり前夜放送のニュース番組の録画を視聴したが、しかし実験群に割り当てられた被験者が見たニュース番組は、実験用に準備された特定の争点に関するニュース項目が番組中に挿入され、また、条件の統制にとって不適切な項目は削除されていた。こうして実験群の被験者は、同一のターゲット争点に関するニュース項目を含んだ番組を、四日間連続で見たのである。そして最終の六日目にはビデオの視聴はなく、事後のテストだけが行なわれた。こうした実験は、被験者を換え、またターゲット争点を換えて、何回か繰り返された[10]。

ターゲット争点となったのは、防衛、インフレ、環境汚染、失業、軍縮、公民権、景気といった問題であった。議題設定仮説の従属変数である争点の重要性知覚に関しては、全国的な政治的争点のリストを被験者に提示し、各争点について「どの程度重要だと思うか」「どのくらい注意を払っているか」「政府はどの程度真剣に考えるべきか」「日頃どの程度話題にするか」の四つのメジャーで判定してもらい、それらを加算した指標を用いた。また、別の指標としては、リストのうちから「国が直面する最も重要な問題三つ」を挙げてもらうという方法も（一回目の実験を除いては）併用している。

争点重要性に関するいずれの指標を用いた場合でも、実験後は実験前と比べて、ターゲット争点の重要性の認識が実験群被験者の間で有意に高まっていることがわかった。唯一の例外は、インフレ問題をターゲットとした場合であるが、この問題に関しては実験前から被験者の重要度の評点はかなり高く、実験によって重要度を高めうる余地がほとんどなかったからだと解釈された。

ともあれ、こうした綿密な統制実験によって、メディア議題と受け手議題の間の因果関係が確認されたことの意義は大きい。議題設定仮説の妥当性に強力な支持が得られたことになる。

後続効果

議題設定によってある争点を重要と知覚するようになったとして、それは受け手の態度や行動にどのような波及効果をおよぼすのだろうか。これが「後続効果」(subsequent consequences)の問題である。選挙キャンペーン時のメディアの議題設定がもたらす後続効果については、いくつかの指摘がなされている。

たとえば三宅一郎は、議題設定効果は投票選択をも左右すると論じる(三宅、一九八九)。

> 投票者は自らが重要だと思う争点について、自らの態度と最も近い立場の政党や候補者、あるいはその政策遂行能力のある政党や候補者を選ぶ。外交・防衛は自民党、生活問題や金権政治関係は野党というように、与野党それぞれ得意とする政策領域イメージが固まっているから(これにももちろんマス・メディアの影響が大きい)、政策に優先順位をつけることは政党を選ぶことにほぼ等しい(二二三ページ)。

もっとも、現在のような政党再編の過渡期においては、政党ごとの政策領域イメージ自体もある程度変動しているであろう。

ともあれ、選挙において有権者が、自らが重要と認識した争点に関して、自分の意見といちばん近い政党や、あるいはその争点を最もうまく処理できそうな政党を支持するという現象は、一般に「争点投票」（issue voting）と呼ばれてきた。ちょうど議題設定仮説が提起された一九七〇年代は、アメリカ政治学の投票行動研究においても争点投票が注目を集めた時期であった。N・ナイらは、若い世代の有権者における政党帰属意識の衰退と、公民権問題、ベトナム戦争といった新しい争点の出現が、争点投票を増加させていると主張した（Nie, Verba, & Petrocik, 1976）。議題設定の研究者たちも当然こうした議論に関心を寄せてきたし、選挙における議題設定効果の意味をこの観点から解釈しようとしてきた。しかしながら、議題設定効果と後続効果とを同時に検証しようとした研究は必ずしも多くない（一例として、Roberts, 1992）。

さて、従来日本においては、争点投票はあまり起こらず「争点なき選挙」が常であるといわれてきた。しかし場合によっては、争点が選挙結果に大きく影響することも指摘されている。たとえば、一九八九年の参議院選挙において「消費税、リクルート、農政問題」のいわゆる「三点セット」が自民党の敗北と社会党の大勝をもたらした（蒲島、一九八九）。こうした場合、選挙争点の設定においてメディアの果たす役割が大きければ大きいほど、メディアは選挙結果にも影響を及ぼす可能性がある。

六　プライミングと効果形成過程[11]

プライミング

争点投票のような概念はあったものの、一般的にいえば、議題設定研究自体は、受け手の認知次元での効果が態度や行動の次元にどう波及するかという点について、明示的な仮説を持っていなかった。それゆえ研究者を多少とも欲求不満にしてきたことも確かだろう。

この点で注目されるのは、一九八〇年代以降に登場してきたプライミング効果（the priming effect）の理論仮説である。政治コミュニケーションの領域でのこれらの仮説の主唱者は、アイエンガーを中心としたグループであった。

プライミング効果とは、ニュースメディアが、人びとの注意を特定の問題へと向かわせることによって、そうした問題が政府や政治的リーダー、候補者などを評価する際の基準にもなると仮定するものである。たとえば、アイエンガーとキンダーは、メディアで強調された争点を大統領がうまく処理したかどうかという被験者の評価が、同じ被験者の、大統領の仕事ぶり全般に対する評価をも左右する傾向があることを実験的研究で示した（Iyengar & Kinder, 1987）。ある意味では、プライミングは議題設定効果の後続効果であるとも解釈することができるのだが、この見方の当否については後述しよう。

ところで、そもそもプライミングとは、認知心理学の用語で、最も一般的には、先行するコンテクストが後続する情報の解釈や検索に影響を及ぼすことと定義される（Fiske & Taylor, 1984）。たとえば、二つの単語を継時的に提示し、それぞれにすばやく反応させる実験を行なうと、二つの単語が意味的に関連している場合のほうが、関連していない場合よりも、二つ目の単語への被験者の反応が速いという結果が生じる。これもプライミングである（大平、一九九七）。

認知心理学の観点から見ると、人間の長期記憶は、諸概念（知識）がネットワーク構造を成しながら貯蔵されていると仮定できる。そのうちのある概念が作動記憶内へと検索されると、その概念が活性化されるとともに、意味的に関連した別の概念にも活性化が拡散し、そうでない他の概念よりも検索されやすい状態になる（アクセス可能性が高まる）。プライミングは、こうした活性化拡散の結果として説明できる、きわめて幅広い現象である。プライミングが日常生活で重要な意味を持つ理由は、「認知的倹約者」としての人間の性向にある。すなわち、通常われわれは何らかの判断や評価を下す場合、関連する情報を網羅的に検索するのではなく、検索されやすい状態にある（アクセス可能性の高い）情報に依存して作業をすませてしまう。そうすることで認知的な努力を省こうとする傾向がある。アイエンガーらが定式化したプライミング効果は、こうした一般的なプライミングの一応用形態にほかならない（混同を避けるために、以下では一般的なプライミングのことを「認知的プライミング」と呼ぶことにしたい）。

アイエンガーらのプライミング効果概念が議題設定研究に果たした最大の貢献は、後続効果に関する仮説を用意したことよりも、むしろ、認知心理学の成果を導入することで、議題設定効果の形成過程のモデル化の試みを促進した点にあると筆者は考える。この点についてもう少し論じたい。

メディア効果形成過程

効果形成過程に関する心理学的説明の不足は、従来の議題設定研究における大きな弱点であった。この仮説の提唱者であるマコームズやショーにしても、議題設定効果とはメディアから受け手への「顕出性の転移」（the transfer of salience）を意味するものであると述べるにとどまってきたのである（McCombs & Shaw, 1993）。ちなみに、この場合の顕出性という語は、世論調査研究での用法にしたがい、重要性（importance）とほぼ同義で用いられている（Young, 1992）。認知心理学ではこれと異なり、刺激の特性を指すものとして、この用語を使う場合もある。

さて、効果形成過程に関するすぐれた議論として、V・プライスとD・テュークスベリーのモデルを取り上げよう（Price & Tewksbury, 1997）。彼らによれば、議題設定やプライミングといったメディア効果は、メディアメッセージが知識の活性化パターンに変化をもたらすことで、政治的事象に関する評価に影響を及ぼす過程とみなすことができる。

概念活性化に影響する要因として、「適用可能性」（applicability）と「アクセス可能性」（accessibility）が挙げられる。適用可能性とは、メッセージ処理のとき、メッセージの顕出的な（ここでは「目立った、注意を引く」という意味）属性と対応した（長期記憶内の）概念が喚起され、活性化されやすくなることをいう。このようにして活性化された概念は、メッセージに関連した評価が行なわれる際に用いられる確率が高まる。一方、アクセス可能性とは、概念がいったん活性化されることで、その後の評価活動においても活性化され使用されやすくなるという傾向を指す。アクセス可能性には一時的なものと恒常的なものとがある。「一時的なアクセス可能性」（temporary accessibility）とは、ある概念がしばしば、あるいは最近に、活性化された結果として、活性化のポテンシャルを帯びることである。これに対し「恒常的なアクセス可能性」（chronic accessibility）は、ある概念と自我との結びつきが強い場合や、その概念がきわめて頻繁に活性化された場合などに生じるものである。

プライスらによれば、議題設定効果やプライミング効果は、メディアメッセージが、ある概念の一時的なアクセス可能性を変化させる結果として説明できる。メディア報道によってある争点やそれに関連した思考のアクセス可能性が高まり、それらが争点重要性の判断に際して利用されやすくなる場合を議題設定効果、また、それらが政治的リーダーの評価に影響する場合をプライミング効果、とそれぞれ呼んできたというのである。こうした一時的アクセス可能性の効果は、まさに、より一般的な意味でのプライミング（認知的プライミング）と呼ばれているものである。したがって「議題設定とは……じつは、より一般的な効果としてのプライミング［認知的プライミング］の一特殊形態である」（Price & Tewksbury, 1997, p.176.［　］内は引用者による補足）[12]。

図3-5は、プライスらの概念活性化モデルを図式化したものである。細かい説明は割愛するが、活性化された知識が争点重要性や政治的リーダーなどの評価のためにいつでも自動的に利用されるわけではない。その知識を用いる

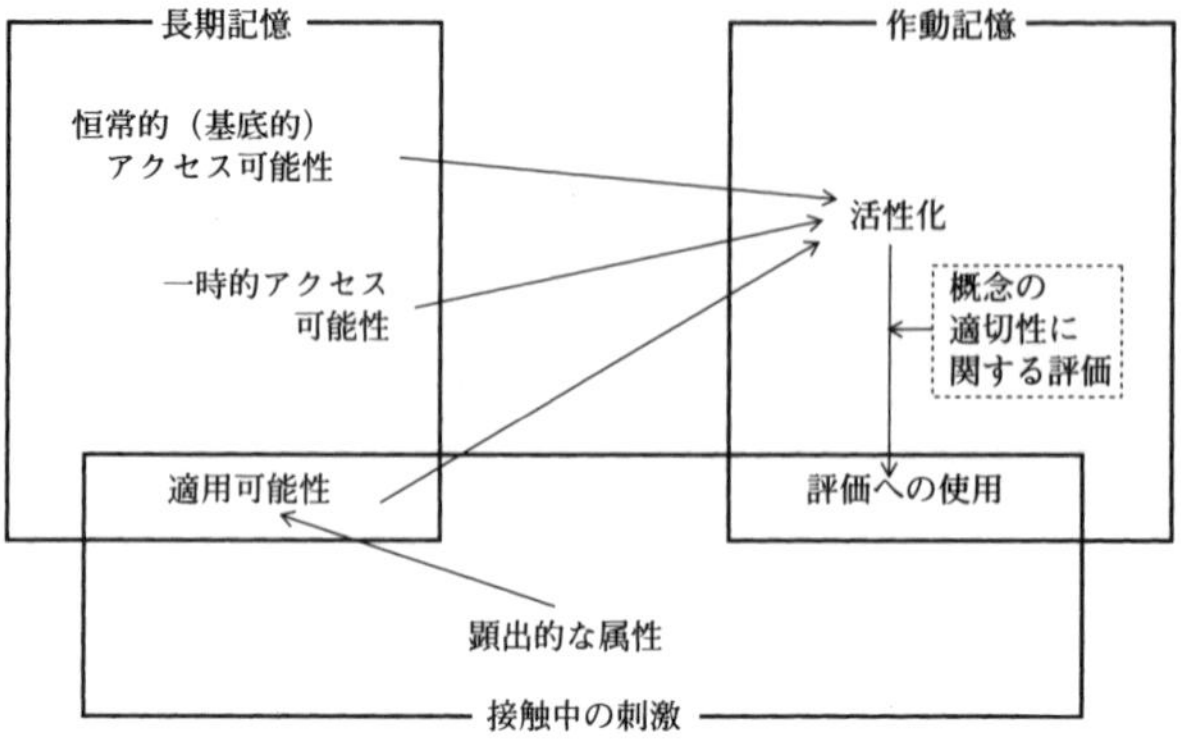

図3－5　概念の活性化と使用のプロセス

出所：Price & Tewksbury (1997), p.186.

ことが適切かどうかについて意識的な検討が行なわれることもある。とくに、与えられた問題に対して注意深い評価を行なおうとする強い動機づけが存在する場合には、そうしたことがいえる。この点でプライスらのモデルは、議題設定効果の随伴条件に関する従来からの議論とも整合的である。

　ところで、議題設定研究にこれまで従事してきた人たちは、プライミング効果を議題設定効果の拡張として解釈する傾向があった（McCombs & Shaw, 1993; Rogers, Hart, & Dearing, 1997）。また、アイエンガー自身もそう述べている（Iyengar & Simon, 1993）。これとは逆に、プライミングは議題設定を包摂する過程だとする見方も成り立ちうる。だが、プライスらのモデルから見えてくる議題設定効果とプライミング効果との関係は、一方が他方を包摂するといったものではなく、両方とも認知的プライミングの一形態と見なすものである。両効果は連続的に生起する過程ではなく、むしろ相対的に独立した現象と見なしたほうがよいということになる。この問題は今後さらに追究する必要があろう。

七　要約

　本章では一九七二年以降の議題設定研究の成果を概観し、またいくつかの問題について考察を試みた。以下、主要な知見を箇条書きでまとめたい。

(1)　議題設定仮説の実証的研究は、仮説を構成する二変数（「メディアによる争点強調［メディア議題］」と「争点重要性に関する受け手の認識［受け手議題］」）およびその連結の様式に関する概念的定義をいかに精緻化し、いかに操作的に定義するかという研究者の試行錯誤の結果として発展してきた。測定モデルについても、いくつかのバリエーションが提起されている。ただし、マコームズとショーの最初の実証的テストで用いられた測定モデル（マコームズ＝ショー・モデル）が、その後もかなり強い影響力を持ってきたことも事実である。

(2)　メディア議題に関する問題としては、メディアの種類、内容のタイプなどの違いによって、議題設定効果にどう差異が生じるのかが追究されてきた。メディアの種類に関しては、新聞とテレビの議題設定的役割の比較がひとつの焦点となってきた。これまでの研究からは、新聞とテレビとでは効果のタイムスパンが異なるのではないか（テレビのほうがより即時的）という予想が立てられている。内容のタイプに関しては、ニュースだけでなく広告の議題設定効果の追究が今後のひとつの課題となっている。

(3)　受け手議題に関しては、個人内議題、対人議題、世間議題の三種類のタイプが提起されてきたが、メディアがどのタイプの議題にいちばん影響を及ぼすかを比較検討した研究はきわめて少ないのが現状である。日本で実施されたいくつかの研究では、個人内議題よりも世間議題のほうが、メディア議題と強い関連を示していた。筆者はこの結果を、世間を一種の準拠集団と見なす日本人の文化的特性が反映されたものと解釈する仮説を提起している。

(4)　議題設定の最適効果スパン（受け手議題との関連が最大となる、メディア議題の測定期間の長さ）を調べた諸研究は、それぞれ選択したメディアや分析のデザイン、調査を実施した状況が異なるため、知見も必ずしも一様ではない。しかし共通項としていえることは、議題設定が、メディアへのごく短期的な接触から生じるものではなく、短くとも二週間から一カ月、場合によっては数カ月間のメディア報道への累積的接触から生じる効果だということである。議題設定効果は、ある程度冗長性を持ったメディア活動を前提とするものである。

(5) これまで数多くの議題設定研究が仮説の実証的テストのために採用してきた「マコームズ＝ショー・モデル」は、理論的には個人レベルの効果であるはずの議題設定を、アグリゲートなレベルでしか測定していないとして、いく人かの研究者から批判を受けてきた。さらに、個人データを用いた実証的テストでは仮説への明瞭な支持が得られないことも多く、議題設定仮説の理論的妥当性自体にも批判は及んでいる。筆者は、測定モデルの類型化（図3-2）の横軸の「アグリゲートデータ／個人データ」を「顕出性モデル／優先順位モデル」と解釈し直すことによって、マコームズ＝ショー・モデルの妥当性を主張できると考える。このモデルは、個人レベルの分析を志向するものだが、前提となる効果過程のモデルが優先順位モデルではなく顕出性モデルであると再定義することができる。

(6) 議題設定仮説の随伴条件としては、メディアに対する心理的構えとしての「オリエンテーション欲求」、そして他の条件として「対人コミュニケーション」やメディアが取り上げる「争点の特性」などが提起されている。オリエンテーション欲求に関していえば、議題設定効果が最も強く現われる、オリエンテーション欲求の強い受け手とは、前章の「説得的コミュニケーションの受け手の類型化」（図2-6）では「II」のセルにほぼ該当すると考えられる。これは、効果を受けやすい受け手の条件という観点から見ると、議題設定仮説と従来の限定効果論（最も効果を受けやすい人は「I」のセル）とが補完的な関係にあることを示唆するものである。

(7) 対人コミュニケーションと議題設定効果との関係については、従来の研究から次のような仮説が立てられる。すなわち、特定の争点に強く関与している人が話し相手の場合、対人コミュニケーションはマスメディアの議題設定効果（個人内議題における効果）を抑制する。だがそれ以外の場合には、対人コミュニケーションはメディアの効果を補強する傾向がある。

(8)　議題設定仮説の随伴条件として、「争点の特性」が指摘されることがある。最もよく取り上げられるのは、争点の「直接経験性」である。ニュースメディアが「直接経験的争点」よりも「間接経験的争点」を取り上げる場合のほうが、議題設定効果が生じやすいことをいくつかの研究が示している。また最近では、抽象的／具体的争点といった区分や、メディアが争点をどうフレーミングするかという条件も、議題設定効果に関連することが指摘されている。

(9)　Ｓ・アイエンガーとＤ・キンダーが実施した議題設定に関する統制実験は、仮説が予想する因果関係を確認したという意味において、議題設定研究に大きな貢献をなすものであった。また彼らは、認知心理学から生まれたプライミング効果という概念も提起している。プライミングとは、ニュースで強調された争点が、受け手が政治的リーダーを評価する際の基準としても重要性を増すと主張するものである。プライミング概念が議題設定研究に果した最大の貢献は、認知心理学の成果を導入することで、議題設定効果の形成過程のモデル化の試みを促した点にあると考えられる。

注

（1）　テレビの調査報道が大きな議題設定力を持った事例としては、一九八〇年から一九八一年にかけて『テレポートＴＢＳ６』（ＴＢＳテレビ）が実施した「ベビーホテルキャンペーン」が思い起こされる（堂本、一九八一）。
また、選挙制度自体が違うのでアメリカと同列に比較はできないが、日本の場合にも、国政選挙は徐々に「メディア選挙」の様相を呈しつつある。一九九六年六月の公職選挙法の改正によって政見放送の自由度が増し（政党が制作したビデオの持ち込み許可）、また政党助成金を元手に、テレビCMがさかんに流されるようになってきた。九六年一〇月の総選挙では、自民党が、新進党の消費税政策を揶揄する広告をうち、話題になった。

（2）受け手議題の三タイプは、研究者によって呼称が異なっている。三タイプを最初に提起したのはJ・マクロードらである。本書ではマコームズの用語法に準じている。ただし、「知覚されたコミュニティ議題」は「世間議題」と意訳した。

[McLeod et al., 1974]		[Becker, 1982]		[McCombs, 1981]		[Weaver et al., 1981]（略記の場合のみ）
個人の争点顕出性 (individual issue salience)	=	個人内争点顕出性 (intrapersonal -)	=	個人内議題 (intrapersonal agenda)	=	個人の議題 (personal agenda)
コミュニティの争点顕出性 (community issue salience)	=	対人的争点顕出性 (interpersonal -)	=	対人議題 (interpersonal agenda)	=	会話の議題 (talk agenda)
知覚された争点顕出性 (perceived issue salience)	=	知覚された争点顕出性 (perceived -)	=	知覚されたコミュニティ議題 (perceivedcommunity agenda)	=	公衆の議題 (public agenda)

（3）ちなみに、この類型化は、メキシコのアカプルコで開催された一九八〇年国際コミュニケーション学会（ICA）年次大会で初めて報告されたので、「アカプルコ・タイポロジー」と呼ばれているそうである（どうでもよいことだが）。

（4）より最近発表されたタイプⅣに属する研究（実験室的実験やフィールド実験によるもの）では、議題設定仮説を多かれ少なかれ支持する結果が出ている。しかし、複雑なデザインを必要とするためか、研究の絶対数はごく少ない。

（5）ここで思い起こされるのは、一九九三年の総選挙をはさんでの、テレビの「政治改革」報道である。小選挙区制度の導入に賛成か反対かで、政治家が「改革派」と「守旧派」とに色分けされた。結果として「改革派」に加担していたテレビニュースが、「守旧派」の政治家をどう描いたかということに関して、テレビ朝日の報道局長（当時）椿貞良氏は日本民間放送連盟の会合で、次のように語ったといわれている。

「例えば、梶山幹事長と佐藤孝行総務会長が並んで座っていまして、何かヒソヒソと額を寄せて話しているとか薄笑いを浮かべている映像を見ていますと、また、あの時代劇の悪徳代官と、それを操っている腹黒い商人そのままなんですね。［中略］茶の間一般の受け取る視聴者はそれをはっきりと見てきたわけなんです。」（「朝日新聞」一九九三年一〇月二三日付。横田、一九九六、二三ページより重引）。

こうした映像表現は、政治改革の問題を人びとの意識に刻印するうえで、どの程度の影響を及ぼしていたのだろうか。

（6）筆者の研究では、対人議題については質問を割愛している場合が多い。ひとつの理由は、質問量の制約のため、研究の焦点をある程度絞らざるをえないということ。もうひとつは、日本の選挙の場合、身近な人との話し合いの中で争点――とくに政策争点――が話題に上ることは比較的少ないと考えられるからである（傍証として、Akuto, 1996）。日本人は他の先進国の人びとと比べて、政治的話し合いをする頻度自体が少ないという指摘もある（Inglehart, 1990）。

（7）交差時間差相関分析（cross-lagged correlational analysis）は、時系列データを用いて因果関係を探るための一手法である。ごく簡単にいえば、次のような論理に基づく。たとえば、二つの調査時点（T_1、T_2）で、それぞれメディアの議題（仮にT_1での測定値をX_1、T_2での測定値をX_2とする）と受け手議題（同様に、Y_1、Y_2とする）を測定し、両変数（X、Y）間の時間を隔ててのたすきがけの相関（すなわち、r_{X1Y2}、r_{X2Y1}）をとる。もし、交差時間差相関r_{X1Y2}がr_{X2Y1}よりも強ければ、X（メディア議題）はY（受け手議題）の原因である、あるいはXからYへと影響が流れている、と解釈するのである。

ただし比較の際には、あらかじめ特定の数式を用いて「ベースライン値」を算出しておく。このベースライン値とは、XとYの両変数間に因果関係がない場合の交差時間差相関の推定値である。そして、一方の交差時間差相関（たとえばr_{X1Y2}）がベースライン値を十分に超え、同時にもう一方の交差時間差相関（r_{X2Y1}）がベースライン値以下である場合に限り、一方の変数がもう一方の変数に影響を与えている（X→Y）と判定できることになる。

交差時間差相関分析は、実証データが因果関係の必要条件（原因が結果に時間的に先行する）を満たしているかどうかを判定する手法であり、この基準に合致したからといって因果関係がただちに証明されたことにはならない。しかし、相関分析から因果分析へと一歩近づいた試みであるといえよう。

（8）こう書くと、ベッカーとマコームズらは初めから対立していたように思われるが、事実はそうではなく、一九七二年、七六年の調査ともベッカーはマコームズの調査チームの一員であった（Shaw & McCombs, 1977; Becker et al.,

1979）。しかし、七六年調査の最終報告書（Weaver et al., 1981）の段階ではベッカーは執筆陣から抜けており、他方で議題設定研究批判を展開するようになる。このあたりから両者の立場の違いが尖鋭化したと推測される。

（9）随伴条件としてのメディアの信頼性の問題は、現実のジャーナリズム活動に対しても規範的な含意を持っている。すなわち、報道機関にとって受け手の信頼を失うことがどれほど致命的かを示唆するものである。

（10）アイエンガーらはこうした事前—事後形式の実験のほかに、参加者が事後のテストだけを受ける「集合実験」も実施している。後者についてはここでは割愛する。

（11）この節の内容は、竹下（一九九八）と一部重複している。

（12）これに対して、プライスらの説によれば、フレーミング効果（六章一節参照）とは、メッセージの構造的な要素が、メッセージ処理の最中に概念の適用可能性に影響を与える結果である。ただし、いったん適用可能となった概念や形成された評価が、その後も一定のアクセス可能性を維持する場合もあり、したがって、フレーミング効果は、より長期的な効果にもなりうる。さらに、「適用可能性」や「一時的なアクセス可能性」を経て、特定の概念が「恒常的なアクセス可能性」を獲得するようになった場合、それは、培養効果（二章二節参照）のような累積的なメディア効果の説明にもなりうる。

四章　日本における議題設定研究(1)――基本仮説の検証

一　はじめに

議題設定機能を日本で最初に詳しく紹介したのは、岡田直之であろう（岡田、一九七九）。岡田は「日程設定機能」という訳語をあて、概要を述べた後、次のような指摘を行なっている。

> 政治的争点に関するマスメディアの格づけに相応して、受け手がその重要性を認知するという場合、政治的争点は政府や政党などの政治指導者によって決定、提示されるという暗黙の前提があるようにも理解できる。そこで、日程設定機能を狭義に解釈するならば、マスメディアは、政治指導者によって決定された争点を、政治的重要性に即して格づけ、受け手の政治日程表の作成に相応の影響を及ぼす点で、固有の能力を発揮しているということになる。このかぎりにおいて、マスメディアは受け手のシンボル環境の構成化に、たしかに関与している。しかし、日程設定機能の重点を、〈見えざる環境の構成化〉に置く場合、たんに争点の優先順位づけにとどまらず、争点そのものの決定と形成に関与するメディア機能の局面がおのずからクローズアップされてくるだろう。前者を政治的争点の日程化、後者を政治的争点の定式化とよんで、概念的に区別できるはずである。しかし、この点について、〈日程設定機能〉研究は、これまでのところ、かならずしも明晰ではないように思われる（岡田、一九七九、一六九－一七〇ページ）。

これは最近の議題設定研究で大きく取り上げられるようになった「メディア議題の設定」（「議題構築」と呼ばれることもある）やメディアフレームの問題にも関わる、きわめて重要な論点である（六章を参照）。すでに一九七〇年代末の時点で岡田が指摘していたことは銘記されてよい。

ともあれ、八〇年代に入ると、数々の理論的レビューが登場するようになる（たとえば、児島、一九八二；岡田、一九八七；竹下、一九八一、一九八四；竹内、一九八二）。

しかし、日本での実証研究の登場は、理論的紹介より遅れることになったし、研究数も今に至るまで必ずしも多くない。先駆的な研究はおそらく前田寿一によるものであろうが、これは三章二節で述べたように、「個人内議題」を「知覚されたメディア議題」と比較したもので、客観的な「メディア議題」そのものを内容分析で調べたものではない（前田、一九七八）。したがって、実際のメディア活動と受け手の認知との関連を追究するという意味では不十分である。

本章では、筆者が一九八〇年代初頭に実施した議題設定仮説の追試結果を報告する。[1] おそらく、日本における議題設定効果の本格的な検証例としては、最も初期の部類に属するといっていいだろう。当時筆者が参加していた研究プロジェクトが和歌山市で住民意識調査を実施した折に、議題設定に関する質問項目も付随的に加えられることになった。[2] 本章は、この調査のデータに基づき、議題設定の基本仮説の検証を試みたものである。

二　研究のデザイン

本調査では、マコームズとショーが最初の研究で採用した測定モデル（マコームズ＝ショー・モデル）に準じて検証を行なっている（McCombs & Shaw, 1972）。以下、概要について述べよう。

受け手調査

受け手調査は和歌山県和歌山市を調査地点とし、同市の選挙人名簿から無作為抽出された成人男女一〇〇〇名を対象に、個別面接法で実施された。調査期間は一九八二年三月一一日から一五日まで、有効回答数は七一七（回収率七一・七％）であった。

議題設定に関する質問群としては、争点顕出性測定のための質問のほかに、メディア（新聞・テレビ）接触、他者との政治的話し合いの頻度、政治への関心度などをたずねる質問が用意されていた。なお、争点顕出性は個人内レベルで測定するものであるが、アメリカでしばしば用いられる自由回答法ではなく、あらかじめ用意した争点リスト（後述）のうちから最も関心ある争点を選択してもらうという方法をとった。

内容分析

内容分析の対象となったニュースメディアは、新聞では「朝日」「読売」「毎日」「サンケイ（産経）」の全国紙四紙である。残りの全国紙である「日経」は、調査の結果、閲読率が低く（三・九％）、他紙と併読されることも多かったので取り上げなかった。和歌山県にはもっか県紙が存在しないため、以上四紙が和歌山市民にとっての主要な印刷ニュースメディアと考えてよいであろう。内容分析期間は一九八二年二月一日から三月一四日まで、すなわち、受け手調査面接最終日に先立つ六週間である。この期間中に発行された上記四紙の朝夕刊（和歌山市向けのもの）を各新聞社和歌山支局に一部ずつ保存をお願いし、後日東京に持ち帰り分析を行なうという手続きをとった。

一方、テレビに関しては、全国ネットの定時ニュース番組として、ＮＨＫは夜七時のニュース、および民放各局（読売テレビ―ＮＮＮ、毎日放送―ＪＮＮ、関西テレビ―ＦＮＮ、朝日放送―ＡＮＮの各系列）は夕方六時台（曜日によっては五時台）のニュース番組を分析の対象とした。もとよりニュース番組は一日に何本も放送されているが、分析の便宜上、夕方の番組を、各局の一日のニュース内容を代表するものとしてみなしたのである。分析対象期間は新聞と同じである。各番組は全国ネットであるので、放送時に東京で録画を行なった。その際、録画の欠落部分については、各放送局にお願いし、該当放送日のニュース項目表（放送記録）を参照することで補完した。

争点カテゴリー

今回の調査では、調査者があらかじめ争点カテゴリーを作成し、受け手調査や内容分析はそれに準拠して行なうという手続きをとった。カテゴリーは、一九八一年一二月から八二年二月下旬までの新聞報道を参考に作成された。各争点および内容分析における関連事項は以下の通りである。

①外国との貿易摩擦――主として、アメリカやＥＣからの市場開放要求と、日本政府の対応活動を取り扱ったニュースが該当する。

②防衛問題――日本とアメリカ両国による武器ならびに軍事技術の共同開発・研究、航空自衛隊のＦ４ファントム戦闘機改修計画等の問題に関する国会論戦が、このカテゴリーの中心内容である。また、当時胎動しつつあった国内の反核軍縮運動関連のイベントも、このカテゴリーに含めた。

③行財政改革――許認可事務の整理合理化や三公社改革等の問題に関する第二次臨時行政調査会と政府の活動、および関係者の発言等がこのカテゴリーに関係する。

④ 所得税減税——「一兆円減税」をめぐる国会での与野党攻防が主たる事項である。

⑤ ロッキード問題——この時期には、ロッキード裁判・全日空ルートの判決言い渡し（東京地裁）があり、また田中角栄らを被告とする丸紅ルートの公判が継続中であった。

⑥ 公共事業の談合・不正——地方自治体の公共工事をめぐる談合や、建設会社への国家公務員の「手土産工事つき」天下りなどの問題が該当する。

⑦ 校内暴力・青少年非行——学校内での教師や生徒による暴力事件、および青少年の非行行為のうち、犯罪を構成するような事件が含まれる。他の政治的争点とは性格をやや異にするが、社会的に広く関心を集めている問題のひとつとしてカテゴリーに加えた。

三　メディアと受け手の争点顕出性

メディアの争点顕出性

まず、新聞とテレビの内容分析結果から、この調査時期におけるメディアの争点顕出性の態様について調べてみよう。

新　聞　すでに述べたように、内容分析の対象となったのは、一九八二年二月一日から三月一四日までの六週間分の「朝日」「読売」「毎日」「サンケイ」各紙の朝夕刊総計三〇四部である。分析の対象紙面としては、第一面と社会面（第一・第二社会面とも）を選んだ。第一面を選んだのは、そこがその日の新聞の「顔」として、最もニュースバリューの高い記事が掲載されるページだからである。他方、社会面はいわゆる「事件もの」主体のページであるが、単にそれだけではなく、第一面などで取り上げられた事件や出来事を、観点を変えて記事化するといったこともしば

表4－1　新聞における争点顕出性（4紙合計：累積週）

（単位：段）

		面接最終日前1週間	同2週間	同3週間	同4週間	同5週間	同6週間
外国との貿易摩擦	（第1面）	96(2)	265(1)	429(1)	459(1)	503(2)	528(2)
防衛問題	（第1面）	127(1)	191(3)	232(3)	437(2)	519(1)	683(1)
	（社会面）	4	6	10	18	21	30
行財政改革	（第1面）	74(3)	117(4)	141(4)	197(4)	224(4)	239(4)
所得税減税	（第1面）	17(5)	217(2)	281(2)	297(3)	297(3)	341(3)
ロッキード問題	（第1面）	1(6)	7(6)	45(6)	102(5)	153(5)	153(5)
	（社会面）	3	7	21	42	48	48
公共事業の談合・不正	（第1面）	28(4)	28(5)	75(5)	85(6)	95(6)	125(6)
	（社会面）	9	32	59	68	77	105
校内暴力・青少年非行	（社会面）	71	110	179	196	201	317

注：（　）内の数字は各期間における第1面の争点顕出性の順位.

しば行なわれる。また、われわれの受け手調査において新聞各種記事の閲読率を調べたところ、「社会記事」の閲読率はきわめて高かった（「よく読む」と回答した人が五九％。他の記事ジャンルでは二〇～三〇％台のものが多い）。そこで、社会面が受け手に及ぼすインパクトは決して小さくないと予想し、分析対象に加えることにしたのである。

　また、今回の分析では、見出しの長さをもって争点顕出性の指標とすることにした。すなわち、各対象紙面に含まれる記事のうち、先に提示した争点カテゴリーに該当する記事があった場合には、その記事のタテの主見出しの長さが、紙面何段分にわたっているかを計測したのである（ヨコの主見出ししか付いていない記事の場合は、そのヨコ見出しの長さをタテに換算した）。また、ある一本の記事の内容が複数の争点に関連している場合には、それぞれの争点カテゴリーへとダブルコーディングを行なっている。

さて、分析結果の報告へと移ることにしよう。

先に指摘したように、受け手議題と最もよく対応するメディア議題を確定するために、内容分析の期間をどれくらいにするのが適当か——最適効果を生み出すための「メディア議題の測定期間」はどれくらいか——という問題は、まだ十分に解明されていない。そこで今回の調査においては、この最適効果スパンの問題も追究課題のひとつとして加えることにした。

表4-1は、新聞の議題の測定期間をいろいろと変化させたときの争点顕出性の態様を示したものである。表の各列は、集計期間を面接最終日前一週間（三月第二週のみ）、二週間（三月第一週＋第二週）、……と累積的に加算していった場合の内容分析結果（四紙合計、ページ別）をそれぞれ表わしている（面接最終日前の一週目だけ、二週目だけといった各週ごとの分析結果ではないことに注意）。測定期間の長短によって多少の変動があるが、全般的に見て、「各国との貿易摩擦」「防衛問題」「所得税減税」といったところが、この時期の第一面で強調されている争点であることがわかる。とりわけ前二者は、強調度の一位、二位を競い合っている場合が多い。また、「校内暴力・青少年非行」は、この時期の第一面には登場しないトピックであるが、社会面ではしばしば取り上げられる問題であった。

テレビ　テレビ内容分析の対象番組は、先に述べた五局六週間分の総計二一〇本である。これらの番組に対し、各争点と関連するニュース項目の出現頻度を計数することにより、内容分析を実施した。ひとつのニュース項目が複数の争点カテゴリーと関連する場合には、新聞同様ダブルコーディングを行なっている。

表4-2が五局のニュース番組を総合した場合の内容分析結果である。表4-1と同じ要領で、メディアの議題の測定期間を面接最終日前一週間から同六週間まで順次累積的に加算したときの集計結果が示されている。

表4-2　テレビにおける争点顕出性（5局合計：累積週）

（単位：項目）

	面接最終日前1週間	同2週間	同3週間	同4週間	同5週間	同6週間
外国との貿易摩擦	24(1)	43(1)	64(1)	67(1)	71(2)	73(2)
防衛問題	15(2)	28(2)	34(3)	51(3)	72(1)	87(1)
行財政改革	6(3)	6(5)	13(4)	13(5.5)	15(5)	15(6)
所得税減税	2(5.5)	27(3)	52(2)	58(2)	58(3)	62(3)
ロッキード問題	2(5.5)	2(6)	7(6)	18(4)	31(4)	32(4)
公共事業の談合・不正	5(4)	9(4)	12(5)	13(5.5)	14(6)	19(5)
校内暴力・青少年非行	0(7)	0(7)	0(7)	1(7)	2(7)	11(7)

注：(　)内の数字は各期間における争点顕出性の順位.

全体的に見て、「外国との貿易摩擦」「防衛問題」「所得税減税」といった争点が強調されている点では新聞と共通している。ただし、「校内暴力・青少年非行」のトピックがテレビニュースで取り上げられる回数は決して多くない。テレビニュースにおける争点顕出性は、ちょうど新聞の第一面だけを取り出した場合と似ているといえよう。

受け手の争点顕出性

受け手の個人内レベルでの争点顕出性を測定するために、回答者に争点カテゴリーのリストを提示しながら次のような質問を行なった。「日本全体の政治や社会の問題のうちで、最近あなたが特に関心を持っている問題は何でしょうか。関心のあるものをリストのうちからいくつでも選んでください（MA）。また、その中で最も関心のある問題をひとつだけ選んでください（SA）」。

最初に複数回答（MA）でたずねているが、実はこれは回答者に争点リスト全体に目を通してもらうための方便であり、実際の分析に用いるのは単一回答（SA）のほうである。ともあれ、複数回答、単一回答双方の結果を見てみよう。

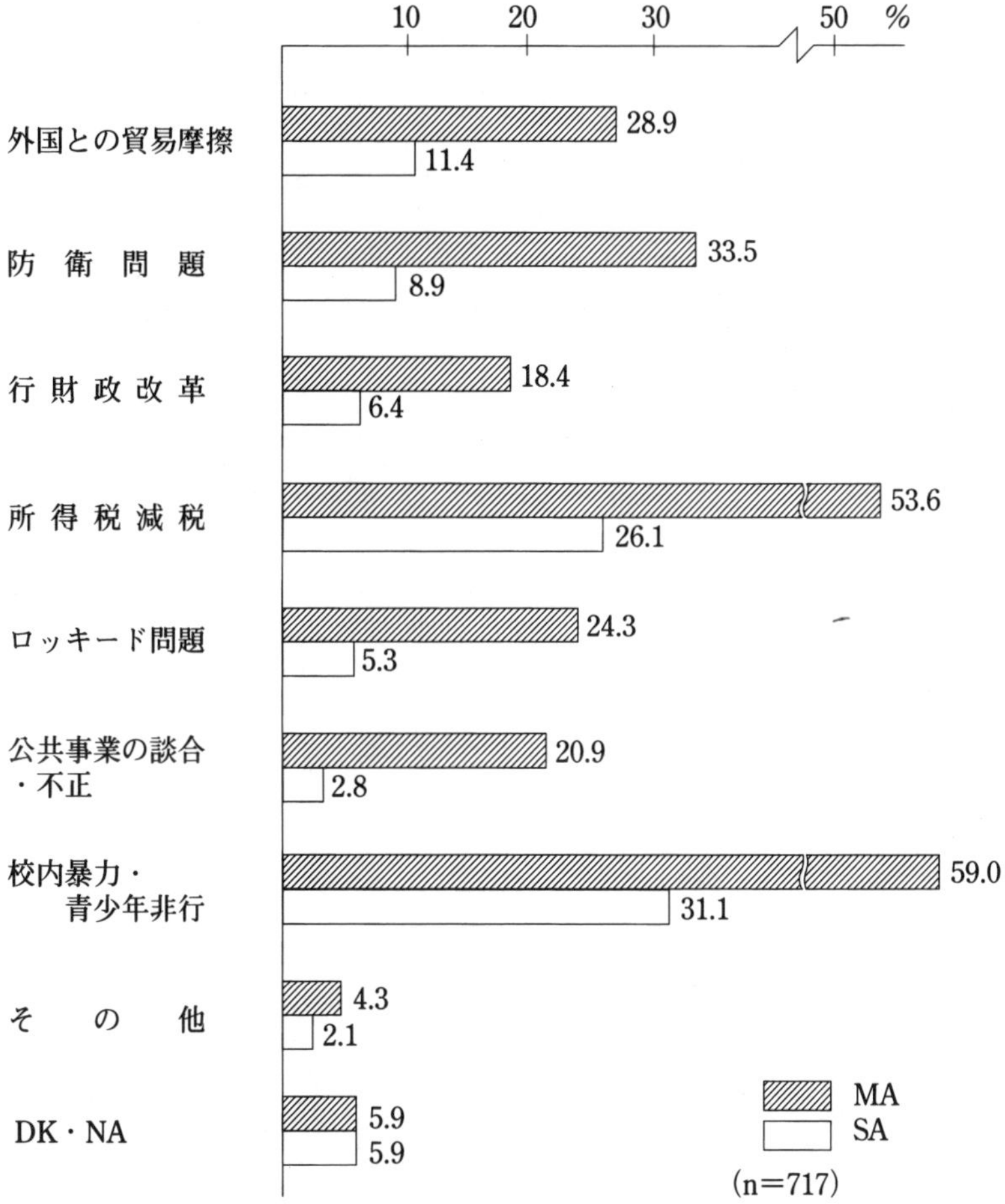

図4-1　「とくに関心ある争点」(MA) と「いちばん関心ある争点」(SA)

図4-1に示される通り、複数回答で最も回答比率の高いのは「校内暴力・青少年非行」であり、五人のうち三人の回答者はこの問題を挙げていたことがわかる。以下、「所得税減税」「防衛問題」と続き、七つの争点のうちでいちばん回答比率の少ないカテゴリーは「行財政改革」である。ちなみに複数回答における平均回答数は二・四三であり、二つないし三つの争点を挙げた人が多かったようである。

一方、単一回答の結果を見てみると、ここでも「校内暴力・青少年非行」の回答比率が最も高く、約三割の人が最も関心のある問題としてこのカテゴリーを指定している。続いて「所得税減税」「外国との貿易摩擦」等が挙げられ、回答比率のいちばん低いのは「公共事業の談合・不正」となっている。このように、複数回答と単一回答では、回答者の分布の仕方に若干の相違があるが、しかし全体の傾向としては類似度が高い。複数回答と単一回答それぞれの回答順位のスピアマン順位相関係数（ρ）は〇・八六であり、五％水準で有意である。今後はこの単一回答の結果を、仮説の実証的検討に用いていきたい。

四　議題設定仮説の検証

議題設定仮説にしたがえば、ある争点がメディアにおいて顕出的であればあるほど、受け手の側でもその争点を顕出的と見なす人が多くなる、と考えることができる。すなわち、争点Aが争点Bよりも一定期間メディアで相対的に強調されていたならば、受け手の側でも、争点Aを最も重視する人が争点Bを最も重視する人よりも多くなるという、メディアと受け手との間の一定の対応関係を予想することができる。

そこで仮説の検証にあたっては、一方ではメディアでの言及量が多い順に争点の順位づけを行ない、他方受け手の側でも、最も重要なものとして回答された比率が高い順に争点を順位づける。そして、両者の争点順位の一致度を順位相関係数を用いて調べるという方法をとるのである。両者の間に比較的高い正相関が見られるなら、それは、マスメディア活動が受け手の認知に影響を及ぼしていることに対する支持的証拠となるだろう。[3]

新聞

さて以上のような手続きに沿って、まず新聞の場合から、仮説の検証を試みてみよう。

最適効果スパン　表4-1のデータをもとに新聞における争点顕出性の順位を確定するに際して、われわれは「社会面／第一面閲読比」（以下、閲読比と略記）を考慮することにした。というのも、受け手調査の結果、第一面と社会面の閲読パターンは必ずしも同一ではないことが判明したからである（表4-3参照。なお受け手調査では「政治記事」「社会記事」という記事ジャンル別に閲読率をたずねているが、ここではそれらが「第一面」「社会面」の閲読率にほぼ相当するものと仮定している）。閲読比は次の式で算出される。

$$\text{社会面／第1面閲読比} = \frac{\text{社会面の閲読頻度（得点）}}{\text{第1面の閲読頻度（得点）}}$$

ただし、閲読頻度は両紙面とも、「よく読む」4点、「ときどき読む」3点、「たまに読む」2点、「全然読まない」1点と尺度化した。

この閲読比は、第一面の閲読頻度を基準とした場合に、社会面をどれだけよく読んでいるかを示す数値である。そして、各争点とも、社会面における言及量はこの閲読比（検証に用いる受け手サンプル内での平均値）を用いてウエイトづけをしたうえで、第一面の言及量に加算するという方法をとった。こうした手続きは、メディアの争点顕出性の客観的な態様を、受け手が刺激として受け取る態様にわずかながらでも近づけるためのひとつの方策である。以上

表4-3　新聞紙面の閲読頻度

（単位：%）

	よく読む（4点）	ときどき読む（3点）	たまに読む（2点）	全然読まない（1点）	計(n)(注)
政治記事（≒第1面）	25.4	31.4	30.8	12.4	100(648)
社会記事（≒社会面）	61.0	22.0	13.3	3.7	100(648)

注：欠損ケースを除く.

表4-4　内容分析の測定期間を変化させた場合の新聞と受け手の争点顕出性の関連（スピアマン順位相関係数，N＝7）

内容分析の測定期間	面接最終日前 1週間	同 2週間	同 3週間	同 4週間	同 5週間	同 6週間
相関係数	.43	.71*	.75*	.61	.64	.57

注：＊……p<.05（片側検定）
備考：新聞の争点顕出性のデータは4紙合計のもの.
受け手サンプル数＝648
社会面／第1面閲読比＝1.49

のような経過で新聞紙面における各争点の顕出性の度合いが定まり、それらをもとに争点順位を確定したのである。

さて、新聞における争点順位と受け手における各争点への回答順位との関連を示したものが表4-4である。新聞は四紙合計のデータを用い[4]、内容分析の測定期間を面接最終日前一週間から同六週間まで順次拡張していった場合の受け手の回答との関連が、スピアマン順位相関係数で表わされている。この相関係数値が議題設定効果の目安となるわけである。

この表から、新聞の争点顕出性の順位と受け手のそれとが最もよく対応するのは、内容分析の測定期間を面接最終日前二週間ないしは三週間と定めた場合であり、それぞれ○・七一、○・七五という値になっていることがわかる。測定期間が二週間より短くても、また三週間より長くなっても、相関係数は減少する傾向にある。したがっ

表4-5　受け手の随伴条件別に見た新聞と受け手の争点顕出性の関連（スピアマン順位相関係数，N=7）

（受け手サンプル数）	内容分析の測定期間 面接最終日前 2週間	内容分析の測定期間 面接最終日前 3週間
全　体(648)	.71*	.75*
新聞の政治記事を		
よく読む(165)	.79*	.82*
ときどき読む(203)	.71*	.64
たまに読む(200)	.69	.74*
読まない(80)	.46	.40
政治への関心		
非常にある(88)	.88*	.76*
ある程度ある(343)	.71*	.64
あまりない/ない(215)	.54	.54
他者との政治的話し合い		
よくする(86)	.57	.43
ときどきする(182)	.71*	.64
たまにする(253)	.64	.71*
しない(123)	.61	.64

注：*……$p<.05$（片側検定）

備考：新聞の争点顕出性のデータは4紙合計のもの.

て、少なくとも今回の調査の場合、新聞の議題設定の最適効果スパンは、受け手への面接に先立つおよそ二週間から三週間の期間だと考えてよいであろう。言い換えれば、内容分析の測定期間をこのような長さに設定したとき、新聞が強調する争点と受け手が最も重要と知覚する争点との間に、最も高い一致度が見られたのである。

随伴条件の検討　しばしば指摘されることだが、メディアの議題設定効果はすべての人に一様に生じるわけではない。メディアの影響が及ぶか及ばないかは受け手を取り巻く諸条件に依存する部分が大きいのである。そうした議題設定の有効範囲を規定する随伴条件（contingent conditions）として、ここでは「メディア接触」「トピック分野への関心」「対人コミュニケーション」の三要因を考え、それらが議題設定効果のあり方とどう関わっているかを検討してみたい。

受け手サンプル全体としては、内容分析の測定期間が面接最終日前二週間（以下「測定期間二週間」と略記）ないしは三週間（「測定期間三週間」）のとき、新聞と受け手の争点顕出性の間に最も高い相関が得られていた。これら二通りの測定期間の場合に関して、受け手サンプルを随伴条件変数の値に応じてブレイクダウンし、サブグループごとに新聞―受け手の関連を調べたものが表4-5である。

まず「メディア接触」から見ていこう。ここでは新聞の政治記事をどの程度読むかという形で接触頻度をたずねてみた。

議題設定はマスメディアの効果であるから、メディアへの接触頻度の高い人ほどその影響を強く受けることが予想される。測定期間二週間の場合の分析結果は、この予想を支持するものである。議題設定効果が最も強く現われているのは、新聞の政治記事を「よく読む」グループであり（スピアマン順位相関係数〇・七九。以下、カッコ内の数字は相関係数を表わす）、接触頻度が減少するにつれて新聞―受け手の相関も低下する傾向が見られる。とりわけ、政治記事を「読まない」グループは、他のカテゴリーに比べ、相関係数が目立って低くなっている（〇・四六）。一方、測定期間を三週間にのばした場合でも、ほぼ同様の傾向が見いだせる。政治記事を「たまに読む」グループの方が「ときどき読む」グループよりも相関係数が高い（〇・七四＞〇・六四）という点はやや予想に反するが、しかし両グループの差はそれほど大きなものではなく、全体としては、議題設定効果の大きさと新聞の接触頻度との間に正の関連があると見なしてよいであろう。

次に「トピック分野への関心」である。本調査の場合のトピック分野とは政治であり、「あなたは国の政治にどの程度関心がありますか」という質問で回答者にたずねている。

表4-5中段に示されるように、測定期間が二週間の場合も三週間の場合も、政治への関心が高いグループほど新聞の争点顕出性との一致度が高く、したがって、メディアの議題設定力が強く作用している傾向が見いだされた。とくに測定期間二週間の場合、政治への関心が「非常にある」と回答したグループでは、相関係数が〇・八八という高い値に達している。

さて、第三の随伴条件として「対人コミュニケーション」を考えてみよう。本調査では「新聞や放送などで知った国全体の政治や社会の問題について、誰かと話題にしたり議論することがありますか」というワーディングで、他者との政治的話し合いの頻度をたずねた。こうした対人コミュニケーションがメディアの強調した争点を会話の場で反芻させることで議題設定効果を補強する方向に作用するのか、あるいはメディアとは異なる注意の焦点を設定することによって議題設定を抑制する機能を果たすのか、という問題については諸説がある（三章四節を参照）。

われわれの分析結果はどちらかといえば「抑制説」に近いものである。議題設定効果が最も強く現われるのは、他者との政治的話し合いを「ときどきする」（測定期間二週間の場合）、あるいは「たまにする」（測定期間三週間の場合）人びとであり、政治的話し合いを「よくする」グループは、むしろ他のカテゴリーより低い相関係数値となっている。ただし、「補強説」か「抑制説」かを結論づけるためには、今回の調査デザインの枠を超えた、より綿密な分析が必要であることはいうまでもない。

テレビニュース

テレビニュースについても、新聞と同様の順序で分析結果を見ていこう。

表 4 - 6　内容分析の測定期間を変化させた場合のテレビニュースと受け手の争点顕出性の関連（スピアマン順位相関係数，N＝7）

内容分析の測定期間	面接最終日前1週間	同2週間	同3週間	同4週間	同5週間	同6週間
相関係数	－.24	.04	.18	.15	.07	.00

備考：テレビの争点顕出性のデータは5局合計のもの．
　　　受け手サンプル数＝648．

表 4 - 7　受け手の随伴条件別に見たテレビニュースと受け手の争点顕出性の関連（スピアマン順位相関係数，N＝7）

(受け手サンプル数)	内容分析の測定期間 面接最終日前	
	3週間	4週間
全体(648)	.18	.15
テレビのニュースを		
よくみる(450)	.28	.25
ときどきみる(130)	.04	.03
たまにみる/みない(68)	.10	.08
政治への関心		
非常にある(88)	.85*	.67
ある程度ある(343)	.18	.15
あまりない/ない(215)	－.08	.13
他者との政治的話し合い		
よくする(86)	.11	－.03
ときどきする(182)	.18	.15
たまにする(253)	.11	.21
しない(123)	.18	.31

注：＊……$p<.05$（片側検定）
備考：テレビ・ニュースの争点顕出性のデータは5局合計のもの．

最適効果スパン　表4-2の内容分析の結果と受け手調査の結果から、両者の争点顕出性の一致度を調べたものが表4-6である。新聞同様、テレビニュースの場合も五局合計のデータを用い[5]、内容分析の測定期間を面接最終日前一週間から六週間まで変化させながら、受け手の回答との関連を検討したものである。

新聞の場合と比較して気づくことは、テレビと受け手との関連が全般的にきわめて弱いことである。六通りの測定期間のうちでは、三週間と四週間のところに相関のピークが見られるが、それもかなり小さな値である（それぞれ○・一八、○・一五）。

ともあれ、とりあえずテレビの議題設定の最適効果スパンを、受け手面接最終日前三週間ないしは四週間と定め、この二通りの測定期間の場合について随伴条件を含めた検討をすすめよう。

随伴条件の検討　内容分析の測定期間が面接最終日前三週間および四週間の場合に関して、受け手サンプルを随伴条件変数の値に応じてブレイクダウンし、サブグループごとに議題設定効果の大きさを調べたものが表4-7である。

新聞同様に「メディア接触」から見ていこう。ここではテレビニュースの接触頻度をたずねている。測定期間三週間の場合も四週間の場合も、テレビの接触頻度にかかわらず、テレビが強調する争点と受け手が重視する争点との一致度はおしなべて低いようである。しかし、テレビニュースを「よくみる」と回答したグループでは、他の回答者よりも相対的に高い相関値を示しており、議題設定効果の大きさとメディア接触量とが正の関連にあるという予想に、傾向としては合致しているといえよう。

第二に「トピック分野への関心」——政治への関心——と議題設定との関連を見てみよう。どちらの測定期間の場合にも、政治への関心が高いほど、テレビ—受け手の関連も強まる傾向が見られる。とりわけ、政治への関心が「非常にある」と回答したグループでは、相関係数値がそれぞれ○・八五（測定期間三週間の場合）、○・六七（同四週間の場合）と、突出して高い値になっていることが注目される。これは、テレビの影響が特定の条件を兼ね備えた人にのみ強く作用していることを示唆するものである。

第三の随伴条件である「対人コミュニケーション」――他者との政治的話し合い――に関しては、測定期間が三週間の場合、その頻度と議題設定効果の大きさとの間にあまりはっきりとした関連を見いだせない。ただし、測定期間が四週間の場合には、政治について対人コミュニケーションをあまりしない人ほど、テレビの議題設定効果を受けやすいという傾向が見られる。

五　要約と議論

本章では、和歌山市調査（一九八二年三月実施）のデータを用い、議題設定仮説の検証を試みた。結果を要約しておこう。

(1)　和歌山市民に対する新聞（全国紙四紙）の議題設定効果を検討するために、内容分析の測定期間を受け手調査面接最終日前一週間から同六週間まで変化させながら、メディアが強調する争点と受け手が重視する争点との一致度を調べた。その結果、内容分析の測定期間を面接最終日前二週間ないしは三週間と設定した場合に、メディアと受け手の争点顕出性の関連が最も強くなることがわかった。少なくとも今回の調査に限っていえば、新聞の議題設定の最適効果スパンは、受け手調査に先立つおよそ二週間ないしは三週間の期間であると推定される。

(2)　内容分析の測定期間が二週間と三週間のそれぞれの場合について、さらに受け手に関わる随伴条件の違いが、議題設定効果の生起にどう関連するのかを検討してみた。メディアの議題設定力は受け手全員に一様に作用するものではなく、特定の条件を備えた人に対して、より顕著な効果をもたらすと予想されるからである。随伴条件としては、「メディア接触」（新聞の政治記事への接触頻度）、「トピック分野への関心」（政治への関心度）、「対人コミュニケーション」（他者との政治的話し合いの頻度）の三変数を取り上げた。

分析の結果、議題設定効果は新聞への接触量の多い人や、あるいは政治への関心の高い人に、より顕著に生起する傾向のあることが判明した。また、対人コミュニケーションに関しては、他者との政治的話し合いを積極的に行なう人よりも、それほど頻繁に行なわない（まったくしないというわけではないが）人のほうに強い議題設定効果が検出された。

(3)　新聞と同じ要領で、テレビニュース（NHKと民放四局の全国向け番組）の議題設定効果の検討を行なった。テレビと受け手の争点顕出性の一致度は、新聞の場合と比べると、全体的にきわめて低かった。しかしそのうちでも、内容分析の測定期間を面接最終日前の三週間ないしは四週間と設定した場合に、テレビ—受け手の相関の相対的なピークが見られた。そこで、これらの期間をテレビニュースの最適効果スパンと定めることにした。

(4)　測定期間三週間、四週間の場合について、「メディア接触」（テレビニュースへの接触頻度）、「トピック分野への関心」（政治への関心度）、「対人コミュニケーション」（他者との政治的話し合いの頻度）の三種類の随伴条件を導入し、議題設定効果の分析を行なってみた。

随伴条件の作用がいちばん顕著に現われるのは「トピック分野への関心」を考慮した場合であり、政治への関心が最も高い人にだけテレビの比較的強い議題設定効果が見いだされた。また、テレビ—受け手の関連が全体としてかなり弱いために断定はできないものの、テレビニュースへの接触量の多い人や他者との政治的話し合いを行なう機会の少ない人ほど、テレビの議題設定の影響を相対的に受ける傾向があるように見える。

表4-8　内容分析の測定期間を変化させた場合のメディアと受け手の争点顕出性の関連(「校内暴力・青少年非行」を除いた場合；スピアマン順位相関係数，N＝6)

内容分析の測定期間	面接最終日前1週間	同2週間	同3週間	同4週間	同5週間	同6週間
新聞	.26	.89*	.89*	.83*	.77	.77
テレビニュース	.21	.67	.89*	.84*	.69	.63

注：＊……p<.05(片側検定)

備考：新聞の争点顕出性のデータ(第1面のみ)は4紙合計のもの．
テレビの争点顕出性のデータは5局合計のもの．
受け手サンプル数＝428(「校内暴力・青少年非行」を最も関心があると回答した人を除く)．

ところで、新聞に比べテレビの議題設定力が劣っていることの理由は、どのように考えられるであろうか。今回の分析から気づいた点を二、三挙げておきたい。

第一に、内容分析の対象となるニュース番組選定の問題である。テレビ各局が一日のうちに放送するすべてのニュース番組を内容分析の対象とすることは、実際上きわめて困難であるし、また、個々の受け手がニュース番組を全部見ているわけではないことを考えれば、あまり意味のあることともいえない。そこで今回は、各局ニュース番組の代表として、それぞれ夕方に放送される全国ネットのニュース番組を分析対象に選んだ。こうした決定に何らかの問題があったことも考えられないわけではない。受け手のニュース番組視聴実態を克明に調査しておくなどして、分析対象番組のより適切な選択方法を工夫する必要があるかもしれない。

第二に、第一と無関係ではないが、じつは今回の調査でテレビ―受け手の関連が弱かった直接の理由は、受け手で回答順位第一位の「校内暴力・青少年非行」問題が、テレビニュースでほとんど取り上げられていなかったためである。しかし、定時ニュースでは取り上げられなくても、たとえば、ドラマやワイドショーといった番組形態で校内暴力や青少年非行が素材として扱われ、受け手の関心に影響を与えているという可能性もある。内容分析の対象を定時ニュース以外の番組枠にまで広げることの是非も検討されるべきではないか。

第三に、争点の次元の問題である。今回の受け手調査や内容分析のために作成した争点リストは、議題設定仮説の検証に際し、国際問題から国内の身近な問題までを一通りカバーすることを意図していた。しかし結果的に、受け手にとって判断次元の異なる争点を混在させてしまった可能性もある。少なくとも「校内暴力・青少年非行」は他の争点とは異質であり、同一レベルで関心の優先順位をたずねることは適切でなかったかもしれない。ちなみに、内容分析のカテゴリーから「校内暴力・青少年非行」を除外し、また受け手からもこのカテゴリーに回答した人を除いたうえで、メディアと受け手の争点顕出性の相関を計算したのが表4-8である。新聞のみならずテレビの場合も高い相関が生じていることがわかる。今後調査で争点リストを用いる場合には、争点の次元や性質の問題に関しても、より注意を払うべきだと思われる。

注

(1) 本章は、竹下（一九八三）の一部を加筆修正のうえ再掲したものである。

(2) この和歌山市調査は、「放送の地域的機能研究会」（代表　高木教典・東京大学新聞研究所教授）の研究の一環として実施されたものである。ただし、本報告の文責は筆者個人にある。

(3) 筆者は三章三節で、マコームズ＝ショー・モデルは、効果過程としては、優先順位モデルではなく、顕出性モデルを検証するものとして再解釈すべきだと述べた。ここでの議論はこの解釈に沿ったものである。

(4) 閲読紙別に分析を行なうと受け手サンプルが細分化されすぎるため、本分析では新聞四紙のデータを総合して分析に用いることにした。新聞四紙の争点顕出性には相互にかなりの一致度が見られたので、こうした処置は妥当だと思われる。たとえば、面接最終日前三週間分の新聞四紙の争点顕出性の相関を見ると、そのレンジはスピアマン順位相関係数（N＝7）で、〇・五一〜〇・九三になる（第一面と社会面の数値を単純加算した場合）。

（5）新聞の場合と同じ理由で、分析には五局合計の内容分析データを用いる。各局のテレビニュースの争点顕出性の一致度は、きわめて高い。たとえば、（4）と同条件での各ニュースの争点顕出性の相関は、〇・九一〜一・〇〇というレンジになる。

五章　日本における議題設定研究(2)——パネル調査による検証

一　はじめに

本章では、議題設定仮説に関する別の検証例を示したい。本研究の特色は次の三点である。第一に、前章の調査が非選挙時の通常報道の議題設定効果を探究するものであったのに対し、本調査は、国政選挙時の選挙報道の効果に焦点を合わせていること。第二に、前章の研究がクロスセクショナルなデータに基づいていたのに対し、本章はパネル調査データによる分析だということ。そして第三に、効果の測定にあたって、マコームズ＝ショー・モデル以外の方法も適用しているということである。

本研究の舞台は、一九八六年七月六日に投票が行なわれた、戦後二回目の衆参同日選挙である。この選挙は同年五月二二日に公職選挙法改正案が国会を通過したのをうけて、衆議院の定数配分の違憲状態解消を名目として実施されたものであった。しかし、衆議院を解散することには、野党はもちろん自民党の内部にさえ反対意見があり、中曽根康弘首相（肩書きは当時のもの。以下同様）は解散まで慎重かつ巧妙に、そして最後は強引に事を運ばざるをえなかった。選挙戦で野党から「ウソつき」、「権力主義的」と非難されたゆえんである。結果として自民党は衆議院・参議院の両方で圧勝した。とくに衆議院では三〇〇議席という結党以来最高の議席数を獲得したのである。

筆者もメンバーとして参加した「選挙報道研究会」（代表　稲葉三千男・東京大学新聞研究所教授）では、この一九八六年同日選挙に際し、東京都武蔵野市（東京七区に属する）で四回にわたるパネル調査を実施した。同市の選挙人名簿から無作為に一〇〇〇名の成人男女を抽出し、三回は投票日前に個別面接法で、そして四回目は投票当日の夜から翌日にかけて電話で調査を行なった。有効回答数（回収率）は、第一回目が六四六（六四・六％）、第二回目が四六二（前回の七一・五％）、第三回目が三九二（前回の八四・八％）、第四回目が三〇八（前回の七八・六％）であった。本章では、このデータを用いて、選挙報道の議題設定効果の検証を試みる[1]。

二　研究のデザイン

研究の時間的デザイン

図5-1は今回の研究の時間的デザインを示したものである。有権者のデータについては、武蔵野市で実施した調査のうち、投票日以前の三回の面接で測定を行なった。第一回面接は六月六～八日、第二回は六月二一～二三日、第三回は七月四・五日にそれぞれ実施した。

各面接調査の結果と、それに先立つメディア内容とを比較するわけだが、第一回と第二回、第二回と第三回の面接の間は、それぞれおよそ二週間空いている。そこで、これに合わせるために、第一回面接の約二週間前の五月二六日からニュースの内容分析を始めることにした（五月二六日は月曜日で、ちょうど週の区切りでもある）。この日はまた、自民党内で五役会議が開かれた日である。この会議で、党内で最後まで同日選に反対していた宮沢喜一・総務会長も折れ、自民党首脳陣は臨時国会召集→解散→同日選実施という日程で正式に合意を見ることになる。マスメディアでも、この週から選挙に関連した報道が目立ってくるのである。

有権者調査と対応させるため、内容分析の期間を便宜上三つに区分した。五月二六日～六月五日が第一期、六月九～二〇日が第二期、そして六月二四日～七月三日が第三期である。このうち公式のキャンペーン期間は参議院選挙が

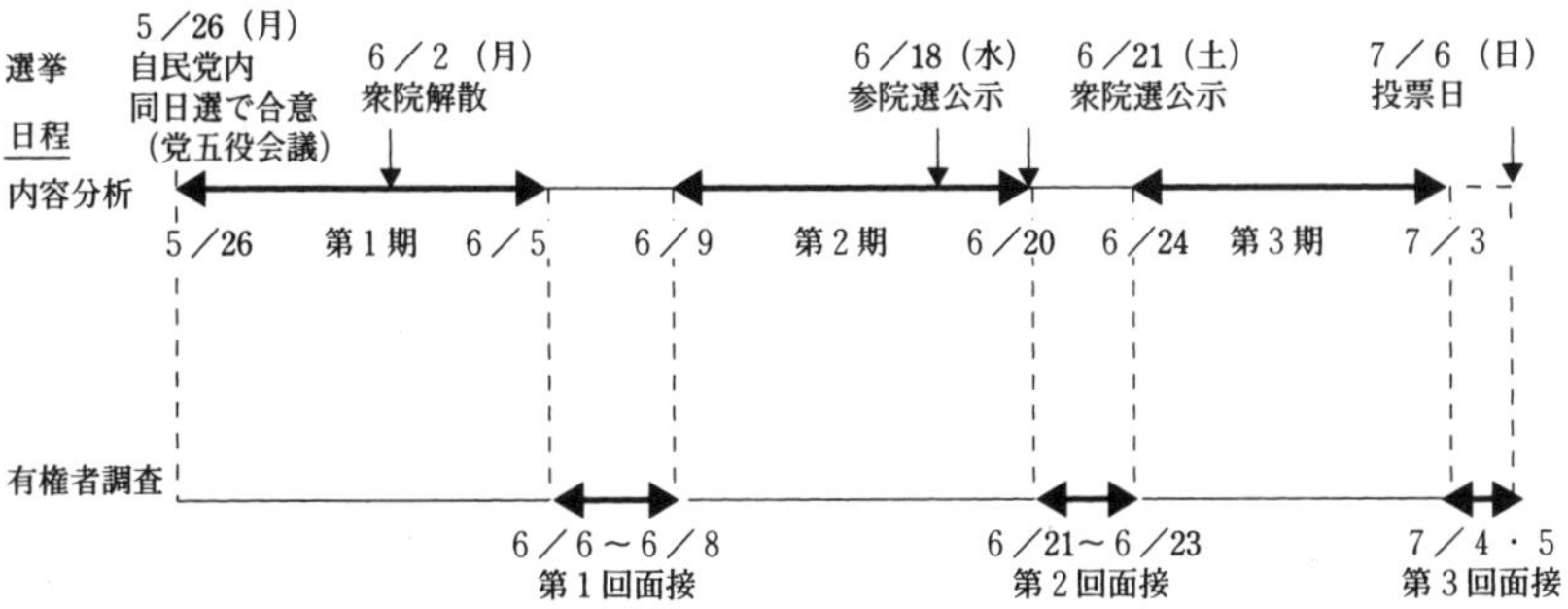

図5-1　研究の時間的デザイン

備考：第1～3期という内容分析の時期区分は，有権者調査と対応させるために便宜上設定したものであり，内容分析の作業自体は，5月26日から7月6日まで通しで行なっている．

告示される第二期の末（六月一八日）以降である。しかし、政府自民党によって投票日が確定した第一期の時点から、すでに実質上キャンペーンは始まっていたと考えてもよいだろう。全体の時間枠をこのように長めにとることで、キャンペーンの進行に伴うメディア報道と有権者の変化をより的確に捉えることができると思われる。

有権者調査

議題設定仮説は、メディアの報道で強調された争点（「メディアの議題」）と、有権者の側で重要視された争点（「有権者の議題」）との対応に関する命題である。因果関係とは逆になるが、まず有権者の議題の測定手続きについて説明したい。

仮説の従属変数となる受け手の議題に関しては、これまでに三種類のタイプが提起されている（三章一節参照）。まず第一に「個人内議題」。これは受け手個人の意識内において最も顕出的な争点やトピックのことである。第二の「対人議題」は、他者との政治的な話し合いの中で最もよく話題となる争点を意味する。そして第三の「世間議題」とは、世間の人びとの多数が最も重視していると回答者が知覚した（あるいは推定した）争点のことである。本研究では、第一と第三のタイプを測定することにした。

まず、個人内議題をたずねるワーディングは次の通りである。「今度の選挙で争われる（第一回面接時。第二回以降は「…争われている」）政策上の問題のうち、あなたが最も重要だと考える問題は何でしょうか」（二つ以上挙げた場合には、その中でいちばん重要なものを選んでもらう）。この質問に関してはＪＥＳ（Japan Election Study）プロジェクトの調査項目を参考にした（綿貫他、一九八六）。

一方、世間議題を問うワーディングは、「では、あなた自身のお考えはさておき、今度の選挙で世間の多くの人びとが最も重要だと考えている政策上の問題は何だと思いますか」である。両方の議題の質問とも自由回答で答えてもらった。回答結果はまず三〇カテゴリー（争点以外の事柄への言及や無回答も含む）に分類され、最終的には次節に示すような一〇カテゴリーにまとめられた。

内容分析

対象紙・対象番組　独立変数となるメディアの議題は、最も代表的なニュースメディアである新聞とテレビニュースに関して測定することにした。新聞は「朝日新聞」と「読売新聞」を選んだ。というのも、今回の有権者調査での両紙の閲読率は「朝日」五〇・五％、「読売」三五・七％であり、二紙でサンプルの七八・三％（両紙併読は七・九％）をカバーしていたからである。

一方、テレビニュースの分析対象番組を決めることは必ずしも容易ではない。各局ともさまざまな長さのニュース番組を、早朝から深夜まで何本も放送しているからである（もっとも、一日のうちでは繰り返し流される項目がけっこう多いのだが）。限られた調査項目の中で、受け手各人が見た番組を特定することは難しいし、なによりも、放送されたニュースというニュースをすべてモニターすることは至難のわざである。

そこで本研究では便宜上、夕方の全国向けニュース番組を、各局の一日のニュース番組を代表するものとして取り上げることにした。しかも、機材や労力の点から、関東地方のすべての局をモニターすることは難しかったので、比較的視聴率の高い三番組、「七時のニュース」(ＮＨＫ)、「ニュースコープ」(ＴＢＳ—ＪＮＮ系列)、「スーパータイム」(フジテレビ—ＦＮＮ系列)を選定した。ちなみに、ＮＨＫが一九八六年五月に実施した視聴率調査(関東地方、個人単位)での三番組の視聴率は、それぞれ一三・六%、三・一%、四・二%である。なお対象外の二番組は〇・九%、〇・六%という数字であった(『放送研究と調査』一九八六年八月号の報告による)。

新聞の分析手続き　新聞の場合には、分析対象となる記事項目を第一面の選挙関連記事に限定した。議題設定仮説でいうメディアの議題とは、一定期間内のメディア報道で相対的に強調された争点(群)を指しているが、周知のように、毎号の新聞で最も重要と判断されたニュースが掲載されるのが第一面である。したがって、少なくとも議題設定研究に関する限り、第一面で取り上げられた争点を、各号で最も強調された争点として操作的に定義し、それらを一定期間分集積して新聞の争点議題を確定するという手続きをとることは、妥当だと思われるからである。

さらに分析は、第一面のうちでも選挙関連の記事に限って行なった。それ以外の記事でも受け手の争点認知に影響を及ぼす可能性はもちろんあるが、分析の便宜上、選挙について明示的に言及している記事に的を絞ったのである。選挙関連記事かどうかを識別する操作的基準は次の通りである。

まず、分析期間中の第一面記事のうち、見出しか記事本文中に「選挙」の語句(もちろん今回の衆参同日選挙の意味で用いられているものに限る)が一語でも含まれているものを選挙関連記事とみなすことにした。さらに参院選公示日である六月一八日の夕刊以降の号では、この基準に加えて、遊説中の政党関係者(首相、大臣も含む)の発言を扱った記事も(たとえ選挙の語句が出てこなくても)選挙関連記事と定義した。こうした定義の仕方が完璧であるとはもちろん思わないが、しかし、できるだけ簡潔かつ客観的な基準を設けることで、分析手続きの信頼性を高めようと意図したものである。

なお、武蔵野市は各紙東京本社発行の最終版配達地域に含まれているので、新聞の分析作業は選挙終了後、縮刷版の発売をまって実施した。有権者調査の自由回答結果を参考に構成した総計二一の争点カテゴリー（ただし、この中には「党首の公開討論」といった争点以外のトピックや、「非該当」なども含まれる）に基づき、上記のように定義した選挙関連記事を、各争点カテゴリーへの言及の有無に応じてコーディングした（その場合、言及量の多少は問わなかった）。一本の記事項目が複数の争点に言及している場合にはダブルコーディングを行なった。[2]

なお新聞の分析では、見出し文の内容をもとにコーディングした場合と、記事全文を対象にコーディングした場合との、二通りの分析法を試みている。

テレビニュースの分析手続き　対象となった三番組は、指定期間中録画され、選挙終了後に分析された。テレビの場合も、分析対象となるニュース項目は、選挙関連項目に限定した。その定義の仕方は新聞の場合に準じ、項目中のコメントや発言で一回でも「選挙」への言及があった場合に（言及の主体は問わない）、その項目を選挙関連項目と見なすことにした。さらに、六月一八日以降の放送では、遊説中の政党関係者の言動を取り上げた項目も、選挙関連項目とみなした。

また、争点カテゴリーも新聞の分析の場合と同様のものを使用した。アンカーパーソンや記者、被取材者などの発言の中で各争点への言及がなされているかどうかを基準にして（この場合も、言及量の多少は問題としなかった）、各選挙関連ニュース項目のコーディングを行なった。これも新聞の場合と同じく、複数カテゴリーへのコーディングも認めた。

三　同日選挙における争点

選挙報道で強調された争点

争点カテゴリー　内容分析結果は、最終的には「税金・税制」「円高・景気・貿易」「物価」「行財政改革」「福祉」「教育」「防衛」「首相の政治手法」の八つの争点、および「その他の争点」「争点への言及なし」の計一〇カテゴリーにまとめられた。実際のコーディング作業は、争点ごとに以下のようなキーワードを目安にして行なわれた。

①税金・税制——税制改革、課税の不公平の是正、所得税減税、中間所得層を中心とした累進税率の緩和、課税の直間比率の見直し、大型間接税の導入、マル優廃止、など。

②円高・景気・貿易——円相場の安定、円高不況、輸出関連中小企業の救済、「三兆円補正予算」、円高差益の還元、輸出主導型から内需主導型への経済構造の転換、など。

③物価——この争点は有権者調査の結果と対応させるために設けられたもので、今回の内容分析では、この問題を選挙に関連づけて取り上げた記事・ニュース項目は発見できなかった。（ちなみにこの時期、さまざまな統計指標によれば、物価は比較的安定していた。だが住宅関連支出などの物価水準はもともと他の先進諸国と比べ割高であるし、また円高差益の消費財・サービスへの還元も不十分に見えることから、人びとの間では物価高の印象が根強くあり、それが有権者調査結果にも反映されたと推測できる。）

④行財政改革——増税なき財政再建、行政組織の効率化・簡素化、国鉄の分割・民営化、など。

⑤福祉——年金、医療、社会保障、老人保健法改正案、福祉社会の実現、など。

⑥教育——教育改革、戦後教育の見直し、臨教審答申、いじめ問題、大学入試改革、など。

⑦ 防衛——防衛費ＧＮＰ一パーセント枠、日米安保体制、反核・軍縮、国家秘密法案、など。

⑧ 首相の政治手法——大統領的首相、スピードと実行力、諮問政治、議会軽視、権力主義的姿勢、「ウソつき」、中曽根（流）政治、など。

新聞で強調された争点　新聞の選挙関連報道の内容分析結果を、先に定義した時期別にまとめたのが表5-1、および表5-2である。前者は、該当する記事項目の記事全文（見出し文も含む）を対象にコーディングした結果であり、一方、後者は該当記事項目の見出し文だけをコーディングの対象にした場合の分析結果である。両方の表とも「朝日」と「読売」の結果を合計して示している。両紙は、少なくとも何を取り上げるかという点では総じてよく似ていたからである。

一見して明らかなことは、記事の全文を対象にコーディングした場合と見出し文だけを対象にコーディングした場合とでは、分析結果の傾向がきわめてよく似ていることである（表5-2の注2)を参照のこと）。このことは分析手法上、次のことを意味する。すなわち、少なくとも一定期間における各争点の報道量の相対的な順位がわかればよい内容分析では、コーダーは対象記事の全文を精読しなくても、その見出し文だけをチェックすれば、ほぼ目的を果たすことができるかもしれないということである。費用対効果の点で報われることの少ないのが内容分析の特徴だといわれるが、もし効果をあまり落とすことなく手続きを簡略化できるならば、それにこしたことはない。一回限りの結果から速断はできないが、今後さらに検討してみる価値があるだろう。

さて、新聞の争点報道を時期別に見ると、第一期で最も多く取り上げられた問題は「中曽根首相の政治手法」であり、「円高・景気・貿易」問題がそれに続いている。ところが第二期になると、「税金・税制」問題が急浮上し、第三期でもそのまま第一位の座を占め続けるのである。[3]

表5-1　新聞の選挙関連報道で強調された争点[1)]
（記事の全文を対象にコーディングした場合）

争　点	第1期 5/26朝刊～6/6朝刊 %（順位）	第2期 6/9朝刊～6/21朝刊 %（順位）	第3期 6/24朝刊～7/4朝刊 %（順位）
税金・税制	11.1(4)	43.1(1)	22.8(1)
円高・景気・貿易	38.9(2)	22.2(3)	15.8(3)
物　価	－(7.5)	－(8)	－(8)
行財政改革	26.4(3)	22.2(3)	7.0(4)
福　祉	－(7.5)	6.9(7)	3.5(6)
教　育	8.3(5)	18.1(5)	1.8(7)
防　衛	2.8(6)	11.1(6)	5.3(5)
首相の政治手法	44.4(1)	22.2(3)	17.5(2)
その他の争点	4.2	2.8	－
争点への言及なし	33.3	31.9	45.6
(N)[2)]	(72)	(72)	(57)

注：1）「朝日」と「読売」の結果を合計したもの．期間全体での両紙の相関は0.89，期間別では，第1期0.98，第2期0.85，第3期0.71であった（スピアマン順位相関係数）．
2）単位は記事項目数．1本の記事で複数の争点に言及することがあるので，%の合計は100を超える．

第一期で首相の政治手法の問題が大きく扱われたのは、同日選突入の経緯を振り返ると理解できる。同日選の実施を画策していた中曽根首相は、衆議院の解散は「念頭にない」と明言することで野党の攻勢をかわし、懸案の衆院定数是正案（公職選挙法改正案）を可決・成立させた。そしてその直後に、一部与党幹部の反対も押し切り、臨時国会召集を決定し、最終的には本会議も開かないまま、召集されたばかりの臨時国会の冒頭で異例の解散を行なった。首相のこうしたやり方は野党から「強引」であると非難され、またこれは、首相の平素からの権力主義的な政治姿勢を反映するものとして批判されたのである。

一方、第二期以降に税金・税制問題が浮上してくるきっかけとしては、藤尾正行・自民党政調会長の発言があったと思われる。中曽根首相は戦後税制の抜本的見直しを政府税制

表５－２　新聞の選挙関連報道で強調された争点[1]
（記事の見出しを対象にコーディングした場合）[2]

争　点	第１期 5/26朝刊～6/6朝刊 ％（順位）	第２期 6/9朝刊～6/21朝刊 ％（順位）	第３期 6/24朝刊～7/4朝刊 ％（順位）
税金・税制	1.4(4.5)	26.4(1)	12.3(1)
円高・景気・貿易	13.9(2)	8.3(2)	8.8(2)
物　価	－(7)	－(7.5)	－(8)
行財政改革	6.9(3)	6.9(3.5)	1.8(6)
福　祉	－(7)	－(7.5)	1.8(6)
教　育	1.4(4.5)	2.8(5.5)	1.8(6)
防　衛	－(7)	2.8(5.5)	5.3(3)
首相の政治手法	22.2(1)	6.9(3.5)	3.5(4)
その他の争点	2.8	1.4	－
争点への言及なし	56.9	52.8	66.7
(N)[3]	(72)	(72)	(57)

注：１）「朝日」と「読売」の結果を合計したもの．期間全体での両紙の相関は0.75，期間別では，第１期0.89，第２期0.62，第３期0.51であった（スピアマン順位相関係数）．
２）記事全文を対象にコーディングした結果（表５－１）との相関は，期間全体では0.96，第１期0.98，第２期0.97，第３期0.83（スピアマン順位相関係数）であった．
３）単位は記事項目数．１本の記事で複数の争点に言及することがあるので，％の合計は100を超える．

調査会に諮問するにあたって、まず八六年春に減税案、秋に増税を含めた最終案を出すように指示した。これは夏の参院選もしくは同日選を意識してのことといわれている。したがって、今回の選挙における自民党の公約でも、四月に出された税調の中間報告をうけて減税が前面に押し出されている。しかし、問題は緊縮財政下における減税財源であった。

この点について、藤尾政調会長は六月六日、ＮＨＫテレビ番組の録画撮りにおいて、財源確保策としてマル優制度廃止を明言し、また大型間接税の導入を示唆する発言をした。この発言は大きな反響を呼んだ。野党は自民党が「増税隠し」を企んでいると批判し、自民党は必死になって藤尾発言を否定した。ついには中曽根首相が「党員や国民の反対する大型間接税と称す

表5-3　テレビニュースの選挙関連報道で強調された争点[1]

争　点	第1期 5／26～6／5 ％(順位)	第2期 6／9～6／20 ％(順位)	第3期 6／24～7／3 ％(順位)
税金・税制	9.7(4)	35.6(1)	24.1(1)
円高・景気・貿易	24.2(2)	13.8(3.5)	15.2(2)
物　価	－(7.5)	－(8)	－(8)
行財政改革	11.3(3)	13.8(3.5)	10.1(3)
福　祉	－(7.5)	6.9(7)	5.1(5.5)
教　育	6.5(5)	9.2(6)	2.5(7)
防　衛	3.2(6)	12.6(5)	5.1(5.5)
首相の政治手法	35.5(1)	16.1(2)	6.3(4)
その他の争点	8.1	8.0	5.1
争点への言及なし	48.4	44.8	54.4
(N)[2]	(62)	(87)	(79)

注：1）「NHK 7時のニュース」「JNN ニュースコープ」「FNN スーパータイム」の結果を合計したもの．3番組の相関は，期間全体では0.69から0.90の間にあった（スピアマン順位相関係数）．期間別では，第1期では0.63～0.99，第2期では0.63～0.87である．第3期ではNHKとJNNとの相関は0.74，JNNとFNNとの相関は0.55，NHKとFNNとの相関は0.14という値になった．

2）単位はニュース項目数．1本のニュース項目で複数の争点に言及することがあるので，％の合計は100を超える．

るものは導入しない」と公約するに至ったが、野党は「『解散は考えていない』といいながら解散した首相の言葉は信用できない」と応酬したのである。一方民間では、流通・小売業界のように、大型間接税反対を確約した自民党候補を応援することで、間接税導入阻止を図ろうとする団体もあらわれた。

　新聞選挙報道の内容分析結果は、こうした今回の選挙戦の経過を比較的よく反映していると思われる。

テレビニュースで強調された争点　「NHK七時のニュース」「JNNニュースコープ」「FNNスーパータイム」の三番組の内容分析結果を示したのが表5-3である。ここでも三番組の結果は時期ごとに合計した。ただし、表の注1)に示したように、第三期のデータについては、一部番組間の相関が低い。これはこの時期、争点カテゴリーにおちるニュース項目の絶対数がきわめて少ない番組があったからである。しかし、全体として見た場合には、三番組の争点報道の傾向にはある程度類似性があり、このように結果を合計して処理することは妥当だと思われる。

さて、テレビニュースの場合にも、新聞の争点報道ときわめてよく似た傾向を見いだすことができる。すなわち、第一期の報道で最も突出していた争点は首相の政治手法の問題であった。それが第二期には税金問題がトップにおどり出る。そしてその傾向は第三期まで持続するのである。それ以外の争点としては、円高・景気や行革の問題などが比較的多く取り上げられていた。

以上の結果から次のことがいえよう。今回の同日選挙に関する新聞やテレビニュースの争点報道を時期別に見ると、同日選の実施が決まってから衆院解散直後までの第一期では、中曽根首相の政治手法が問題として最も大きく取り上げられていた。ところが解散後、選挙戦が本格化する第二期では税金・税制の問題が争点として急浮上し、以後、公示後の第三期も含めて、この問題がいちばん強調された争点であり続けたのである。

有権者が重視した争点

一方、有権者が個人として重要だと考える争点（個人内議題）と、世間の多くが重視していると有権者が知覚した争点（世間議題）の単純集計結果を示したのが表5-4、および表5-5である。両方の表とも、第1回から第3回までの面接に通しで回答したパネル三九二人を分析の対象とした。

まず、個人内議題をみると、第一回面接で無回答、あるいは「その他」（選挙の争点以外の側面——情勢など——に言及したもの）の回答をした人は四七％いるが、第三回面接までにはこれが一九％に減っている。これは選挙キャンペーンの進行につれて人びとの関心が高まり、政治的学習がすすんだことを示唆するものであろう。

表5－4　有権者が選挙で重要だと考える争点(個人内議題)[1)]

争　点	第1回面接 %(順位)	第2回面接 %(順位)	第3回面接 %(順位)
税金・税制	11.0(2)	29.3(1)	41.8(1)
円高・景気・貿易	13.0(1)	18.1(2)	17.9(2)
物　価	2.8(7)	1.3(7.5)	1.3(7)
行財政改革	3.6(5)	3.3(5)	3.3(4.5)
福　祉	6.4(3)	7.4(3)	6.9(3)
教　育	2.3(8)	2.6(6)	2.6(6)
防　衛	4.3(4)	3.8(4)	3.3(4.5)
首相の政治手法	3.3(6)	1.3(7.5)	1.0(8)
その他の争点	6.6	4.8	3.1
無回答・その他	46.7	28.1	18.9

(n＝392)[2)]

注：1)　質問文「今度の選挙で争われ(てい)る政策上の問題のうち，あなたが最も重要だと考える問題は何でしょうか」(自由回答).

2)　3回の調査に通しで回答したパネル392人を対象にした.

表5－5　世間が重視していると有権者が考える争点(世間議題)[1)]

争　点	第1回面接 %(順位)	第2回面接 %(順位)	第3回面接 %(順位)
税金・税制	11.0(2)	27.3(1)	46.2(1)
円高・景気・貿易	22.2(1)	20.4(2)	18.4(2)
物　価	2.0(5)	1.3(5.5)	0.5(7)
行財政改革	1.3(6)	1.3(5.5)	0.3(8)
福　祉	4.1(3)	4.1(3.5)	4.3(3)
教　育	0.8(7)	0.3(8)	1.8(5)
防　衛	2.3(4)	4.1(3.5)	2.8(4)
首相の政治手法	0.5(8)	0.8(7)	1.3(6)
その他の争点	6.9	4.1	2.3
無回答・その他	49.0	36.5	22.2

(n＝392)[2)]

注：1)　質問文「では，あなた自身のお考えはさておき，今度の選挙で，世間の多くの人々が最も重要だと考えている政策上の問題は何だと思いますか.」(自由回答).

2)　3回の調査に通しで回答したパネル392人を対象にした.

表5-6　有権者の議題の経時的変化〔個人的議題〕

①第1回面接→第2回面接

		第2回			
		税金・税制	その他の争点	DK. NA.	計(n)
第1回	税金・税制	60.5%	27.9%	11.6%	100(43)
	その他の争点	25.9	60.8	13.3	100(166)
	DK. NA.	25.1	29.5	45.4	100(183)
全　体		29.3	42.6	28.1	100(392)

②第2回面接→第3回面接

		第3回			
		税金・税制	その他の争点	DK. NA.	計(n)
第2回	税金・税制	65.2%	20.9%	13.9%	100(115)
	その他の争点	26.3	64.7	9.0	100(167)
	DK. NA.	40.9	20.0	39.1	100(110)
全　体		41.8	39.3	18.9	100(392)

表5-7　有権者の議題の経時的変化〔世間議題〕

①第1回面接→第2回面接

		第2回			
		税金・税制	その他の争点	DK. NA.	計(n)
第1回	税金・税制	55.8%	25.6%	18.6%	100(43)
	その他の争点	26.1	52.2	21.7	100(157)
	DK. NA.	21.9	25.5	52.6	100(192)
全　体		27.3	36.2	36.5	100(392)

②第2回面接→第3回面接

		第3回			
		税金・税制	その他の争点	DK. NA.	計(n)
第2回	税金・税制	65.4%	19.6%	15.0%	100(107)
	その他の争点	42.3	45.0	12.7	100(142)
	DK. NA.	35.7	27.2	37.1	100(143)
全　体		46.2	31.6	22.2	100(392)

表5-4の結果から二つの特徴を認めることができる。第一に、有権者が今回の選挙で重要だと考えた争点は、円高問題や税金問題など経済領域のものに比較的集中していたということである。回答比率が一〇%を超える争点は、全期間を通してこの二つだけであった。中曽根首相の政治手法の問題は、野党があれほど熱心に批判していたにもかかわらず、有権者の関心を引くことはできなかったようである。

第二に、経済領域の問題のうちでも、とくに税金問題が人びとの関心の的となった。第二回面接以降、税金問題のカテゴリーに回答が著しく収斂していく様子がみてとれる。第三回面接では、なんらかの争点を答えた人の約半数が税金問題を挙げるほどであった。

一方、世間議題のほうはどうであろうか。

表5-5でも、個人内議題の場合とほぼ似たような傾向が見られる。円高問題や税金問題への回答の集中度、あるいは時間の進行に伴う税金問題への回答の収斂傾向は、むしろ個人内議題の場合よりも一層顕著である。この二争点以外の争点は、どの期間を見ても五%未満の回答比率でしかない。また、税金問題への言及は最終的には四六%にも達している。

以上の結果から、有権者は今回の同日選で自分が重視する争点（個人内議題）として、あるいは世間の注目を集めていると思われる争点（世間議題）として、円高問題や税金問題を考えていたことがわかる。とくに投票日が近づくにつれて、どちらの議題のレベルでも、税金問題を挙げる回答者がウナギのぼりに増えていったのである。

ちなみに税金問題への回答の収斂ぐあいを示したのが表5-6、表5-7である。無回答グループからだけでなく、他の争点に言及していたグループからも、税金のカテゴリーへと回答者が流入していく様子がわかる。もちろん、税金問題から他のカテゴリーに流出する人も、数はより少ないとはいえ存在している。

四　議題設定仮説の検証

順位相関分析

従来の議題設定研究における典型的な仮説検証法（マコームズ＝ショー・モデル）は、メディアの議題と受け手の議題との一致度を調べるために、メディア報道での争点強調順位と、受け手が重視する争点の順位（正確にいえば、受け手が最も重視する争点の分布の順位）との相関を測るというものである。それにならって、今回の調査におけるメディアと有権者の議題間の順位相関を示したのが図5-2である。

先に述べたように、新聞の内容分析は二通りの方法で実施していた。すなわち、該当記事の全文を対象に内容分析を行ない、その結果から新聞の強調争点を割り出す方法と、もうひとつは、記事の見出し文だけの分析から強調争点を割り出す方法である。前者の方法で確定された新聞の議題を用いて相関を計測した場合が、図の①②の（二段並んでいるうちの）上段の数字であり、後者の方法で割り出した新聞議題を用いた場合は、下段のカッコ内の数字で示した。

①から④までの、メディア議題―対―有権者の議題の組み合わせで全体的にいえることは、キャンペーンが進むにつれて、メディア（新聞・テレビ）の議題と有権者の議題（個人内議題・世間議題）との相関が高まっていく、ということである。一見したところ、投票日が近づくにつれ、メディアの議題設定効果が強まっているように見える。しかし、本当にそう見なしてよいのであろうか。メディア議題と有権者の個人内議題との関連をより詳しく調べてみよう（図5-2の①と③）。

第一回と第二回、第二回と第三回の各面接間の個人内議題同士の相関（それぞれ〇・九〇、〇・九九）は、第一期

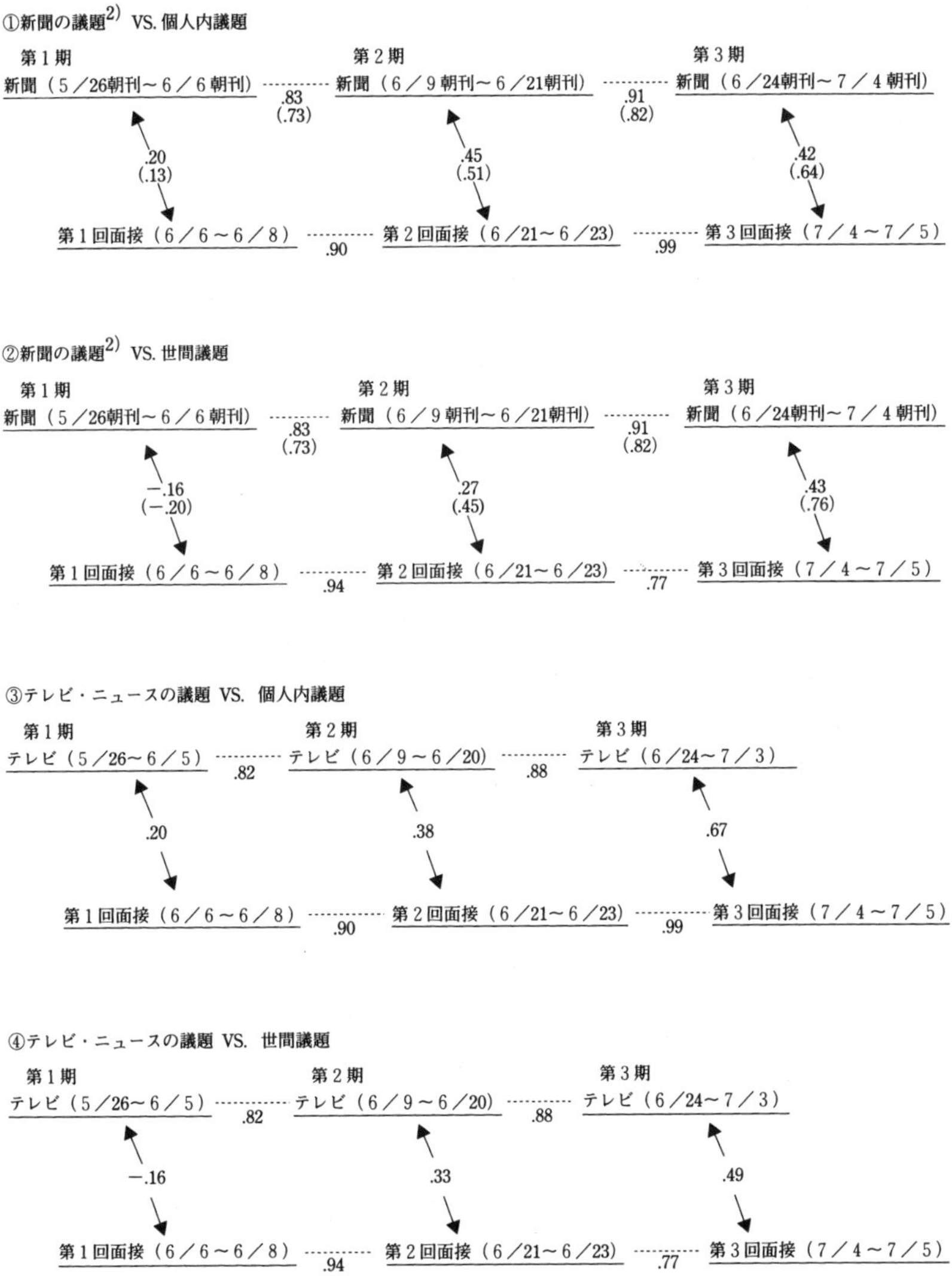

図５－２　メディアの議題と有権者の議題との対応[1)]

注：１）　メディア報道における争点の強調順位と，受け手が重視する争点の順位との相関（スピアマン順位相関係数，Ｎ＝８）．

２）　新聞の議題は２通りの方法で測定した．上段は記事全文を対象にコーディングした場合，下段（　）は記事の見出しを対象にコーディングした場合．

と第二期、第二期と第三期の間のメディアの議題の相関よりもそれぞれ高くなっている。すなわち、時系列的により大きく変化したのは、有権者よりもメディアの側なのである。したがって、このデータから見る限りでは、時期を経るごとにメディアの議題と有権者の議題との相関が向上した理由は、議題設定仮説とは逆に、メディアの議題が有権者の議題に歩み寄っていったためだと推測されるのである。

一方、メディアの議題と有権者の世間議題との関連のほうはどうであろうか（図5-2の②と④）。前半部分は個人内議題の場合と似たパターンである。すなわち、メディアの議題よりも有権者の議題のほうが安定している。しかし後半部分では、メディアの議題の時間的変化よりも、有権者の議題の時間的変化のほうがやや大きい。したがって、少なくとも選挙戦終盤におけるメディアの議題と世間議題との収斂には、メディアの議題設定効果がなんらかの寄与をなしていたと解釈できそうである。

順位相関を用いた分析から以上のような知見が得られるように見える。が、われわれはここで再度、この解釈を問い直して見る必要があるように思われる。

たとえば、相関係数で見る限り、有権者の個人内議題は三回の調査でほとんど変化していないようである。とくに第二回と第三回の面接間の相関は〇・九九にも達している。しかし、もう一度表5-4を見てみよう。たしかにカテゴリー間の回答比率の順位には大きな変化はないものの、面接を経るごとに税金問題の比率が著しく高まっていくのである。実際には急激な時間的変化を遂げているといってもよい。

一方の世間議題はどうか。相関で見た限りでは第二回と第三回の面接間の世間議題は比較的変化しているように見える。しかし、ここでも表5-5に戻ってみると、順位の変動は第三位以下の争点カテゴリー間で生じていることがわかる。しかもほとんどが一、二%以下のほんの小さな比率の変化で順位が入れ替わっているのである。このように、大勢に影響のないごく些細な変化で順位が変動し、反面、重要な変化であるはずの税金問題の比率の急増に関しては、順位相関は何の情報も与えてはくれない。ここに順位相関分析のひとつの限界がある。

すなわち、順位相関分析ではカテゴリー間の比率の順位しか考慮しないため、それ以外の情報は考察から抜け落ちてしまう。少なくとも時系列分析で、かつ今回の調査のように有権者の回答傾向の変化をカテゴリーの順位の変化だけで十分に捉えきれない場合には、順位相関分析はあまり適していないのである。したがって、ここでは別の分析方法を工夫する必要がある。

税金問題に焦点を合わせた分析

今回の調査での有権者の議題の特徴は、第一回から第二回、第三回と面接が進むにつれて、税金問題を個人内議題や世間議題として挙げる人が激増したことである。一方、内容分析によれば、マスメディアの選挙関連報道でも、税金問題は第二期以降最も強調された争点であった。したがって、もしメディアの議題設定効果が働いていたとすれば、有権者の議題における税金問題の顕出化に際して、争点報道は何らかの役割を果たしていたと考えられる。

そこで税金問題に焦点を絞って議題設定効果の分析を行なうことにした。すなわち、キャンペーン期間の途中で、それまで別の回答をしていた有権者が、税金問題を個人内議題や世間議題として挙げるよう変化した場合、そのプロセスに争点報道がどの程度寄与していたのかを調べることにしたのである。税金問題に分析を限定することで、他の争点に関する効果は視野から外れてしまう。順位相関分析とは違った意味で、調査データの情報を一部捨象することになる。しかし、この分析にはまた別の利点がある。個人の時系列的変化を追跡できるという、パネル調査データの特長を生かすことができるのである。

作業仮説　有権者が議題として税金問題を答えた場合を1とし、それ以外の争点やトピックを挙げたり、または無回答であったりした場合を0とするならば、有権者個人の議題の時系列変化のパターンとして次のものが考えられる。

	第1回面接（第2回面接）	→	第2回面接（第3回面接）	
①	0	→	1	税金問題顕出化
②	0	→	0	税金問題顕出化せず
③	1	→	0	
④	1	→	1	税金問題がもともと顕出的である（分析より除外）

①は、二つの調査時点の間に、有権者の議題上で税金問題が顕出化したことを表わす。すでに述べたように、第一期のメディア報道が強調していたのは首相の政治手法の問題であったが、第二期（すなわち第一回面接終了後）以降になるとそれが変化し、税金問題がメディアの議題のトップ項目の位置を占めるようになる。そこで、もし議題設定効果が生じていたとすれば、受け手の回答はこうした①のパターンになるはずである。したがって、これは議題設定仮説に整合する回答パターンだということができる。

他方、②は二回の面接で二回とも税金問題への言及がないケース、③は時間の経過とともに税金問題の顕出性がかえって低下する（回答が、税金問題から他の争点やトピック、無回答へと変わる）ケースを示している。ともに議題設定仮説とは不整合な回答パターンである。

最後の④は、回答者がはじめの面接の時点から税金問題を重要な問題として挙げており、次の面接でも同様の回答をしたケースである。この場合、メディアが受け手の議題にどのような影響を及ぼしていたのか——「補強」か「効果なし」か——を判定することは難しい。そこで、以下の分析でも④に該当するケースはとりあえず除外しておきたい。

さて、①を税金問題が議題上で顕出化するパターン、②③を合わせて税金問題が顕出化しないパターンと定義し、そしてサンプルから④のケースを除外して考えると、次のことがいえる。

もし議題設定仮説が成立するならば、メディアの選挙報道によく注目する人ほど、面接と次の面接との間に、税金問題が議題上で顕出化する——すなわち、②③よりも①のパターンが現われる——傾向が見られるであろう。これが本節で検討すべき作業仮説である。

仮説の検証　メディアの選挙報道への注目の指標に関しては、選挙報道への接触に関する質問と選挙への関心を測る質問とを組み合わせ、選挙報道への「注目度」のタイポロジーを作成した。仮に同じメディア内容に接触していても、その主題領域への関心が高い人のほうが低い人よりも内容への注目度が高く、したがってメディアの影響をより受けやすいと仮定したからである。なお、選挙報道への接触度と政治関心度とは——面接調査のたびにメディア別に測定したが——いずれの場合も、統計的に有意な正の関連を示していた（χ^2検定で危険率〇・〇一％未満）。

選挙報道への接触度に関しては、各面接ごとに次のような質問で、新聞、テレビそれぞれについてたずねている。「この二、三日間、新聞（テレビ）の選挙報道をどの程度お読みに（ご覧に）なりましたか」（カッコ内はテレビに関する質問の場合）。回答は「よく読んだ（みた）」「ある程度は読んだ（みた）」「あまり読んでいない（みていない）」

選挙報道への接触度 ＼ 選挙への関心度	高	低
高	高 (H)	中 (M)
低	中 (M)	低 (L)

図5-3　選挙報道への注目度のタイポロジーの構成

備考：第2回面接時の新聞とテレビ，第3回面接時の新聞とテレビのそれぞれについて個別に作成した.

の三カテゴリーである。一方の選挙関心度の質問は、「あなたは今度の同時選挙に関心がありますか」である。これも毎回の面接ごとにたずねており、カテゴリーは「関心がある」「ある程度は関心がある」「あまり関心はない」「関心はない」の四つから成る。

具体的な手続きとしては、接触度を「よく…」＋「ある程度…」（高）と「あまり…ない」（低）とで二分し、また関心度も「…ある」＋「ある程度…ある」（高）と「あまり…ない」＋「…ない」（低）とに分け、両者を図5-3のように組み合わせることによって、高（H）・中（M）・低（L）の三レベルから成る注目度のタイプを定義した。

この注目度のタイプと先に述べた税金問題顕出化のパターン（②③は1カテゴリーに統合）との関連を示したのが表5-8〜表5-11である。それぞれ第二期の新聞、同期のテレビニュース、第三期の新聞、同期のテレビニュースの、個人内議題レベルおよび世間議題レベルにおける（都合八通りの）議題設定効果分析に対応する。注目度と税金問題顕出化傾向との間に統計的に有意な正相関が見いだされた場合に、仮説が支持されたと解釈するわけだが、四つの表から次のことが指摘できる。

まず個人内議題のレベルでは、第三期——キャンペーン終盤——のテレビニュースに関してのみ仮説が支持された（表5-11の左側）。一方、世間議題のレ

表5-8　新聞の選挙報道への注目度×税問題顕出化のパターン[1]
（第1回面接→第2回面接）

効果のレベル		個人内議題			世間議題		
注目度		税問題顕出化	顕出化せず	計(n)	税問題顕出化	顕出化せず	計(n)
新　聞	H	25.7%	74.3%	100(183)	28.7%	71.3%	100(181)
(第2期)	M	21.7	78.3	100(106)	17.6	82.4	100(108)
	L	24.7	75.3	100(77)	15.2	84.8	100(79)
全　体		24.3	75.7	100(366)	22.6	77.4	100(368)

（χ^2検定：n. s.）　（χ^2検定：p<.05）

注：1）第1回面接で税問題を重要な争点として挙げ，かつ第2回面接においても同様の回答をした者は，集計から除外した．

表5-9　テレビニュースの選挙報道への注目度×税問題顕出化のパターン[1]（第1回面接→第2回面接）

効果のレベル		個人内議題			世間議題		
注目度		税問題顕出化	顕出化せず	計(n)	税問題顕出化	顕出化せず	計(n)
テレビ	H	25.5%	74.5%	100(137)	27.3%	72.7%	100(139)
(第2期)	M	25.5	74.5	100(141)	22.9	77.1	100(140)
	L	20.5	79.5	100(88)	14.6	85.4	100(89)
全　体		24.3	75.7	100(366)	22.6	77.4	100(368)

（χ^2検定：n. s.）　（χ^2検定：n. s.）

注：1）第1回面接で税問題を重要な争点として挙げ，かつ第2回面接においても同様の回答をした者は，集計から除外した．

表5-10　新聞の選挙報道への注目度×税問題顕出化のパターン[1]
（第2回面接→第3回面接）

効果のレベル		個人内議題			世間議題		
注目度		税問題顕出化	顕出化せず	計(n)	税問題顕出化	顕出化せず	計(n)
新聞	H	25.6%	74.4%	100(180)	37.9%	62.1%	100(182)
(第3期)	M	32.8	67.2	100(67)	26.2	73.8	100(65)
	L	18.3	81.7	100(60)	21.9	78.1	100(64)
全　体		25.7	74.3	100(307)	32.2	67.8	100(311)

（χ^2検定：n. s.）　（χ^2検定：p<.05）

注：1）第1回もしくは第2回面接で税問題を重要な争点として挙げ，かつ第3回面接においても同様の回答をした者は，集計から除外した．

表5-11　テレビニュースの選挙報道への注目度×税問題顕出化のパターン[1]（第2回面接→第3回面接）

効果のレベル／注目度		個人内議題			世間議題		
		税問題顕出化	顕出化せず	計(n)	税問題顕出化	顕出化せず	計(n)
テレビ（第3期）	H	32.3%	67.7%	100(155)	37.5%	62.5%	100(152)
	M	19.8	80.2	100(96)	27.7	72.3	100(101)
	L	17.9	82.1	100(56)	25.9	74.1	100(58)
全　　体		25.7	74.3	100(307)	32.2	67.8	100(311)
				(χ^2検定：$p<.05$)			(χ^2検定：n. s.)

注：1）　第1回もしくは第2回面接で税問題を重要な争点として挙げ，かつ第3回面接においても同様の回答をした者は，集計から除外した．

ベルでは、第二期、第三期とも新聞について仮説に支持的なデータが得られたが（表5-8、10の右側）、テレビニュースについてはいずれの時期にも仮説は支持されなかった。したがって、新聞は世間議題のレベル、テレビは個人内議題のレベル（ただし、選挙戦終盤の時期のみ）で、それぞれ議題設定効果を発揮していたように見える。

分析の修正——注目度VH層の発見　注目度のタイポロジーを作成する際には、選挙報道への接触度の回答カテゴリーのうち、「よく読んだ（見た）」と「ある程度は読んだ（見た）」とを統合したうえで、選挙関心度の指標と組み合わせた。というのも、「よく読んだ（見た）」と回答した人は、いずれの時点、いずれのメディアの接触度の質問でも、サンプルのせいぜい一割前後しかいなかったからである。

ところが、接触度のオリジナルな（統合する前の）カテゴリーと税金問題顕出化パターンとをかけあわせたところ、おもしろい傾向があることがわかった。すなわち、最も高接触のカテゴリーである「よく…」と回答したグループのほうが、「ある程度は…」と回答したグループよりも、税金問題が顕出化する度合いの低いことがしばしばあったのである。ちなみに、接触度のオリジナルなカテゴリーと選挙関心度のオリジナルなカテゴリーとの関連を調べたところ、接触度で「よく読んだ（見た）」と答えた

表 5-12　新聞の選挙報道への注目度［修正版］×税問題顕出化のパターン[1]（第 1 回面接→第 2 回面接）

効果のレベル / 注目度		個人内議題			世間議題		
		税問題顕出化	顕出化せず	計(n)	税問題顕出化	顕出化せず	計(n)
新　聞（第 2 期）	VH	25.0%	75.0%	100(36)	29.7%	70.3%	100(37)
	H	25.9	74.1	100(147)	28.5	71.5	100(144)
	M	21.7	78.3	100(106)	17.6	82.4	100(108)
	L	24.7	75.3	100(77)	15.2	84.8	100(79)
全　体		24.3	75.7	100(366)	22.6	77.4	100(368)
			（χ^2検定：n. s.）[2]			（χ^2検定：$p<.05$）[2]	

注：1）第 1 回面接で税問題を回答として挙げ，かつ第 2 回面接においても同様の回答をした者は，集計から除外した．
　　2）ここでは，注目度 VH を除く，残り 3 カテゴリーの分布に関する検定結果を示している．

表 5-13　テレビニュースの選挙報道への注目度［修正版］×税問題顕出化のパターン[1]（第 1 回面接→第 2 回面接）

効果のレベル / 注目度		個人内議題			世間議題		
		税問題顕出化	顕出化せず	計(n)	税問題顕出化	顕出化せず	計(n)
テレビ（第 2 期）	VH	14.3%	85.7%	100(28)	18.5%	81.5%	100(27)
	H	28.4	71.6	100(109)	29.5	70.5	100(112)
	M	25.5	74.5	100(141)	22.9	77.1	100(140)
	L	20.5	79.5	100(88)	14.6	85.4	100(89)
全　体		24.3	75.7	100(366)	22.6	77.4	100(368)
			（χ^2検定：n. s.）[2]			（χ^2検定：$p<.05$）[2]	

注：1）第 1 回面接で税問題を回答として挙げ，かつ第 2 回面接においても同様の回答をした者は，集計から除外した．
　　2）ここでは，注目度 VH を除く，残り 3 カテゴリーの分布に関する検定結果を示している．

表 5 -14　新聞の選挙報道への注目度［修正版］×税問題顕出化のパターン[1)]
（第 2 回面接→第 3 回面接）

効果のレベル／注目度	個人内議題			世間議題		
	税問題顕出化	顕出化せず	計(n)	税問題顕出化	顕出化せず	計(n)
新　聞　VH	23.1%	76.9%	100(39)	25.6%	74.4%	100(39)
（第 3 期）　H	26.2	73.8	100(141)	41.3	58.7	100(143)
M	32.8	67.2	100(67)	26.2	73.8	100(65)
L	18.3	81.7	100(60)	21.9	78.1	100(64)
全　　体	25.7	74.3	100(307)	32.2	67.8	100(311)
			（χ^2検定：n. s.）[2)]			（χ^2検定：p<.01）[2)]

注：1）第 1 回もしくは第 2 回面接で税問題を回答として挙げ，かつ第 3 回面接においても同様の回答をした者は，集計から除外した．
2）ここでは，注目度 VH を除く，残り 3 カテゴリーの分布に関する検定結果を示している．

表 5 -15　テレビニュースの選挙報道への注目度［修正版］×税問題顕出化のパターン[1)]（第 2 回面接→第 3 回面接）

効果のレベル／注目度	個人内議題			世間議題		
	税問題顕出化	顕出化せず	計(n)	税問題顕出化	顕出化せず	計(n)
テレビ　VH	25.0%	75.0%	100(32)	24.2%	75.8%	100(33)
（第 3 期）　H	34.1	65.9	100(123)	41.2	58.8	100(119)
M	19.8	80.2	100(96)	27.7	72.3	100(101)
L	17.9	82.1	100(56)	25.9	74.1	100(58)
全　　体	25.7	74.3	100(307)	32.2	67.8	100(311)
			（χ^2検定：p<.05）[2)]			（χ^2検定：p<.05）[2)]

注：1）第 1 回もしくは第 2 回面接で税問題を回答として挙げ，かつ第 3 回面接においても同様の回答をした者は，集計から除外した．
2）ここでは，注目度 VH を除く，残り 3 カテゴリーの分布に関する検定結果を示している．

表5-16　選挙報道への注目度が最も高い（VH）層のプロフィール[1)]

	性別	年齢	職業	国政への関心	政治的立場	支持政党	投票意図確定度
新聞への注目度（第2期）	男性	35-49歳 50歳以上	自営 無職	高い	革新的 やや革新的	—[2)]	高い
テレビニュースへの注目度（第2期）	男性	35-49歳	経営管理 自営	高い	革新的 やや革新的	民社 共産	高い
新聞への注目度（第3期）	男性	50歳以上	—	高い	革新的，やや革新的 保守的	—	高い
テレビニュースへの注目度（第3期）	—	50歳以上	—	高い	革新的 保守的	—	高い

注：1）χ^2検定で有意差が見られる場合（危険率5％以下）に，VH層に特徴的な傾向を記した．なお，どの注目度も学歴との間には有意な関連はなかった．
2）—は，有意な関連が見られなかったことを示す．

人の大部分（平均で八四％）は、選挙関心度でも「関心がある」――最も高関心のカテゴリー――と答えていることがわかった。

そこで、接触度が最も高く（「よく読んだ（見た）」と答え）、かつ選挙関心度も最も高い（「関心がある」と答えた）グループを、選挙報道への注目度がきわめて高い（ＶＨ）層と定義し、それをこれまでのＨ層から分離したうえ、税金問題顕出化のパターンとかけあわせてみた。その結果を示したのが、表5-12～表5-15である。

これらの表を見ると、ＶＨ層は本来の予想とはかなりかけはなれた傾向を示している。仮説通りならば、注目度の最も高いこの層には、最も顕著な効果の形跡が見られるはずである。しかし予想に反して、ＶＨ層における税金問題顕出化の度合いは、Ｈ層や、ときにはＭ層、Ｌ層よりも総じて低くなっているのである（もちろん、表5-12の右半分のように、仮説と整合的な例もあるが）。

さらにおもしろいことに、このＶＨ層をひとまず除外して、残りのＨ・Ｍ・Ｌ層における税金問題顕出化の分布を見ると、いくつかのクロス表においてＶＨ層をＨ層に含めていたときよりも、より明瞭な正の関連が現われる。たとえば、前述のテレビニュー

表5-17　新聞の選挙報道への注目度［第3期］×他の属性[1)]

	性別		年齢			国政への関心			政治的立場					投票意図[2)]		
注目度	男性	女性	20-34	35-49	50以上	ある	ある程度ある	ない	革新的	やや革	中間	やや保	保守的	確定	確定せず	(n)
VH	64.6	35.4	12.5	22.9	64.6	79.2	20.8	―	15.2	30.4	19.6	15.2	19.6	62.5	37.5	(48)
H	41.3	58.7	23.8	37.0	39.2	29.1	59.3	11.6	5.3	17.5	37.0	34.4	5.8	47.6	52.4	(189)
M	30.1	69.9	33.7	21.7	44.6	16.9	56.6	26.5	1.2	19.5	43.9	26.8	8.5	37.3	62.7	(83)
L	19.4	80.6	45.8	38.9	15.3	―	41.7	58.3	2.9	8.6	52.9	25.7	10.0	23.6	76.4	(72)
全体	37.8	62.2	28.6	32.4	39.0	27.3	50.8	21.9	5.2	17.8	39.3	28.9	8.8	42.9	57.1	(392)

注：1）　各クロス表はすべて危険率1％未満で有意な関連を示している（χ^2検定）.

2）　この場合の投票意図「確定」とは、衆議院、参議院選挙区、比例区の3票すべてについて投票先を決定している者を指す．それ以外は「確定せず」にはいる.

表5-18　テレビの選挙報道への注目度［第3期］×他の属性[1)]

	年齢			国政への関心			政治的立場					投票意図[2)]		
注目度	20-34	35-49	50以上	ある	ある程度ある	ない	革新的	やや革	中間	やや保	保守的	確定	確定せず	(n)
VH	15.0	30.0	55.0	62.5	37.5	―	15.4	17.9	25.6	20.5	20.5	65.0	35.0	(40)
H	21.7	30.4	47.8	30.4	56.5	13.0	3.8	19.4	37.5	32.5	6.9	48.4	51.6	(161)
M	33.6	31.2	35.2	25.6	53.6	20.8	4.8	20.8	36.8	30.4	7.2	37.6	62.4	(125)
L	43.9	40.9	15.2	1.5	39.4	59.1	3.2	7.9	57.1	22.2	9.5	25.8	74.2	(66)
全体	28.6	32.4	39.0	27.3	50.8	21.9	5.2	17.8	39.3	28.9	8.8	42.9	57.1	(392)

注：1）　各クロス表はすべて危険率1％未満で有意な関連を示している（χ^2検定）.

2）　この場合の投票意図「確定」とは、衆議院、参議院選挙区、比例区の3票すべてについて投票先を決定している者を指す。それ以外は「確定せず」にはいる.

スに関する分析では、世間議題レベルの議題設定効果は検出されなかったが、ＶＨ層を除外した分析では、このレベルでも仮説に支持的な有意な相関が見られるのである（表5-13と表5-15の右半分）。

こうしたＶＨ層の変則的なパターンは、どう解釈すればよいのだろうか。注目度のタイプといくつかの基本的属性とをかけあわせてみた。その結果からＶＨ層の特長を整理したのが表5-16、実例として、第三期の新聞、テレビへの注目度と他の属性とのクロス表（有意な関連を示したもののみ）を掲げたのが表5-17および表5-18である。これらの結果からＶＨ層の特徴として次の点を指摘できる。

第一に、日頃から国政への関心が際立って高い層であること。たとえば、表5-17で注目度（新聞）と「国政への関心」との関連を見ると、関心が「ある」と答えた人はサンプル全体で二七％であるのに対し、ＶＨ層では七九％にものぼっている。第二に、革新的であれ保守的であれ、はっきりとした政治的立場を持つ人が比較的多いこと。表5-17においても表5-18においても、「政治的立場」では両端のカテゴリーの比率が相対的に高く、逆に中間カテゴリーの比率は低くなっている。第三に、投票意図の確定度の高い（衆議院、参議院選挙区、比例区の三票すべてについて投票先を決定している）有権者が他の層よりも多いことである。また、デモグラフィックな特徴としては、確定的ではないが、高年齢の男性が比較的多いようである。

以上の特徴からＶＨ層の人びとは、政治への関与度がきわめて高く、また比較的堅固な政治的態度を持つ人びとだと推測されるのである。おそらくこの層は、選挙で何が重要な問題かということに関しても、自分なりの判断基準をすでに確立している傾向があり、そのため、選挙報道の高利用者でありながらもメディアの影響を比較的受けにくいのだと考えられる。今回の注目度のタイポロジーでは、ＶＨ層はサンプル全体の一割前後を占めている。もちろん、この比率はタイプの操作的定義の仕方によって変化するものであろうが、ともあれ、こうした政治的に最も活発な層

表5-19　税金問題に焦点を合わせた分析：結果の要約[1)]

	個人内議題	世間議題
［第1回面接→第2回面接］		
新　聞	×	○
新　聞　(VH層除外の場合)	×	○
テレビニュース	×	×
テレビニュース　(VH層除外の場合)	×	○
［第2回面接→第3回面接］		
新　聞	×	○
新　聞　(VH層除外の場合)	×	○
テレビニュース	○	×
テレビニュース　(VH層除外の場合)	○	○

注：1）　危険率5％未満で仮説に支持的な有意な関連が得られた場合には○，そうでない場合には×で示した．

がメディアの議題設定効果に対して一種の抵抗力を持っていることが示唆されたのである。

さて、以上に述べた分析の結果を要約したものが表5-19である。各時期各メディアの上段の記号はもともとの注目度の指標を用いた場合の仮説検証結果を、また下段はVH層を除外した場合の注目度による仮説検証結果を、それぞれ示している。仮説の支持されぐあいは下段の場合のほうがよい。全体的にいって、メディア報道は個人内議題よりも世間議題のレベルで、より効果を発揮しているように見える。言い換えれば、有権者個人にとっての重要争点を規定するよりも、世間の多くが重視する争点は何かという有権者の認知を形成するうえで、より大きな役割を果たしていると解釈できるのである。

メディアへの注目度のパターン　VH層を除外した場合の分析結果を見ると、新聞もテレビニュースもともに世間議題のレベルで仮説に支持的な結果を出している。調べてみると、新聞報道への注目度とテレビニュースへの注目度とは有意な正相関を示しているのだが、しかし両者はまったく同一というわけでもない。では、受け手の世間議題レベルの争点顕出性の変化に、より大きく寄与しているのはどちらのメディアであろうか。

また、個人内議題のレベルでは、部分的ながらも、テレビニュースについてのみ仮説を支持する結果が得られた。新聞とテレビニュースへの注目度が正相関しているとすれば、この知見はどう解釈すればよいのだろうか。

ここでは以上の二点の問題について検討したい。

まず、それぞれの時期ごとに、新聞への注目度のタイプとテレビニュースへの注目度のタイプとを組み合わせ、「注目度パターン」を作成した。パターンは次の四種類から成る。

①「新聞—H＆テレビ—H」——これは両方のメディアの選挙報道に、ともによく注目するパターンである（ただし、ここでのH層とは、VH層を除外した後のもの。以下同様）。

②「新聞—H＆テレビ—M」——これは選挙ニュースを知るために、テレビよりも新聞に依存するパターン。

③「新聞—M＆テレビ—H」——②とは逆に、新聞よりもテレビに依存するパターン。

④「新聞—M・L＆テレビ—M・L」——両方のメディアの選挙報道に、ともにあまり注目しないパターン。

表5-20と表5-21は、それぞれ時期別の注目度パターンと税金問題顕出化のパターンとをかけあわせたものである。たとえば、表5-20によると、第二期で税金問題が顕出化する度合いがいちばん高いのは、①の両メディアに注目している人びとであり（三四％）、次に高いのは、②の新聞依存型である（二四％）。逆に、③のテレビ依存型の場合には、顕出化の度合いはずっと低くなっている（一三％）。第三期の世間議題の場合にも、これと似た分布が現われている（表5-21の右半分）。したがって二つの表の結果から、次のような推測が成り立つ。すなわち、受け手の世間議題の変化に対しては、新聞とテレビニュースは相乗的に作用しているが、強いていえば、テレビへの注目よりも新聞への注目のほうが、争点顕出性の変化により関連しているようである。

表 5-20　第 2 期の注目度パターン[1)]×税問題顕出化パターン
（第 1 回面接→第 2 回面接）

パターン ＼ 効果のレベル	世間議題		
	税問題顕出化	顕出化せず	計(n)
①新聞—H　&TV—H	33.8%	66.3%	100(80)
②新聞—H　&TV—M	23.7	76.3	100(59)
③新聞—M　&TV—H	12.5	87.5	100(24)
④新聞—M. L&TV—M. L	17.2	82.8	100(163)
全　　体	22.1	77.9	100(326)

（χ^2検定：p <.05）

注：1）新聞もしくはテレビへの注目度が VH の者は，集計から除外した．

表 5-21　第 3 期の注目度パターン[1)]×税問題顕出化パターン
（第 2 回面接→第 3 回面接）

パターン ＼ 効果のレベル	個人内議題			世間議題		
	税問題顕出化	顕出化せず	計(n)	税問題顕出化	顕出化せず	計(n)
①新聞-H　&TV-H	30.8%	69.2%	100(91)	46.5%	53.5%	100(86)
②新聞-H　&TV-M	16.3	83.7	100(43)	34.0	66.0	100(47)
③新聞-M　&TV-H	52.4	47.6	100(21)	28.6	71.4	100(21)
④新聞-M. L&TV-M. L	20.6	79.4	100(102)	23.8	76.2	100(105)
全　　体	26.1	73.9	100(257)	33.6	66.4	100(259)

（χ^2検定：p<.01）　（χ^2検定：p<.05）

注：1）新聞もしくはテレビへの注目度が VH の者は，集計から除外した．

表5-22　第3期[1]の注目度パターン[2]×他の属性[3]

パターン	性別		年齢			国政への関心			(n)
	男性	女性	20～34	35～49	50＋	ある	ある程度ある	ない	
①新聞-H　&TV-H	43.0	57.0	21.5	32.2	46.3	30.6	59.5	9.9	(121)
②新聞-H　&TV-M	40.4	59.6	29.8	45.6	24.6	24.6	57.9	17.5	(57)
③新聞-M　&TV-H	20.0	80.0	28.0	24.0	48.0	4.0	60.0	36.0	(25)
④新聞-M.L&TV-M.L	26.4	73.6	42.4	31.2	26.4	8.0	48.0	44.0	(125)
全　　体	34.5	65.5	31.4	33.5	35.1	18.9	54.9	26.2	(328)

注：1）第2期の注目度パターンの場合も，この表ときわめてよく似た傾向を示していた．
2）新聞もしくはテレビへの注目度がVHの者は，集計から除外した．
3）各クロス表はすべて危険率1%以下で有意な関連を示している（χ^2検定）．

一方、第三期の個人内議題のレベルの効果について見ると（表5-21の左半分）、税金問題顕出化の度合いが最も高いのは、選挙ニュースを知るために主としてテレビに依存する③のパターンである。新聞への注目はテレビの効果とは無関係か、あるいはむしろテレビの効果を相殺しているようにさえ見える。この時期のこの議題のレベルで、テレビに関してのみ仮説が支持されたのは、こうした分布傾向のせいであった。

だが、以上のような結果が生じた原因を、新聞、テレビという各メディア固有の特性に単純に帰することは現時点では早計であろう。表5-22が示す通り、各注目度パターンの担い手は、いくつかの属性の点でかなり異なっている。たとえば、①の両メディア注目型は男性、高年齢、政治的関心のかなり高い層が相対的に多い。一方、②の新聞依存型は、同じ男性でも中年層がその主たる担い手である。政治的関心は①のグループよりもやや低下する。また、③のテレビ依存型の中心的存在は女性、高年齢層、中程度の政治的関心の持ち主であることがわかる。キャンペーンの終盤に個人内議題のレベルでテレビの選挙報道の影響を受けたのは、主としてこうした人びとであった。

このように、注目度パターンごとの効果差には、メディア特性以外にもさまざまな有権者特性が関与している可能性が高い。しかし今回の分析では、サンプル数が比較的限られているということもあり、これ以上立ち入った検討をすることは難しい。ここでは新聞、テレビへの注目度パターンが議題設定効果に差をもたらしていたという事実を指摘するにとどめたい。

五　要約と議論

本章は、衆参同日選挙（一九八六年七月六日投票）に際し東京都武蔵野市で実施されたパネル調査データに基づき、議題設定仮説の検証を試みたものである。仮説検証のために、投票日前約六週間の新聞・テレビニュースの内容分析を行ない、その結果と有権者のパネル面接調査データ（一回目—投票日の約四週間前、二回目—約二週間前、三回目—投票日直前）との対応を調べた。分析結果の概略は以下の通りである。

(1)　同日選に関連して新聞で強調された争点を調べたところ、同日選の実施が確定的となった時期（投票日の約六週間前から四週間前まで）には、強引に衆院解散にもちこんだ中曽根首相の政治手法が比較的大きな問題として取り上げられていた。だが、選挙キャンペーンが本格化するその後の時期（投票日前約四週間）では、税金問題が大きな注目を浴びるようになる。テレビニュースの争点報道でも新聞と同様の傾向が見られた。

以上の結果から、同日選の選挙報道——とりわけ投票日前約四週間の報道——で主として強調された争点は税金問題であったということができる。

(2)　一方、有権者にとって顕出的な争点としては、有権者が個人として重視した争点（個人内議題レベル）と、世間の多数が重視していると有権者が考えた争点（世間議題レベル）という二種類を、三回の面接調査で測定した。

これら二種類の争点顕出性はきわめてよく似たパターンを示していた。比較的多くの回答者が顕出的な争点として挙げたのは、円高問題や税金問題などの経済的な問題であった。なかでも税金問題を挙げる人は、面接の回を経るにつれて著しく増加した。

(3) パネル調査の利点を生かし、回答者個人の争点顕出性の変化を調べることで、議題設定仮説の検証を試みた。メディアの選挙報道で主として強調された争点は税金問題であるから、もし議題設定仮説が成立するとすれば、選挙報道によく注目する人ほど、面接と次の面接との間に、税金問題の顕出性が高まる傾向が見られるであろう。これが本研究の作業仮説である。

各面接時における新聞・テレビの選挙報道への接触度と、同時期の選挙関心度とをそれぞれ組み合わせ、選挙報道への注目度のタイポロジーを作成した。そして、二種類の時期（第一回面接→第二回面接、第二回面接→第三回面接）×二種類のメディア（新聞、テレビ）×二種類の効果レベル（個人内議題、世間議題）の計八通りの場合について、選挙報道への注目度と税金問題顕出化の度合いとの関連を調べた。その結果、次のような知見が得られた。

① 全体として見た場合、選挙報道の議題設定効果は、個人内議題のレベルよりも世間議題のレベルでよく見いだされた。二種類の時期、二種類のメディアとも、世間議題のレベルでは、メディア注目度と税金問題顕出化との間に有意な正の関連が見られた。メディアの選挙報道は、有権者自身の重要争点を規定するよりも、有権者が世間の重要争点をどう推定するかというレベルで、より影響力を持っていたようである。

② テレビの選挙報道は、選挙キャンペーンの終盤、すなわち第二回面接→第三回面接の時期には、有権者の個人内議題に対しても一定の議題設定効果を及ぼしていたように見える。この時期のテレビに関してだけ、注目度と税金問題顕出化との間に有意な関連が見られたからである。新聞の場合には、個人内議題のレベルでの効果は、いずれの時期にも検出されなかった。

③ただし、以上の知見にはひとつ重要な限定条件を付けなければならない。仮説検証に際して回答者は、選挙報道への注目度がきわめて高いレベル（VH）から、比較的高いレベル（H）、中程度（M）、低いレベル（L）までの四グループに分けられたが、上記の知見はVHグループをサンプルから除外した場合の分析で得られたものである。VHグループにおける税金問題顕出化の度合いは、仮説に反して、Hグループや、ときにはM・Lグループよりも低くなることがあった。

VHグループは、各時期・各メディアごとに四通り作成した注目度のタイポロジーのどの場合にも、回答者サンプルの一割前後を占めているにすぎないが、政治への関与度や投票意図の確定度では他のグループより抜きんでていた。おそらく、選挙に関して自分なりの判断基準を確立しているがゆえに、メディア報道の高利用者でありながらも、その影響を受けにくくなっているのだと推測される。

さて次に、今回の分析では十分に追究できなかったいくつかの問題について、今後の研究課題を示唆する意味もかねて、触れておきたい。

(1) 今回の研究では、メディアの議題設定効果は有権者の個人内議題のレベルよりも、世間議題のレベルでより明瞭に検出された。すなわち、新聞やテレビニュースの選挙報道は、有権者個人にとっての重要争点を規定するよりも、世間の多くが重視する争点は何かという有権者の認知に対して、より大きな影響を及ぼしていたと考えられる。

しかし、以上の知見をすぐさま一般化することには注意しなければならない。というのも、今回は税金問題に焦点を合わせて議題設定効果の検証を試みたのだが、この税金問題は、従来の議題設定研究で提起されてきたいわゆる直接経験的争点（obtrusive issues）の典型のようなものである。このタイプの争点は、間接経験的争点（unobtrusive issues）——たとえば外交、防衛、政治倫理など——の場合よりも有権者がその問題状況を直に経験できる機会が多い。そこで有権者は自分独自の基準でその重要度を判断しがちであり、したがって直接経験的争点に関してはメディアの議題設定効果は生じにくいことが指摘されている（たとえば、Weaver et al., 1981）。今回、一部のケースを除いて個人内議題のレベルで議題設定効果が検出されなかったことは、こうした要因でもある程度説明がつくかもしれない。争点の特性を考慮した研究が今後は必要である。

(2)　また分析においては、選挙への関心が最も高く、かつマスメディアの選挙報道に最もよく接しているにもかかわらず、メディアの議題設定効果に対して抵抗力を示す比較的少数のグループ（ＶＨ層）の存在も示唆された。これは当初の仮説では予想しなかった偶然的な発見であり、したがって、本研究ではＶＨ層に関して確定的な証拠を提示することはできない。

だが、こうしたＶＨ層の特徴は、ドイツの世論研究者Ｅ・ノエル＝ノイマンが提起する「沈黙のらせん仮説」におけるハードコア層を思い起こさせるものである。ノエル＝ノイマンは、世論形成過程において、他者から孤立することを恐れず、多数意見の同調圧力にも最後まで抗しながら自説を主張する少数派を、ハードコアと命名したのであった。もし社会の多数意見がマスメディアによって定義されるとすれば、ハードコア層はそうしたメディアの影響に対して抵抗を示す人びとだといえる。

今回のデータは、議題設定過程においても一種のハードコア層が存在することを示唆するものである。議題設定仮説のひとつの随伴条件として、さらに追究する必要があろう。

(3)　今回の研究で十分検討できなかったもうひとつの問題として、議題設定の後続効果がある。すなわち、メディアが有権者の意識内である争点を顕出化させることによって、その後の投票行動にどのような間接的影響を及ぼすの

表 5-23　政権評価と争点認知のパターン×政党支持と投票行動との関連（自民党支持者のみ）

	衆議院東京 7 区				参議院東京地区				参議院比例代表区			
政党支持 実際の結果	自民 ↓ 自民	自民 ↓ 棄権	自民 ↓ 他党	(n)	自民 ↓ 自民	自民 ↓ 棄権	自民 ↓ 他党	(n)	自民 ↓ 自民	自民 ↓ 棄権	自民 ↓ 他党	(n)
中曽根政治を評価	57.4%	10.3%	32.4%	(68)	71.9%	10.9%	17.2%	(64)	66.2%	9.5%	24.3%	(74)
&「税金」顕出化	57.1	8.6	34.3	(35)	76.7	10.0	13.3	(30)	67.7	9.7	22.6	(31)
&「税金」顕出化せず	57.6	12.1	30.3	(33)	67.6	11.8	20.6	(34)	65.1	9.3	25.6	(43)
中曽根政治を評価せず	29.2	29.2	41.7	(24)	37.5	29.2	33.3	(24)	34.8	30.4	34.8	(23)
&「税金」顕出化	46.2	23.1	30.8	(13)	46.2	23.1	30.8	(13)	36.4	27.3	36.4	(11)
&「税金」顕出化せず	9.1	36.4	54.5	(11)	27.3	36.4	36.4	(11)	33.3	33.3	33.3	(12)
全　　体	50.0	15.2	34.8	(92)	62.5	15.9	21.6	(88)	58.8	14.4	26.8	(97)

備考：4 回通しで回答したパネルのうち、自民党支持者のみを対象とした.

争点顕出性は、第 3 回面接（投票日直前）の個人内議題のメジャーによる.

□部の数値は、自民党支持者のうちで自民党に投票した者の割合、言い換えれば、自民党への歩留り率を示す.

かという問題である。個人の意思決定過程には多様な要因が関係しており、その中で争点が果たす役割を解明するには、関連するさまざまなメジャーを用意しなければならない（たとえば、Rabinowitz et al., 1982; 蒲島、一九八六aなどを参照）。だが今回の調査は、質問量の制約などの理由から、争点と投票決定との関連を十分に追究することは難しかった。

ただし、同日選挙でいちばんの焦点となった税金問題が投票行動とどう関連していたかを推定するために、表5-23のような分析を行なってみた。これは四回の面接に通しで回答したパネルのうち、自民党支持者のみを対象とし、「中曽根政治を評価する／評価しない」と、投票日直前の第三回面接で「税金問題が個人内議題レベルで顕出化していた／顕出化していない」の二つのメジャーを組み合わせ、こうしてできた四グループの実際の投票での自民党への歩留り率を見たものである（この表の作成にあたっては、蒲島、一九八六aを参考にした）。

この表から興味深いことがわかる。同じ自民党支持者でも、中曽根政治に批判的なグループでは歩留り率が悪い。しかし批判グループを、税金問題が顕出的かどうかでさらにブレイクダウンしてみると、その中でも税金問題が重要だと回答した層では歩留り率がかなり高くなっている。衆議院や参議院東京地区の選挙でそうした傾向がはっきりと現われている。ちなみに中曽根政治を評価するグループでは、税金問題を重視しようがしまいが歩留り率にほとんど差はない。このことから、最重要争点としての税金問題は、自民党支持者のうちでも中曽根政治に批判的な人びとを、自民党への投票に多少ともつなぎとめる働きをしていたことが推測されるのである。

三節で触れたような曲折を経て、選挙戦終盤には税金問題に関する政策は、どの政党も似たり寄ったりになっていた。そこで、中曽根政治には批判的だが税金問題の速やかな処理を切望していた自民党支持の有権者は、結局、政策遂行能力の点でいちばん信頼がおける自民党に票を投じることにしたのかもしれない[4]。

今回の議題設定分析では、有権者の個人内議題への影響が認められたのは第三期のテレビニュースのみであったが、この知見が妥当する限りにおいて、テレビニュースが投票行動に対して何がしかの間接的影響を及ぼしていた可能性もありうる。

注

（1）本章は、竹下（一九八八）を加筆修正のうえ再掲したものである。

（2）コーディング作業には、インストラクションを受けた学部学生三名が従事した。判定が最も難しい争点カテゴリーによるコーディング部分だけを取り出し、コーダー間の信頼性係数（コーダー間の判断の一致数／総判断回数）を測ったところ、平均で〇・七八であった。作業の複雑さを考えれば、いちおう妥当な数値であると考えられる。

（3）表5-1、5-2では、分析結果を有権者調査の結果と対比させるために、面接調査期間を除いて時期区分を行なっている。しかし面接期間を加えた時期分けをしても、すなわち、第一期を五／二六～六／八までとし、第二期、第三期をそれぞれ六／九～六／二三、六／二四～七／五として集計をした場合でも、結果の傾向はここで掲げた表とほぼ同様であった。このことは、後に示すテレビニュースの場合にもあてはまる。

（4）ちなみに政党イメージをたずねる質問のうち、業績や能力に多少とも関連する項目（「人材が豊富」「国民の期待にこたえてくれる」「政策が良い」「堅実である」）を取り出し、四点満点の評価スケールを作ってみた。自民党支持者のこのスケール上での自民党に対する評点は一・三三で、表5-23の各グループの評点間にも有意差はない。一方、彼らの他政党に対する評価は軒並み厳しく、社会党には〇・一九、公明党〇・二八、民社党〇・二四、共産党〇・一七、新自ク〇・一五、社民連〇・一四という評点であった（第三回面接のデータに基づく）。

六章　今後の研究課題

議題設定仮説の最初の実証研究が発表されてから、四半世紀が経過した。この間に、議題設定研究は、マスコミュニケーション効果研究における大きな系譜へと成長した。J・ディアリングとE・ロジャーズは、T・クーンの『科学革命の構造』（Kuhn, 1962）の議論になぞらえ、議題設定という科学的パラダイムが現在「通常科学」（normal science）の段階にまで発展したと見る（Dearing & Rogers, 1996）。パラダイムに準拠した多くの研究が累積し、研究者の「見えない大学」（invisible college）が形成されるに至っている。

今後、議題設定研究はどのように発展していくのだろうか。三章で論じたように、議題設定効果が生じる過程についてはまだ未解明な問題が数多くある。それらの追究は、今後も続けられなければならない。それを前提としたうえで、さらに三つの発展の方向があると筆者は考える。

第一には、議題設定研究を受け手効果分析として拡張深化させていく方向、第二に、受け手分析だけでなく送り手分析も含めた、マスコミュニケーション過程全体をカバーする研究へと発展させていく方向、そして第三に、政治過程におけるマスメディアの役割の解明を志向した、よりマクロなモデルの構築を目指す方向、である。これら三つの発展方向に沿った、いくつかの課題について論じたい。

一　争点型議題設定から属性型議題設定へ

ここでは、議題概念を多様化することによって、仮説の適用範囲を拡張する試みについて紹介したい。

争点中心的バイアス

議題設定研究について、アプローチの一種の「偏り」を指摘する声が一九九〇年前後から出てきた。その偏りとは「争点中心的バイアス」とでも呼べるものである。

議題設定仮説を最も一般的な形で表現すれば、「メディア内容で、ある対象の顕出性が高まれば、受け手の側でもその対象に対する顕出性が高まる」となる。この場合の「顕出性」（salience）とは、議題上の各項目の相対的な重要性として定義される。また「議題」とは、思考や行動の対象として取り上げられた、一定の重要性を持った項目の集合のことである（Dearing & Rogers, 1996）。

すなわち、議題設定効果とは「メディアから受け手への顕出性の転移」を意味するものと考えられてきた。ニュースメディアは報道に割くスペースや取り上げる頻度などによって、ある対象の重要性に関する判断を示す。他方、受け手は、こうした情報の手がかりから、その対象がどの程度重要であるかを知覚する。最初のM・マコームズとD・ショーの研究では、この「対象」として一群の公共的争点が選ばれ、ニュースメディアでよく強調された争点と、有権者が重要と考える争点とが比較された（McCombs & Shaw, 1972）。

だが本来、「議題」はさまざまなレベルで概念化が可能であるし、議題概念を多様化することによって、仮説の適用範囲も広がり、より豊かな研究成果が期待できるはずである。

たとえば、マコームズはすでに一九七〇年代半ばの時点で、議題設定研究では従来の公共的争点以外にも、次のような項目を議題として扱うことができると論じている（McCombs, 1977）。すなわち、①特定争点の諸属性、②選挙における候補者（人物）、③特定候補者の諸属性、④政治それ自体。

このアイディアは、マコームズも参加した一九七六年大統領選挙調査に取り入れられている（Weaver et al., 1981）。

順不同で簡単に紹介しよう。

まず④に関して。平均的なアメリカ人の意識の中で、「政治」が占める比重はそれほど大きくない。ところが、選挙年になり、選挙報道がさかんになると、政治に対する関心が底上げされるようになる——これがマコームズの仮説である。新聞やテレビの政治ニュースへの接触量と選挙キャンペーンへの関心度との関連を、交差時間差相関分析によって調べることで、この仮説の検証が試みられた。結果としてメディア接触と選挙関心との間にらせん的効果が検出された、と彼は報告している。しかし、「④政治それ自体」は、メディアの認知的効果というにはいささか一般的過ぎて、議題設定効果の応用としては面白みに欠けるものだと筆者は考える。

「②選挙における候補者」についてはどうだろうか。この点に関して一九七六年調査では、きちんとした分析がなされているわけではない。ただ指摘されていることは、アメリカの大統領選挙の予備選挙期間には、政党ごとに多数の候補者が林立するが、マスメディアは先頭を走るごく少数の候補者にのみ報道を集中する傾向がある。そこで平均的な有権者の間では、メディアでよく取り上げられた候補者の認知度だけが高まり、ほかの候補者は投票時にそもそも選択肢からさえ外されてしまう。メディアは、人びとが投票する際に誰について考えるべきかを規定するという形で予備選挙に影響を及ぼしている、というのがウィーバーらの主張である。同様の見解は、T・パターソンによっても提起されている（Patterson, 1980）。

②のように人物を議題の項目としてみなすというアイディアは、マスコミュニケーション研究における有名な仮説を思い起こさせてくれる。P・ラザーズフェルドとR・マートンが唱えた「地位付与機能」（status conferral function）である（Lazarsfeld & Merton, 1948）。この仮説によれば、ある個人（や集団）がマスメディアで注目を浴びると、その地位は正当化され、威信や権威が付与される。メディアで取り上げられることは、その人が大勢の大衆の中

から選び出されるほど重要な人物であり、その言動は大衆が注目しなければならないほど重要なものだと人びとが解釈するからだ、とラザーズフェルドらは説明する。

ラザーズフェルドらはこの仮説を実証したわけではなく、ひとつのアイディアとして提示したに過ぎない。しかし、発想としては議題設定効果との共通点も少なくない。地位付与機能仮説は議題設定の「隠れたルーツ」であり、議題設定研究は、この永らく「古典」として読み継がれながらも十分に検討されることのなかった仮説を、実証的検討の俎上にのせるうえで貢献したといえよう[1]。

さて、議題の項目として「③特定候補者の諸属性」を取り上げた場合。この場合は、メディアによるイメージ形成やステレオタイプ形成の問題に、議題設定概念を応用したことになるだろう。すなわち、マスメディアは大統領候補のような公共的人物を取り上げるとき、候補者のある属性を強調し、別の属性には触れないことによって、一般の人びとがこうした人物に対して抱くイメージに影響を与えていると予想されるのである（大半の人びとはメディアを通してしか、公共的人物に触れる機会がない）。

ウィーバーらは一九七六年の調査地点のひとつであるエバンストン（イリノイ州）において、有権者が民主・共和両党の主要候補者（カーターとフォード）をどうイメージしているかを調べ、それをこの地域の主読紙である「シカゴトリビューン」紙上での両候補の描写と比較することによって、この問題を追究している（Weaver et al., 1981）。

有権者の回答と新聞の候補者描写は、一四のイメージ属性カテゴリー（「信頼できる」「指導力がある」「情に厚い」「庶民的だ」など）に基づいてそれぞれ分類され、交差時間差相関分析の手法で両者のイメージ議題の比較が行なわれた。その結果、キャンペーンの全期間を通じて、新聞が両候補を描写する際の観点（属性）は、有権者が両候補について表現する際の観点（属性）を規定していることが明らかになった。ウィーバーらはこうしたメディアの効果を、従来の議題設定を「争点型議題設定」（issue agenda-setting）と呼ぶのに対し、「イメージ型議題設定」（image agenda-setting）と命名している。

ウィーバーらの研究は、議題設定仮説の適用範囲の拡張を試みたという点できわめて興味深い。しかし議題設定研究全体から見ると、これはむしろ例外に属するものであり、残念ながらこれまで行なわれてきた議題設定研究の大部分は、マコームズとショーの最初の研究を踏襲し、公共的争点を議題の項目として選んできたのである。

マコームズはこうした争点中心的バイアスの存在を認めながらも、次のように弁護している（McCombs, 1992）。すなわち、公共的争点をよく知ることは民主政治にとって重要だという規範があるし、争点を扱うことでメディアと世論との理論的関連を強調することもできる。争点中心のアプローチは決して学術的近視眼ではない、というわけである。

とはいえ、その主張を認めたうえでも問題がないわけではない。議題設定の実証研究における「争点」とは、対立点、論争点といった本来の意味での争点ではなく、むしろ「雇用問題」「防衛問題」「環境問題」といった、ある程度一般的な「問題領域」を表わすラベルであることが多かった。そして、異なる問題領域間での優先順位をメディアがどう定めるかということが追究され（それはそれで意義のある試みだが）、個々の問題領域の内実に立ち入って、そこで何が争われているのかに注目することはまずなかったし、問題領域の内実について、人びとがメディアから何を学習しているかを調べることも稀だったのである。その意味で、議題設定研究は争点の内実を調べずにトピックの「殻」だけを扱ってきた、というG・コシッキの批判は的を射ているように思われる（Kosicki, 1993）。

フレーミング研究

一章で述べた通り、議題設定はマスメディアの現実定義機能の研究の流れを汲むものであり、この問題関心をマスコミュニケーション効果研究の焦点のひとつに据えるうえで大きな貢献をなした。ところでこの現実定義機能の研究系譜では、一九八〇年代に入り、新しい動向として「フレーミング研究」（framing research）が台頭してくる。

フレーミング研究とは、メディアがある争点や出来事をどのようにフレーミング（枠づけ）しながら報じるのか、そしてそれが受け手の現実認識とどう関連しているのかを追究するものである。いわば、上述の争点中心的バイアスゆえに、議題設定研究がこれまで十分にカバーしきれなかったテーマであるといってよいだろう。とはいえ、フレーミング研究には多様な前提や方法を持った研究が含まれている——実際、多様すぎて、同じラベルに一括するのがためらわれるほどである。

そもそもフレームやフレーミングという概念の理論的源泉自体がさまざまなディシプリンにわたっている。こうした概念を用いた論者としては、M・ミンスキー、G・ベイトソン、E・ゴフマン、P・ワツラウィック、A・トゥベルスキーとD・カーネマンなどが挙げられる（Minsky, 1975；Bateson, 1972；Goffman, 1974；Watzlawick et al., 1974；Tversky & Kahneman, 1981）。このうち認知科学者ミンスキーのいうフレームは、人間の長期記憶の中での知識の基本的構造という、きわめて一般性の高い概念なのでさておくとしても、他の論者に共通しているのは、フレームもしくはフレーミングという概念が、ある出来事や問題を定義する際にどのような観点を採用するかという問題と関わっているということである。ここに挙げた論者のうちで、マスコミュニケーション研究者が比較的よく言及するのがゴフマンとトゥベルスキー＝カーネマンであろう。

社会学者ゴフマンのいうフレームとは——彼自身はこの概念をベイトソンに負うているのだが——相互行為が行な

われる状況やコンテクストに対して、行為者が与える定義づけのことである（定義づけの行為自体はフレーミングと呼ばれる）。行為者はフレーミングによって、相互行為の場に動態的な秩序（社会構造によってあらかじめ決定されるようなものではない）を成立させる。フレームは多層的であり、行為者は同一の状況に対しても多様な定義づけを付与することができる、とゴフマンは考える。このフレーム概念は、対面的な相互行為の場だけでなく、マスコミュニケーション状況に対しても適用可能である（例として、難波、一九九三）。

一方、心理学者のトゥベルスキーとカーネマンは、決定問題に関する実験的研究によって、決定問題の記述の仕方、すなわちフレーミングの仕方が、問題に関する人びとの選好に影響を与えることを明らかにした（Kahneman & Tversky, 1984; Tversky & Kahneman, 1981）。たとえば、実質的には同じ内容の選択肢であっても、選択に伴う利得を強調するか損失を強調するかによって、被験者の選択肢の選び方が変わってくる。利得を強調すると危機回避的な選択傾向になり、損失を強調すると、一か八かに賭けようと考える人が増えるのである。彼らの理論は、質問のワーディングの違いが回答者の選択に影響を及ぼすという、世論調査に不可避の問題を考えるうえでも有用である[2]。

単純化の危険を恐れずにごくおおまかな分類をすれば、フレーミングの研究者は、ゴフマン流の社会学的フレーム概念に準拠する者（Gamson, 1989; Gitlin, 1980; Neuman et al., 1992; Tsuruki, 1982 など）と、トゥベルスキー＝カーネマン流の心理学的フレーム概念に準拠する者（Iyengar, 1991）とに大別できよう。また、社会学的概念と心理学的概念を統合しようとする試みもある（Entman, 1993; Pan & Kosicki, 1993）。

社会学的なフレーム概念に準拠した研究は、特定の争点に関するニュース内容の質的分析もしくは解読が中心で、受け手への効果は類推にとどまる場合が多い。たとえばT・ギトリンは、一九六〇年代後半のベトナム反戦運動を取り上げている（Gitlin, 1980）。彼は、ニュースメディアがニューレフトの学生運動組織の活動を矮小化し、また逸脱的なものとして枠づけすることで、結果として、学生組織の孤立化と内部分裂を助長したと論じている。ニュースのフレームは、既存の社会体制の正当性を維持するような方向に作用しているとギトリンは主張する。

他方、心理学的なフレーム概念に準拠したフレーミング研究は、よりミクロなレベルで、ニュースメディアが政治的社会的問題を描写する仕方（フレーミング）が受け手個人の認識に及ぼす効果を調べている。このアプローチの代表的な研究者であるS・アイエンガーは、テレビニュースにおける争点の提示の仕方を「テーマ型フレーム」（thematic frame ＝ 一般的・抽象的観点からの描写）と「エピソード型フレーム」（episodic frame ＝ 事例やエピソード中心の描写）とに大別し、そして、争点を描写する際のフレームの違いが、問題を引き起こした責任は誰にあるか、対策は誰が講じるべきかといった受け手の認識に影響を及ぼすと予想している（Iyengar, 1991）。とくに、テレビニュースの主要な表現方法であるエピソード型フレームは、ニュースで取り上げられた社会的経済的争点の原因や責任が（構造的な要因よりも）当事者あるいは被害者としての個人にあるという印象を、視聴者に抱かせる傾向があることを、実験的研究で示している。

フレーミング研究は、議題設定のように、パラダイムとなる業績があるというわけではない。いわば群雄割拠の状態であり、これからどう発展していくかは現時点では予測しがたい。ともあれ、フレーミング研究は、メディアが個別的な争点やトピックを報道する際に、どのような「切り口」を採用するかに焦点を合わせる。そして、メディアによる特定の切り口（すなわちフレーム）の選択が、受け手個々人の認識や、あるいは集合体としての世論の動向にどのような効果を及ぼすのかを探究しようとするものである。

属性型議題設定

フレーミング研究の登場は、議題設定研究にも刺激を与えることになった。いままでの争点中心的バイアスを是正し、個々の一般的争点（問題領域）の内実にまで立ち入って議題設定効果を追究しようとする、新しい動きができつつある。そのひとつのアプローチが、特定の一般的争点の下位争点に注目するやり方である。

かつてＭ・ベントンとＰ・フレイジャーは、経済という一般的争点の下位争点（個別的な問題、その原因、解決策など）のレベルでも議題設定効果が見いだせることを実証したが（Benton & Frazier, 1976）、それに続く研究はごく最近まで稀であった。

下位争点に注目した最近の研究例として、三上俊治と筆者とが一九九三年七月の総選挙時に行なった研究を取り上げたい（Takeshita & Mikami, 1995）。この総選挙は国政に三八年ぶりの政権交代をもたらした画期的な選挙だったが、その最大の争点は「政治改革」であった。実査は投票日（七月一八日）の約一週間前に行なわれ、そして内容分析では実査最終日前約三週間の新聞・テレビの選挙関連ニュースが調べられた（新聞は「朝日」「読売」、テレビニュースは「ＮＨＫニュース7」「フジ・スーパータイム」「テレビ朝日・ニュースステーション」を対象とした）。

新聞でもテレビでも、取り上げられる選挙争点としては政治改革の問題が他の争点を圧倒しており、他方、有権者に「わが国がかかえるとくに重要な問題」をたずねた場合も、政治改革は、景気対策に次いで言及率が高かった。そして、新聞にせよテレビにせよ、選挙報道への注目度（テレビニュース・新聞への接触度と選挙への関心度とを組み合わせて指標化）が高い人ほど、政治改革問題の顕出性が高くなるという関連が見られたのである。これは、性別、年齢、学歴、政党支持（自民党支持か否か）といった変数をコントロールした場合でも統計的に有意な関連であった（表6-1）。以上の知見は、従来型の議題設定効果を検証したものといえる。

表6-1　争点型議題設定のテスト——テレビ・新聞の選挙報道への注目度と政治改革問題の顕出性との関連（ピアソン相関係数）

	単相関	偏相関[a]
テレビニュースへの注目度（n=322）	.243***[b]	.243***
新聞への注目度（n=323）	.271***	.279***

注：a＝性別，年齢，学歴，政党支持（自民党支持）をコントロール．
　　b＝片側検定　***：p＜.001
出所：Takeshita & Mikami (1995), p. 33より作成．

表6-2　属性型議題設定のテスト——テレビ・新聞の選挙報道への注目度と政治改革問題のテーマの顕出性との関連（ピアソン相関係数）

	単相関	偏相関[a]
倫理関連テーマ		
テレビニュースへの注目度(n=322)	.048	.044
新聞への注目度(n=323)	.088	.082
制度関連テーマ		
テレビニュースへの注目度(n=322)	.203***[b]	.185***
新聞への注目度(n=323)	.260***	.236***

注：a＝性別，年齢，学歴，政党支持（自民党支持）をコントロール．
　　b＝片側検定　***　p＜.001；無印　有意な関連なし．
出所：Takeshita & Mikami (1995), p. 34より作成．

さらに有権者に、政治改革の下位争点のリストを提示したうえで、政治改革で重要だと思う問題は何かをたずね、その回答を因子分析したところ、下位争点が「倫理関連」のグループ（腐敗防止や綱紀粛正など）と「制度関連」のグループ（選挙制度改革など）とに分かれることがわかった。ごく大まかにいえば、政治改革に対する当時の人びとの見方としては、「政治家の綱紀粛正が大事だ」という見方（倫理関連）と、「人間よりも制度を変えなければいけない」（制度関連）という見方の二通りがあったのである。便宜上、倫理関連の下位争点の集合を「倫理関連テーマ」、制度関連の下位争点群のほうは「制度関連テーマ」と呼ぼう。因子スコアを用いることで、各回答者の倫理関連テーマに関する顕出性と、制度関連テーマに関する顕出性の指標が、それぞれ作成された。

やはりこの分類に沿って新聞とテレビニュー

スでの政治改革問題の取り上げ方を内容分析してみると、倫理関連テーマよりも制度関連テーマのほうが、かなり多く言及されていることが判明した。報道の中で政治改革に言及されるときは、選挙制度改革など、制度関連テーマが中心だったのである。そこで、受け手側の、選挙報道への注目度と、二つのテーマの顕出性の指標との関連を調べてみた。すると、選挙報道への注目度が高い人ほど制度関連テーマの顕出性が高まる、すなわち制度的問題を重要と考える傾向が見られた。しかし、倫理関連テーマの顕出性に関しては、選挙報道への注目度とはとくに関連は見られなかったのである（表6-2）。要するに、当時、新聞やテレビの選挙報道によく注目した人ほど、政治改革の中でも選挙制度改革をとくに重視する傾向が見いだされた。

一九九三年当時、政治家の間では、小選挙区制導入（選挙制度改革）を政治改革全体と同一視する風潮が見られたが（改革派、守旧派といったレッテル貼りの横行を想起されたい：横田、一九九六も参照）、マスメディアは少なくともこうした風潮を有権者の間に広めるうえで一定の役割を果たしていたことを、この調査結果は示唆している。

こうした下位争点レベルでの議題設定効果は、最近、議題設定の研究者たちによって「第二レベルの議題設定」（the second level of agenda setting）と呼ばれている。一時期「第二次元」（the second dimension）という語が使われたこともあるが、最近は「第二レベル」という呼称に落ち着いたようである（Ghanem, 1997 ; McCombs, 1994 ; McCombs & Estrada, 1997）。従来の「第一レベルの議題設定」が争点全体の顕出性を扱うのに対し、「第二レベル」は特定争点の諸属性（attributes）の顕出性が、メディアから受け手へとどう伝達されるかという問題に関わる。ただし、筆者自身はこの第一、第二という呼称の代わりに、それぞれを「争点型議題設定」（issue-agenda setting）、「属性型議題設定」（attribute-agenda setting）と呼んできた（竹下、一九九六：Takeshita, 1997）。そこで本書でもとりあえずはこの用語法を採りたい[3]。

第二レベル、すなわち属性型議題設定は、マコームズとショーが指摘するように、従来の「何について考える」（what to think *about*）から、ある争点について「それをどのように考えるか」（*how* to think about it）へと、仮説の適用領域を拡張する試みである（McCombs & Shaw, 1993）。結果として、属性型議題設定はフレーミングの概念ときわめて類似性が高いことがわかるだろう。

属性型議題設定とフレーミングとの関係については論争がある。マコームズらは、属性型議題設定とフレーミングとをほぼ同一視する。フレーミングは議題設定研究に包摂されうると考える（McCombs & Shaw, 1993）。それに対してG・コシッキは猛烈に反論する。フレーミングは議題設定とは理論的出自がまったく異なるものであり、それを傘下に加えようとするのは、議題設定のヘゲモニックな拡張主義の表われだと批判するのである（Kosicki, 1993）。

たしかにコシッキのいうように、フレーミングの概念は議題設定とは別の学問的潮流から派生したものである。ただ、フレーミングの発想は議題設定のオリジナルなモデルからは予想できなかったものである、という彼の認識は正確ではない。上述したように、議題設定仮説が提起された初期の頃から（すでに一九七〇年代半ばから）、議題概念を多様化する可能性については議論されていたのであり、また七六年調査では「イメージ型議題設定」を実証的にテストする試みもなされている。属性型議題設定はオリジナルな議題設定概念の自然な拡張だと主張することにも一理あるのである。

ともあれ、属性型議題設定とフレーミング研究とは、結果としてほぼ同じテーマを追究することになってしまった。両方のアプローチが収斂していくかどうかは現時点ではわからない。いずれにしても、議題設定研究とフレーミング研究は互いに他から学ぶことができるし、また、そうすべきである。とくに三章四節で見たように、報道における争点のフレーミングの仕方は、争点型議題設定の効果にも影響することが示唆されている。議題設定研究者は、フレーミング研究からの刺激を、議題設定の理論や方法を精緻化するための好機として活用すべきであろう。

属性型議題設定研究の課題

属性型議題設定の研究を今後推進していくための課題は何だろうか。とりあえず二点を指摘したい。

第一は、属性議題の概念化と測定に関してである。属性型議題設定に関するこれまで発表された研究では、属性議題（下位争点）をそれぞれの研究者がアドホックに定義してきた。しかし、研究を系統的に進めるためには、属性議題の定義の仕方について標準的なモデルがあるほうが望ましい。

その点でひとつの参考になるのは、R・エントマンのメディアフレームに関する議論であろう（Entman, 1993）。彼はフレームの作用として四項目を挙げているが、これは属性議題の次元に翻訳することができよう。その四項目とは、①問題状況の認定（problem definition）、②原因の認定（attributed causes）、③道徳的判断（moral judgments or evaluations）、④提示された対策（proposed remedies）、である。①はある主体のどのような行為がどのような結果をもたらしているのかに関する認定、②は問題状況を生みだした諸要因の認定、③は原因に関わる主体や結果に対する評価、④は対策の提示やその効果についての予測、をそれぞれ意味している。各次元ごとに、あるいは複数の次元を組み合わせて（①と②はとくに結びつきやすい）、研究事例ごとに属性議題を定義できるのではないだろうか。

議題設定研究では効果の測定として、メディア側と受け手側での議題項目の顕出性の一致度を見るという方法をとってきた。こうしたやり方に対し、W・R・ニューマンらは否定的な見解を示す（Neuman, Just, & Crigler, 1992）。彼らは、「アパルトヘイト」「スターウォーズ構想（SDI）」「株価の暴落」「薬物乱用」「エイズ」の五つの争点を素材として、一般市民を対象とした深層面接結果から五種類の解釈フレーム（「実利主義」「対立」「無力感」「人的影響」「道徳性」）を抽出、さらに同じフレーム群を用いてニュースの内容分析をも実施した。結果として、同じ争点について論じる場合にも、メディアと一般市民とでは、用いるフレームがかなり異なっていると結論する。

しかし、彼らが提示したデータを再検討したマコームズは、主要なニュースバリューと関わるがゆえに、ともすればメディアが過度に強調しがちなフレームである「対立」を除いて計算し直すと、メディアが用いるフレームと一般市民が用いるフレームの選好順位はかなりよく一致していると指摘する（McCombs, cited in Semetko & Mandelli, 1997）。だとすれば、属性型議題設定研究の手法が、フレーミング研究に方法論的示唆を与える可能性もあるだろう。

今後の課題の第二としては、送り手研究、すなわちニュース組織やニュース制作過程の研究との連携を深めることであろう。属性型議題設定研究が発展するなら、次のような関心が必然的に生じる。すなわち、特定の公共的争点を取り扱う観点は、個々のニュースメディア（新聞各紙、テレビの各ニュース番組など）の間で一致する傾向があるのだろうか。また、メディアの観点は特定のニュースソースの観点を反映する傾向があるのだろうか――。

属性型議題設定の過程を十分に解明するためには、ニュース制作過程に関する理解が不可欠である。その意味で、今後は送り手研究との連携が要請されるのである（この点は、次節で述べるマクロ的な課題を追究する場合にも重要となる）。

二　メディア議題の規定因の探究

本節では、議題設定研究発展の二番目の方向――基本仮説と他の変数を結びつけることで、マスコミュニケーション過程全体をカバーする理論へと発展させていく方向――に沿った課題について論じたい。

まず取り組むべき課題は、メディア議題の規定因の探究である。受け手議題から見れば独立変数にあたるメディア議題がどのような要因によって形成されているのか。すなわち、メディア議題を従属変数と見なしたとき、独立変数にあたる要因は何かを探る試みである。

メディアとニュースソースとの関係

議題設定概念の基本的仮定として、かつてD・ウィーバーは次の二点を挙げた（Weaver, 1982）。

①プレスはベルトコンベアや鏡のように現実をあるがままに伝えたり反映したりするものではない。それはむしろ現実を濾過し、構成するものである。

②プレスが一定期間、比較的少数の争点や主題、あるいはそうした主題の特定の側面に注意を集中することにより、公衆はそうした争点や主題を他より顕出的ないしは重要なものとして知覚するようになる。

従来の議題設定研究では主として仮定②の検討に関心が集中し、仮定①が顧慮されることはあまりなかったとウィーバーはいう。それは現在でもほぼあてはまることである。しかし、①は②と同様、メディア議題設定にとってきわめて重要なものである。なぜなら、他の社会組織やエリートの議題を右から左へと受け売りするだけならば、マスメディアは本当の意味で議題を「設定」しているとはいえないからである。メディア議題自体がどう形成されているかに関する研究が求められるゆえんである。[4]

マスメディアがどういう経路でニュースの素材を得ているかについては、アメリカの場合、L・シーガルの有名な研究がある（Sigal, 1973）。

彼は一九四九、五四、五九、六四、六九年の五年間から各年二週間分ずつの「ニューヨークタイムズ」「ワシントンポスト」の号を抽出し、紙面の内容分析を行なっている。全国ニュースと海外ニュースのうち、第一面から始まる記事が対象となり、それぞれのニュース素材の入手経路が調べられた。入手経路は「ルーティンチャンネル」（記者会見、プレスリリース、公式記録など）、「インフォーマルチャンネル」（背景説明、リークなど）、「企画ネタ」（enterprise channels 記者独自の発掘ネタ）の三カテゴリーに大別されたが、分析の結果、ルーティンチャンネルを経たものが六割近くを占め、企画ネタは約四分の一にとどまった。記者たちは日々の取材活動においてルーティンチャンネル――いわゆる発表ネタ――に大きく依存していたのである。

もちろん、仮にルーティンソースから取材する場合でも、得られた素材をすべて紙面化するスペースは当然ないわけだから、採否の取捨選択はメディアが行なっているはずである。さらに、紙面に掲載するとき何を強調し何を小さく扱うかという判断もしなければならない。こうしたニュースの選択や格づけによってメディア自身の能動性を発揮する余地はあるだろう。

ニュースが取り上げる範囲はまさに森羅万象に及ぶため、メディア議題の問題を追究するためには、ある程度問題領域を絞って調査をしたほうがよい。

たとえば、ウィーバーとS・エリオットは、インディアナ州ブルーミントン市議会の活動を、地元の新聞がどう取り上げているかを調べている（Weaver & Elliott, 1985）。市議会の議事録と新聞の議会報道とをそれぞれ内容分析した結果、新聞で報道されたのは、議事録の項目の約六割にすぎないことがわかった。この点で新聞はある程度の取捨選択を行なっていたのである。ただし、市議会の議事で強調されていた争点と新聞が強調していた争点とを比べると、両者の争点ランキングの順位相関は、〇・八四とかなり高かった。すなわち、争点の格づけという点では、ニュースソースである議会の影響力が垣間見える結果であった。この地方議会報道の事例では、地方紙の能動性は限定的、補完的なものだったと解釈できる。

メディア議題が形成されるうえでメディア自身がどの程度能動的な役割を果たすのか、言い換えれば、メディア議題を設定するうえでのメディア自身の裁量権はどの程度あるのかという問題に関して、これまでで最も体系的な研究を行なっているのはＨ・セメトゥコらであろう（Semetko et al., 1991）。

彼女らの研究は、一九八三年のイギリス総選挙と一九八四年のアメリカ大統領選挙とにおける新聞とテレビの選挙報道を取り上げたものである。もちろんイギリスとアメリカでは、選挙制度も違えばメディア制度も違う。しかし、ともに産業化の進んだ民主主義国であり、また候補者や政党の闘いの場としてメディア――とりわけテレビ――が重要性を帯びるようになっているという点でも共通性がある。両国のデータは十分比較可能だとセメトゥコらは考えている。具体的な手続きとしては、両国とも政党や候補者のキャンペーン資料[5]と新聞・テレビの選挙報道とがそれぞれ内容分析された。さらに、内容分析結果を補完する目的で、テレビの選挙ニュース制作過程に対する観察研究も実施された（イギリスはＢＢＣ、アメリカはＮＢＣが対象）。

比較研究の結論をごく大まかに述べるならば、マスメディアの選挙報道における争点優先順位（キャンペーン議題）と政党や候補者の争点優先順位との関連は、アメリカのほうがイギリスよりも弱かった。これは、キャンペーン議題の形成において、アメリカのジャーナリストのほうが、イギリスのジャーナリストよりも大きな裁量権を行使していたことを意味する。このアメリカとイギリスの違いは何に起因するのだろうか。セメトゥコらはキャンペーン議題の設定に影響を及ぼす諸条件をシステムレベルと行為者レベルとに分け、それぞれ次のようにまとめている。

(1)　キャンペーン議題の形成に影響を及ぼすシステムレベルの条件

①　政党システムの強固さ――政党システムが強力であるほど、キャンペーン議題の設定におけるジャーナリスト

側の裁量権は減る。

②　放送システムの違い（公共放送か商業放送か）——商業放送の場合のほうが、ジャーナリストは自らで議題を設定したがるだろう。また、選挙報道に割くことのできるスペースも商業放送のほうが融通がきかないだろうから、ジャーナリストの取捨選択がその分重要性を増す。

③　マスメディア市場の競争度——読者・視聴者獲得競争が厳しいほど、ジャーナリストは、政治家の議題を考慮するよりも、受け手の関心により注意を払うようになる。

④　選挙戦のプロフェッショナル化（メディアの重視や政治コンサルタントの導入など）の度合い——プロフェッショナル化が進んでいるほど、ジャーナリストの裁量権は減少するが、その一方で、ジャーナリストは政治家に対して冷笑的な態度で臨むようになる。

⑤　社会における政治の威信度——政治の社会的威信度が高いほど、政党や候補者の発言を尊重しようという気持ちがジャーナリストの側でも起きるし、また、競争的な側面よりも政策面に重きをおいた選挙報道になるだろう。

(2)　キャンペーン議題の形成に影響を及ぼす行為者（ジャーナリストや候補者・政党）レベルの条件

①　特定のメディア組織の党派的、イデオロギー的傾向——これは、社説やコラムだけでなく、ニュース報道にも影響を与えうる。

②　候補者の地位（現職か新人か）——現職のほうが、キャンペーン議題に影響を与えるうえで有利。

③　バランスや客観性といったジャーナリズムの規範——直接には各政党の報道量や、コメントする人の人数などに影響するだろうが、どの争点が強調されるかという側面にもなんらかの影響を及ぼすかもしれない。

④　ニュースで提供可能なスペースや時間枠の大きさ——スペースや時間枠があるほど多くの争点を取り上げるこ

とができ、議題の幅が広がる可能性がある。

⑤ジャーナリストの自己役割規定――報道における自己の役割が、中立的な伝達者よりも、分析者や監視者であると考えているジャーナリストほど、キャンペーン議題の形成においても、より能動性を発揮する傾向があるだろう。

キャンペーン議題の形成におけるメディア自身の役割は、「議題設定」と「議題反映」（agenda reflecting）を両極とする連続体を基準にして考察すべきだとセメトゥコらはいう。この場合の「議題設定」とは、メディアがキャンペーン議題の形成においてほぼ完全な裁量権を確保している状態、逆に「議題反映」とは、ニュースソースの争点評価をまったくそのまま伝えるような、メディアの裁量権がゼロの状態である。今回のアメリカとイギリスの事例は、この連続体上では両極間の中間に位置づけられると研究者たちは考える。アメリカのメディアが選挙で果たしていた役割は、やや「議題設定」の極に寄った「議題形成」（agenda shaping）と呼ばれ、イギリスのキャンペーンにおけるメディアの役割は、比較的「議題反映」の極に寄った「議題増幅」（agenda amplifying）として形容されたのである。

メディア議題を形成するうえでのメディアの能動性あるいは裁量権の問題――言い換えれば、メディア議題に対するニュースソースの影響力の問題――は、選挙報道に限らず、さまざまな問題領域の報道に関して探究されるべきものである。とくにわが国の場合、政府審議会委員へのジャーナリストの「取り込まれ」の問題や、取材拠点としての記者クラブ制度の弊害などが、ジャーナリズム論でつとに議論されている（たとえば、天野、一九八九、一九九七）。メディア議題の形成過程の研究は、こうした議論に対しても、経験的証拠を提供することで一定の貢献ができるだろう。

メディア間の影響の授受

ニュースソースとメディアとの関係だけでなく、メディア同士の関係も、それぞれのメディア議題の形成に少なからぬ影響を及ぼしていると考えられる。

二章一節で、E・ノエル＝ノイマンとR・マテスが「メディア間の共振性」という現象の存在を指摘していることを紹介した（Noelle-Neumann & Mathes, 1987）。この場合の共振性とは、検閲や統制が最小限に抑えられているはずの自由主義社会においても、さまざまなニュースメディアの内容が画一化する傾向が見られることを指す。共振性が生じるレベルには、①議題設定、②焦点形成、③評価、の三つがあることが指摘されていた。

たしかに現象としてみた場合、ニュースで何を取り上げ何を強調するかという点では、主要なニュースメディアはよく一致する傾向がある。これはアメリカでも日本でもいえることである。じつはこのことが、議題設定の実証手続きにおいて、複数のメディアの内容分析結果を単純加算してメディア議題の総合的な指標を作ったり、あるいは特定のメディアの内容分析結果をもってニュースメディア全体を代表させたりする、ひとつの暗黙の前提になってきたのである。さらにいえば、こうした共振性の存在が、メディアシステム全体としての議題設定効果を保証する重要な要件であるとも考えられる。

仮に共振性が生じるとした場合、予想されるひとつのプロセスは、オピニオンリーダー的なメディアが報道の先導役となり、他のメディアがそれを後追いをするというものである。特定のメディア（俗にエリートメディアと呼ばれるものであることが多い）がオピニオンリーダー役を果たすことは、いくつかの実証研究においても示唆されている。

たとえば、S・リースとL・ダニエリアンは、一九八五年から八六年にかけての主要なニュースメディアの麻薬問題報道を月単位で調べている（Reese & Danielian, 1989）。対象となったのは、「ニューヨークタイムズ」「ウォールストリートジャーナル」「ワシントンポスト」「ロサンゼルスタイムズ」の各新聞、ニュース週刊誌の『タイム』と『ニューズウィーク』、そして、ABC、CBS、NBCの夕方のニュース番組である。結果としてわかったことは、主要なメディアは、麻薬問題という争点をほぼ同時期に、同じようなやり方で報道していること、だが、どちらかといえば、印刷メディア（とくに「ニューヨークタイムズ」）がテレビネットワークをリードする傾向が見られたことである。

また、マテスとB・プフェッチがドイツで実施した研究によれば、体制批判的ないわゆるオルタナティブプレスが提起した争点でも、いったんエリートメディアがそれに注目し、記事化すると、他の多くのメディアもその争点を取り上げるようになる（Mathes & Pfetsch, 1991）。こうして特定の争点をめぐる広範なメディアの報道が生じ、さらにそれが政策過程にまで影響を及ぼす場合もあることが指摘されている。

なお、上記のリースらの研究は、全国的なニュースメディアを対象とした分析であったが、ローカルメディアを対象としたアメリカの研究では、通信社による議題設定的影響が示唆されていた（Atwater et al., 1987；Hirsch, 1977；McCombs & Shaw, 1976；Whitney & Becker, 1982）。ともあれ、メディア間の議題設定影響力の問題は、今度の重要な研究課題のひとつといえよう。

以上、概観してきたように、メディア議題形成の規定因に関する研究では、ニュースソースとメディアとの力関係の問題、およびメディア間の影響の授受関係の問題とが交錯した形で存在する。いずれの問題を追究する場合も、議題設定研究の射程を従来の受け手分析中心から送り手分析をも含むものへと拡張することを意味する。さらには、ジャーナリズム研究との接点も増すことになろう。

三　「メディアと政治」のモデルの構築に向けて

前節のメディア議題形成の問題は、議題設定研究が扱う領域を、マスコミュニケーションの制作過程と受容過程を併せた、マスコミュニケーション過程全体へと拡張することを意味した。さらに、議題設定の観点から、マスメディアが政治過程においてどのような機能を果たしているかを追究するための、よりマクロな理論モデルを構想することも可能であろう。

ここでの政治過程は、大嶽秀夫にならい、政策過程と権力過程という二つの観点から概念化できるものと考える（大嶽、一九九〇）。政策過程とは、まず政策課題が認知され、政策が立案され、決定され、執行され、評価を受けるといった、特定の政策の展開過程を指す。他方、権力過程とは、「ある特定のアクターが、さまざまなイシュー・政策を手段として使いながら、自らの権力・影響力を維持、増進させていく過程」（二〇四ページ）として定義される。

メディアと政策過程

議題設定の観点から見るならば、政策過程へのメディアの影響は、メディアが一般公衆の争点認知（公衆議題 public agenda）ではなく、政策決定に関わるエリートたちの争点認知（政策議題 policy agenda）にどう影響するかという問題として考えることができよう。

ひとつの影響のあり方は、メディアが特定の問題を発掘して世論を喚起し、その世論の圧力によって政策決定者が動く（メディア議題→公衆議題→政策議題）というパターンであろう。しかし、それとは別に、マスメディアは政策決定者に対してより直接的な効果を及ぼす可能性がある。

たとえば、F・クックらは、「NBCニュースマガジン」の一コーナーで放送された、福祉問題に関する一八分間の特集ニュースレポートが、関連する政治エリート（所轄官庁の官僚、議員、利益団体の指導者など）にどのような効果をもたらしたかを、放送日前―放送日後の調査デザインを用いて調べている（Cook et al., 1983）。これは、クックらがこのレポートの制作スタッフと協力体制にあり、放送日と放送内容を事前に知っていたために可能となったものである。

分析の結果、利益団体の指導者に対しては目立った効果は見いだされなかったが、政府内のエリート（官僚や議員）に対しては、次の三つのレベルでの効果が見られた。すなわち、①取り上げられた問題が重要であるという知覚、②一般公衆もこの問題を重視しているという信念、③問題に対して何らかの政策的対応が必要だという信念。ちなみに、①と③は個人内議題への効果を異なる指標で測定したものであり、②は世間議題への効果に相当するといえる。これらいずれのレベルでも、このニュースレポートに接触したエリート[6]は、接触しなかったエリートと比べて、仮説が予想したような認知的効果が見いだされた。

これらの効果は、メディアが政策決定者に対して直接的に作用したものといえるだろう。すなわち、報道によって一般公衆の世論がいったん喚起された後で、それに反応して政策決定者の意識が変化したというよりも、政策決定者自身が、メディアの一般公衆に対する効果を見越したうえで、反応しているように見える。ただし、こうしたエリートの意識の変化が具体的な政策的行動へと結びつくかどうかは、他のさまざまな条件に依存すると研究者たちは考えている（Protess et al., 1991）。

時としてメディアは、世論が発展するのを「バイパス」して、政策に具体的な変化をもたらす。いささか例外的なものかもしれないが、日本の例を見てみよう。

一九八〇年三月から八一年六月にかけてＴＢＳテレビのローカル情報番組「テレポートＴＢＳ６」が実施した、いわゆる「ベビーホテルキャンペーン」は、民間の無認可保育施設の惨状を告発したものである。このキャンペーンは、最終的には児童福祉法の一部改正（無認可保育施設に対する行政の調査権・閉鎖権の確立）という大きな成果をもたらしたとして評判になった。

この番組のディレクターであった堂本暁子（のちに参議院議員）によると、当初から番組に対する視聴者の反応は情緒的かつ一過性のものでしかなく、盛り上がった世論を背景に何らかの組織化された行動が生み出されるということはなかった。手応えのなさに、キャンペーンの中断を考えたこともあったという（堂本、一九八一；三好、一九八二）。

だが、キャンペーンを継続していくうちに、厚生省の官僚や国会議員などがビデオテープを見たいと直接局に訪ねてくるようになり、そして、行政が本格的に動き出すと、他のテレビニュースや新聞もこの問題を大きく取り上げるようになった。この経験談から推測する限りでは、キャンペーンに大きな成果をもたらした直接のきっかけは、政策決定者たちの直接的な反応行動であったと考えられる。

政策決定者が、マスメディアの一般公衆に対する効果を見越した行動をとる（少なくとも、世論に関する知覚や信念を変化させる）現象は、Ｗ・デービソンの「第三者効果」（the third-person effect）仮説によって、ある程度説明がつくかもしれない（Davison, 1983）。

人は、自分に対するマスメディアの影響は小さく見積もる反面、自分や自分と同類の人以外の人びと（＝第三者）に対するメディアの影響については、それを過大視しがちである。だが、第三者がメディアの影響を受けたと推定し、その結果予想される変化に対処すべく自らも行動することで、結果として当人の行動も変化することになる。他者への影響に対する「思い込み」を媒介としたこうしたメディア効果を、デービソンは第三者効果と名づけたのである。

少なくともこの仮説の前半部分（自分に対する影響よりも他者に対する影響を大きく見積もる傾向）は、D・マッツによっても検証されている（Mutz, 1989）。しかも彼女の分析では、調査で用いられたコミュニケーションの主題に関して専門的知識を持っている回答者ほど、他者に対する影響をより過大視する傾向が見られた。こうした知見は、政治的専門知識を豊富に持つ政策決定者が、マスメディア報道に対して一般公衆以上に敏感に反応する傾向があることを示唆するものだと筆者は考える（竹下、一九九〇）。D・ラソーサも同意見である（Lasorsa, 1992）[7]。

以上の事例は、メディアが政策決定者に対して新しい問題を提起する場合を扱っていた。だが、メディアと政策過程との関連については、逆の関係が存在することも理解しておく必要があるし、むしろ、そちらのほうが一般的かもしれない。

すなわち、ある問題を政策化したいと考える政治エリートがメディアに働きかけることによって、メディア議題に影響を与え、さらに公衆議題や政策議題にも影響を及ぼそうとするパターンである。自分の所轄の問題をメディアで大きく取り上げてもらうことで、世論の支持を調達したり、あるいは政策決定者の間での自らの行為の正当性を確保したりする戦略とも言い換えることができよう。ただし、メディアはつねにエリートの忠実な僕であるとは限らないから、こうした戦略はエリートにとって一定のリスクもはらんでいる。

この点できわめて示唆に富むのは、J・キャンベルが行なった研究である（Campbell, 1990）。彼は戦後日本の厚生省の高齢者対策を事例として取り上げ、政策転換にどうメディアが関わっていたかを、議題設定（この場合は、政治学者の用法で、政策議題の設定 policy-agenda setting を意味する）の観点から綿密に調べている。キャンベルによれ

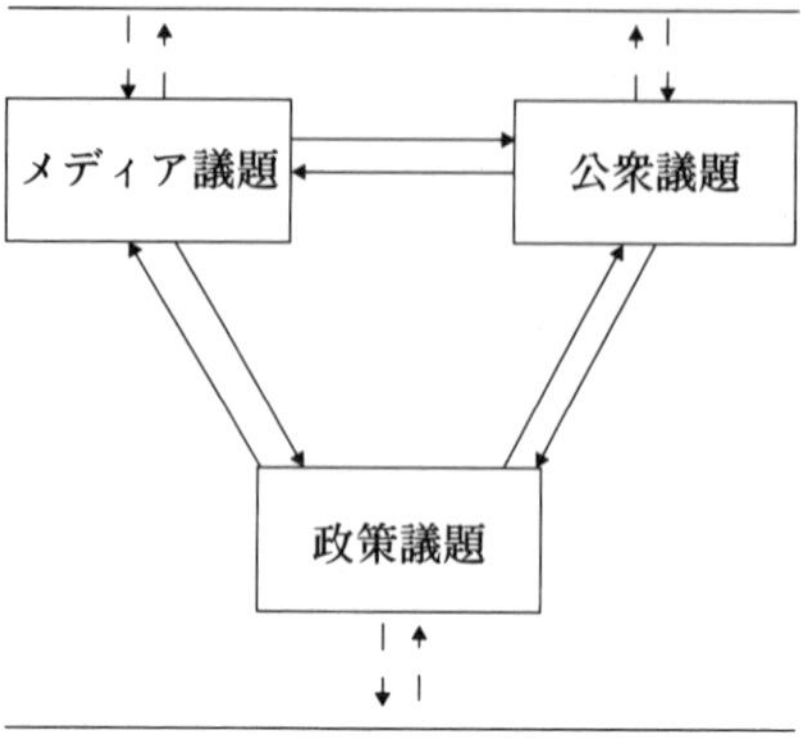

出所：Manheim (1987), p. 500.

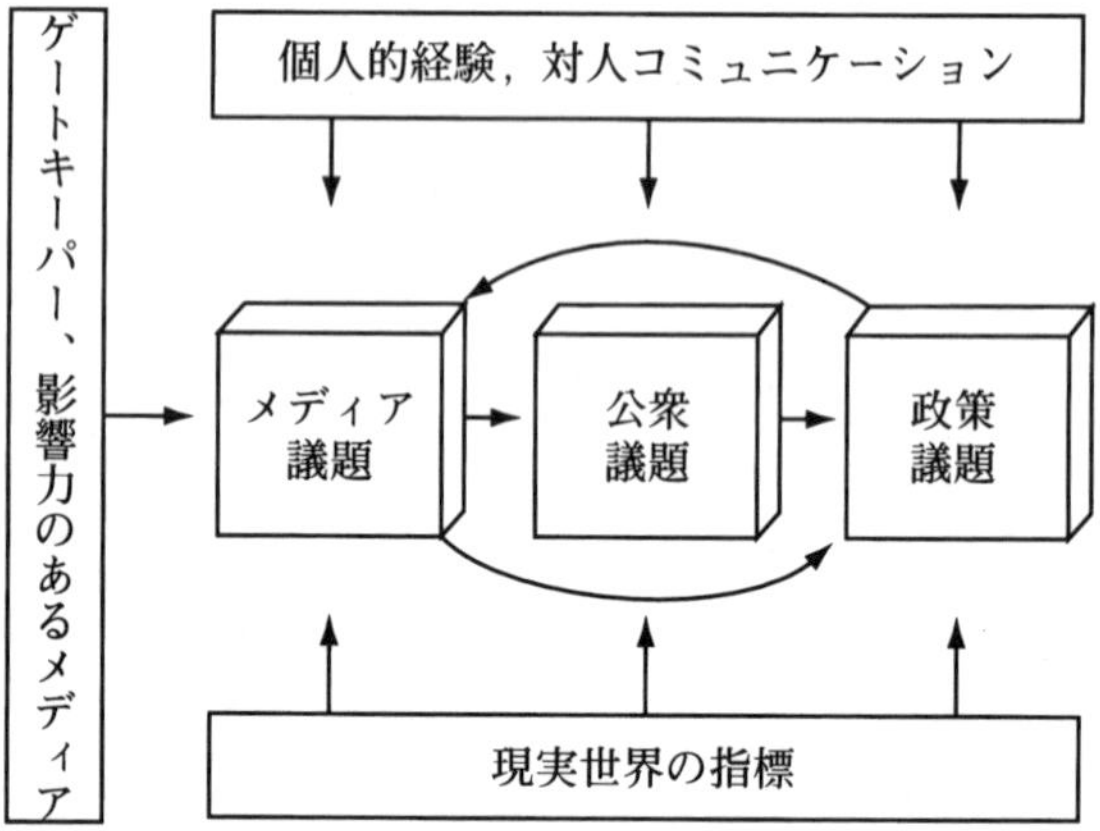

出所：Rogers & Dearing (1988), p. 557.

図6－1　メディア議題，公衆議題，政策議題の関連モデル

ば、政策転換を志向するエリートにとって、メディアの利用は「次善の戦略」であって、利益集団や政治的な結びつきによって力を動員する方法よりも信頼されていない。しかし、政策転換の資源があまり豊かでない場合、メディア戦略は利用可能な最善の策となる。争点がジャーナリストにとって魅力的であるときはとくにそうだという。

マスコミュニケーション過程と政策過程の両方をカバーする包括的なモデルのひとつの予想形は、J・マンハイムが提起しているような「議題動態モデル」（model of agenda dynamics）かもしれない（Manheim, 1987）。これはメディア議題、公衆議題、政策議題の三要因の相互規定関係を図式化したものである（図6-1上）。なお、ロジャーズとディアリングも類似のモデルを提起している（Rogers & Dearing, 1988）（図6-1下）。

メディアと権力過程

メディアと権力過程との関連を考察するうえで確認しておくべき点は、そもそも議題設定とは、権力抗争が行なわれる重要な局面だということである。

R・コブとC・エルダーは、政治参加論のコンテクストから、さまざまな社会集団の要求がいかにして政策決定者の正当な課題として認知されるか（政策議題の設定。彼ら自身は議題構築と呼んでいる）という問題を検討している（Cobb & Elder, 1972）。たとえば政策過程が、① 政策課題の認知（議題設定）、② 政策立案、③ 政策決定（可能な政策の選択）、④ 政策執行、⑤ 政策評価、といった段階から成り立っているとすると、彼ら以前の研究は、主として③の段階において、各種集団の要求がいかに反映されるかという点に焦点を合わせてきた。

これに対し、コブらはむしろ①の段階の意義を強調する。すなわち、どの政治システムでも問題処理能力には一定の限界がある以上、政策の対象としてどの集団の要求が採択されるか、逆にいえば、どの集団の要求が閉め出されるかが、政治参加にとって決定的に重要だと主張するのである。すなわち、①議題設定の段階もまた、③政策決定とは別の意味で権力のせめぎあいが起こる局面だといえるのである。[8]

上述したように、メディアは、公衆議題の設定過程と同様、政策議題の設定過程においても一定の役割を果たしうる（その能動性の程度は状況によってさまざまであろうが）。権力過程の主要なアクターに含まれるといっていいだろう。だがその場合、メディアはどのような社会集団の利害や要求を代表する傾向があるのだろうか。

この問題を考えるうえできわめて示唆的な、しかも日本生まれの理論モデルが、蒲島郁夫の「メディア多元主義モデル」である（蒲島、一九八六b、一九九〇）。このモデルはもともと自民党の一党優位体制を念頭において概念化されたものだが、しかし、別の政治状況や他の産業民主主義国家にも適用可能な要素があると考えられている。

蒲島は、一九八〇年に実施されたエリート意識調査において、政界、財界、官僚、各種利益団体、マスメディアなどのリーダーに対して、声価法の手法で、マスメディアをも含めた政治社会集団の影響力を評価させた。その知見は次のようにまとめられる。

第一に、各界のエリートたちは、マスメディアをわが国で最も影響力のある集団とみなす傾向があること。第二に、マスメディアはイデオロギー的に中立で、信条や規模の面で多様な集団からアクセスが可能であること。第三に、マスメディアは、強力な利益集団とほぼ同じくらい、反体制集団や弱小集団にもアクセスを提供している。とくに、自らの狭い利益のために活動している集団よりも、社会全般に利益を与えるような公共財のために活動している集団のほうが、メディアとの人的なつながりは強い。

以上の知見に基づき蒲島は、わが国のマスメディアは（政権党や官僚からは軽視されがちな）反体制集団や弱小集団の選好を政治システムに注入するうえで大きな役割を果たしている、と仮定する。「マスメディアは伝統的な権力

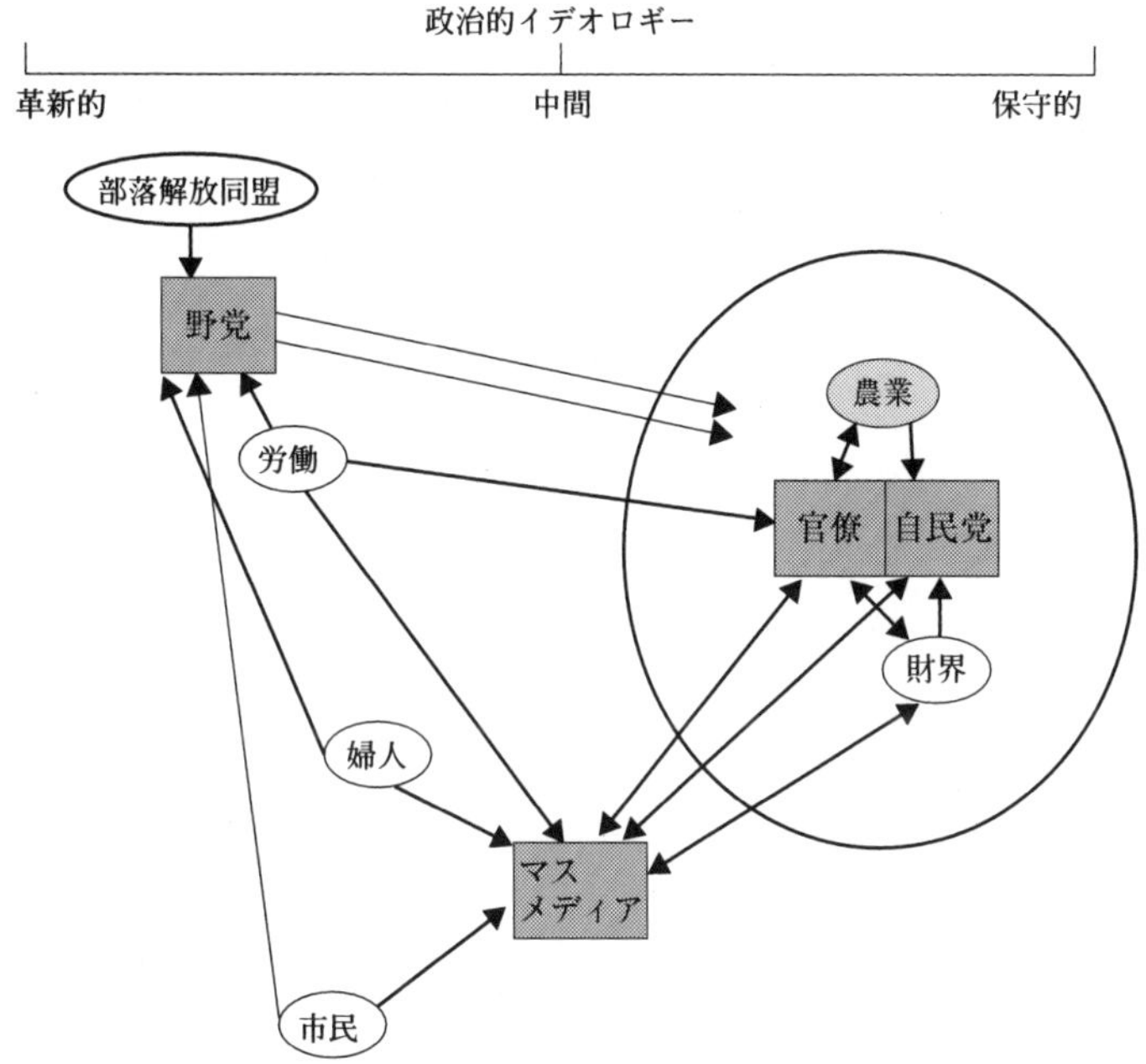

図6－2　メディア多元主義モデル

出所：蒲島（1990），p. 21.

構造の外側に位置し、その立場から新しい多元主義を政治システムに注入している」（蒲島、一九八六b、一二八ページ）のである（図6-2）。

マスメディアの影響力の源泉はその世論喚起能力にあると蒲島は考える。メディアは、社会の出来事や集団に対する市民の同情や怒りを喚起する。政策決定者はこうした市民の反応に注目せざるをえず、そこで政策優先課題の再提案や変化が生じる、と説明されている。しかしこの部分は、あくまでも蒲島の推論に過ぎない。メディアが一般公衆や政策決定者にどう影響を及ぼすかという、まさにこの点に関して、議題設定仮説はより明示的な概念と実証に裏づけられた説明を提供できるだろう。本章ですでに論じたように、政策決定者に対するメディアの影響に関しては、一般公衆の反応を媒介しての場合もあるし、メディアからエリートへ直に作用する場合もある。メディア多元主義モデルの場合は、メディアとエリート間の直接的な影響の授受を仮定するだけでも、成立しうる面がある。

なお、蒲島がメディアから官僚や政権党など権力集団への影響を強調するのに対し、石川真澄は、権力集団からメディアへの影響力のほうが圧倒的に強いのが実態であると批判している（石川、一九九〇）。言い換えれば、メディアは誰の声を代表しているのかという点については、まだまだ検討の余地があるということであろう。とはいえ、議題設定アプローチに基づき、マスメディアと権力過程との関連を探究していくうえで、メディア多元主義モデルはひとつの有力な足がかりになるだろう。

政策過程との関連にせよ、権力過程との関連にせよ、いずれも議題設定研究にとってはフロンティアであり、新たな発展の可能性が開けている研究領域である。ただ、理論的枠組みがマクロになればなるほど、コミュニケーション研究者にとって、関連分野の専門家との協同が不可欠となろう。

四　要約

三章で論じたように、議題設定効果が生じる過程についてはまだ未解明な問題も多い。それらの追究が継続されることを前提としたうえで、議題設定研究の今後の発展の方向としては次の三つを指摘できよう。第一は、メディア効果仮説としての議題設定の適用範囲をさらに拡張していく方向。第二は、基本仮説を他の変数を結びつけることで、マスコミュニケーション過程全体を説明するような理論へと仮説を発展させていく方向。そして第三は、政治過程におけるマスメディアの機能の解明を志向した、よりマクロな理論モデルの構築を目指す方向である。

第一の方向に関わる課題として、「属性型議題設定」の研究がまず挙げられる。従来の議題設定が、争点の顕出性がメディアから受け手へと転移する過程を追究する「争点型議題設定」であるのに対し、属性型議題設定とは、特定争点の諸属性の顕出性がメディアから受け手へとどう伝わるかを検討するものである。マスメディアはある争点を取り上げるとき、その特定の属性を強調し、別の属性は無視することで、受け手がその争点をどのような観点から見るかを規定していると考えられる。属性型議題設定研究が、やはり類似のパースペクティブに立つフレーミング研究とどう関連しあい、どう影響を与えあうかについては、今後の展開を見なければならない。

第二の方向に関わる課題としては、メディア議題の規定因の探究が挙げられよう。従来の仮説では独立変数の位置にあったメディア議題を従属変数と見なしたとき、その独立変数にあたる要因は何かを探る試みである。この課題はさらに、メディア議題形成におけるニュースソースとメディアとの力関係の問題（メディア議題を形成するうえで、ニュースソースに対するメディアの裁量権はどの程度あるか）と、メディア間の影響の授受関係の問題（メディア間で議題設定影響力はどのように流れているか）とに細分できる。従来の受け手分析中心から送り手分析をも射程におさめることで、議題設定研究とジャーナリズム研究との接点も今以上に増えるだろう。

第三の、よりマクロな理論モデルを構築する場合の課題は何だろうか。政治過程は政策過程および権力過程として概念化できる。メディアと政策過程との関連を追究する場合、ここでの焦点は、メディアが政策決定者の争点認知（政策議題）にどう影響を与えるか、あるいは逆に政策決定者からどう影響を受けているかである。モデルのひとつの予想形は、メディア議題、公衆議題、政策議題の三要因の相互関係を記述するものになろう。また、メディアと権力過程との関連の追究においては、メディアが政策議題の設定において、どのような集団の利害や要求を代表しているかが重要な問題となる。この点で、蒲島郁夫が提起する「メディア多元主義モデル」は、研究のためのひとつの有力な足がかりとなるだろう。

注

（1）地位付与機能仮説に実証的なメスを入れたのは、筆者の知る限り、J・リマートの論文だけである（Lemert, 1966）。

（2）コミュニケーション研究者のリマートも、独自に似たような議論を行なっている。彼が提起した「態度対象の変化」（attitude object changes）は、フレーミングやリフレーミングの概念とよく似ている（Lemert, 1981）。

（3）蛇足だが、この Takeshita & Mikami (1995) の論文は、マコームズとエストラーダによって「第一次元と第二次元の議題設定効果を同時に検討し、両方の影響に関して明確な証拠を見いだした記念すべき研究」と評されている（McCombs & Estrada, 1997, p. 244）。

（4）コミュニケーション研究者の中には、受け手に対する効果を議題設定と呼ぶのに対し、メディア議題の形成を指す場合には「議題構築」（agenda building）の語を用いる人がいる（Weaver & Elliott, 1985；Berkowitz, 1987）。ところが政治学者はこの議題構築という語を、政策決定過程において、ある問題が政策課題として認知される段階を指すものとして用いてきた（Cobb & Elder, 1972）。さらに紛らわしいことに、この政策課題としての争点認知という場合にも、議題設定という語をあてる政治学者がいるのである（たとえば、Nelson, 1984; Walker, 1977）。ひとつの便宜的な解決法としては、ディアリングとロジャーズのように、議題構築という語は使わずに、一般の人びとの関心を問題にする場合には「公衆議題の設定」（public-agenda setting）、メディア議題の形成のされ方については「メディア議題の設定」（media-agenda setting）、政策課題の認知については「政策議題の設定」（policy-agenda setting）とそれぞれ呼び分けることであろう（Dearing & Rogers, 1996）。

（5）イギリスの場合には、政党が週日の毎朝実施する記者会見と政党が発行するプレスリリースが内容分析の対象となった。アメリカの場合には、各候補者の選挙演説（「ニューヨークタイムズ」に採録されたもの）が、候補者の強調争点を割り出すために用いられた。

（6）番組を直接見た人だけでなく、報道後に部下や周囲の人から番組に関する話を聞いて知った人も含まれる。

（7）なお、メディア報道が政治エリート以外のエリートに影響を及ぼしている事例としては、たとえば、B・プリチャードの研究が興味深い（Pritchard, 1986）。この研究では、検察官に対するメディアの効果が調べられている。殺人などの犯罪事件が起こったとき、新聞がそれを大きく報道する度合いが、地方検事局が司法取引を行なう可能性を規定するという仮説が立てられた。司法取引は、世間での評判はあまりよくないが、検察の限られた資源を節約する方法として、日常的によく行なわれる。たてまえでは、取引を行なうか裁判を受けるかの選択は被告の権利に属するが、実際には検察官から被告に話がもちかけられることが多い。しかし、新聞が大きく取り上げ、世間の注目を浴びている犯罪事件の場合には、検察官は司法取引の交渉を控えようとするであろう。実際、プリチャードがウィスコンシン州ミルウォーキー郡で行なった調査では、この仮説は支持された。

　なお、日本では、司法への影響についてきちんとした研究事例は管見の限りでは見られない。ただ、ある雑誌の鼎談で、弁護士の五十嵐二葉は、裁判所に対するメディアの影響について次のように語っている（他の出席者は森毅・京大教授、石川真澄・朝日新聞編集委員）。

五十嵐「もしあれ［引用者注：リクルート事件のこと］が新聞で全然取り上げられないで起訴されたならば、たぶん立件はむずかしいということになったと思うんです。あれだけ全新聞全紙面で取り上げたとなると、もうこれは無罪にしないというのがいまの裁判所の体質なんです。

　ちょっと内幕を言いますと、裁判所に広報部というのがあって、たとえばリクルート事件の記事を全部切り抜きをして、担当の部に届ける。そうすると、その情報の重みの下に、裁判が有罪か無罪かというところはほとんど予断で決まってしまう。そういうときにマスコミの報道というのは、いちばん彼らに重く響くんです。」

森「マスコミだけじゃないんじゃないかな」

五十嵐「とくに日本人の特性として、アトモスフィアみたいなもので物事を決めていくというのがありますね。そのアトモスフィアというのが、いまはマスコミがほとんどということで、責任をとても重く感じていただきたいんです。」（「八九メディア総括　『正義の味方』よりも複眼思考を」『朝日ジャーナル』一九八九年一二月二二日号、七八―八三ページより）

（8）コブらの主張は、地域権力構造論における「決定外し」（nondecision）の概念とも関連するものであろう（Ba-chrach & Baratz, 1970；大石、一九八三；渡邉、一九九四）。

終　章

マスメディアはわれわれにどのような効果を及ぼしているのか。マスメディアはどのような社会的機能を果たしているのか。こうした問題に対するひとつのアプローチが「マスメディアはわれわれが何について考えるべきかを指示している」と仮定することである。議題設定仮説は、マスメディアの活動のうちでもとくにジャーナリズムに焦点を合わせ、ジャーナリズムがわれわれの注目の焦点を形成していること、そして、社会システム全体にとっての優先課題の認定に寄与していることを主張するものである。

H・ラスウェルやC・ライトのマスコミュニケーション機能論にあてはめるなら、議題設定は「環境監視」（surveillance）と「社会的調整」（correlation）の両方にまたがるものとして考えることができよう（Lasswell, 1948；Wright, 1986）。すなわち、社会システム内外の問題を察知し、警鐘を鳴らし、社会全体としてその問題に対処するための合意形成過程を始動させる働きである。それはまた言い換えれば、マスメディアによる一種の正当化機能であるともいえる。議題設定機能とは、ある問題やトピックに社会的認知を付与し、それを社会全体が注目すべき事柄として正当化する機能のことなのである。

最初の実証的テストを行なったM・マコームズとD・ショーの問題意識もこのあたりにあったのではないか。J・タンカードがまとめた二人の回顧談によれば、いまや記念碑的研究となった一九六八年のチャペルヒル調査を実施する前年、NAB（アメリカ放送事業者協会）の研究助成に応募した申請書には、「もし、プレスがある問題について語るならば、人びとも集団としてそれについて語るようになるだろうか」（Tankard, 1990, p.280；強調は引用者）というテーマが記されていたという。マコームズらが意図していたのは、単に個人レベルの効果を解明することだけでなく、むしろメディアの社会レベルでの機能を追究することであったと推測される。

本書では、議題設定仮説がどのようなコンテクストの中で生まれ、実証的研究がどう進められ、どのような成果が生み出されてきたのか、そして日本での実証研究例や今後の研究の発展方向などについて論じてきた。それぞれの章の末尾に要約をつけたので、ここでまとめは繰り返さない。最後に、これまで触れてこなかった点——近年のメディア環境の急激な変容が、議題設定機能とどう関わってくるかという問題について、若干の考察を行ないたい。

ニュースメディアの将来

近年の情報技術の著しい発達は、われわれのコミュニケーション環境を一変させつつある。ファクス、電子メール、携帯電話などといった個人間、集団内、個人と集団間のレベルでの新しいメディアや情報サービスの増殖とともに、マスコミュニケーションの領域でも大きな変化が起こっている。ケーブルテレビや衛星通信の発達に伴う多メディア化・多チャンネル化の波である。さらにインターネットの発達は、個人や集団が従来とは比べものにならないほどの低いコストで、特定多数や不特定多数に向けて情報発信を行なうことを可能にしつつある。こうした動向は、従来型ニュースメディアのジャーナリズム活動に対してどのような影響をもたらすのだろうか。

一九九六年のアメリカ大統領選挙では、各政党や候補者、支持者団体などがインターネット上にホームページを開設し、本格的に情報発信を始めた。日本でも各政党がホームページを作り始めた（三上、一九九六；田中、一九九六）。現状ではまだ普及率は高くはないが、しかし将来、インターネット、あるいはそれに類するデジタル通信ネットワークが本格的に普及し、選挙時だけでなく平時でも、政党・政治家が、さらには各省庁や企業、労働組合、宗教団体、社会運動団体といった各種団体や特定の主義主張を持つ個人までもが、一般公衆に直接に情報発信を行なうようになった場合、どういう状況が生じるのだろうか。言い換えれば、従来ニュースソースであった人びとが、ニュースメディアをバイパスし、一般公衆に直に情報を送り届けることになったとしたら——。こうした動向は、従来型のニュースメディアへの人びとの依存度を大きく低下させ、ジャーナリズム不要論につながるものなのだろうか。

この点でM・シュードソンの議論は示唆に富む（Schudson, 1995）。彼は、上記のような高度通信ネットワークが普及した世界で、ジャーナリズムが一時的に消滅した状況を仮想する。ニュースソースと呼ばれる個人や団体は、市民のコンピューターに直に情報を伝達するようになるのである。市民はどんな情報もコンピューターネットワークから取り出すことができるし、自分自身も情報の発信者になれる。誰もが自分自身のジャーナリストである。そうした状況で何が起こるのだろうか。

シュードソンの予想はこうである。市民はニュースを二種類の情報源に依存するようになる。ひとつは、最も正統性が高いとされる少数の情報源——ホワイトハウスの政府高官や最高裁など——であり、他方は、ごく身近な、直に会って確認することのできるようなローカルな情報源である。だが次第に、人びとは入手可能な無限の情報の中から何をどう選択したらよいのか、その方法を求めるようになる。さらに人びとは、出来事の解釈と説明を助けてくれる人を欲するようになる。党派的な説明や分析を好む人もいるだろうが、既存の政党やカルト、セクトなどは自分の意見を代弁してくれないと感じる人は、独立した立場の観察者、政治に精通しながらもあからさまに党派的ではないような解説者を探し求める。

かくして、なんらかのジャーナリズムが再発明されるだろう、とシュードソンは考える。「われわれの誰もが潜在的には情報の発信者かつ受信者になれるようなテクノロジーを目の前にしても、ジャーナリズムの専門化された制度を欠いた現代社会を想像することは難しい」（Schudson, 1995, p. 2）。

筆者なりに言い換えると次のようになろう。高度通信ネットワーク上を行き交う情報はまさに玉石混淆であり、正確で信頼できる情報と、虚偽や誤報、宣伝などを選別することは、平均的な個人の能力を超える作業である。したがって、少なくともわれわれの生存や福祉に関わる重要な事柄に関しては、われわれに代わって傾聴すべき情報を選別し、また、内容の妥当性をチェックしてくれるような他者が必要となる。専門的なジャーナリズム活動に対する社会的ニーズは、高度情報社会においても決してなくなりはしない。

もっとも、こうした見方は楽観的すぎると感じる向きもあろう。実際、ずっと悲観的な予想もしばしば見られる。従来型のニュースメディアは、より小規模で分散化した新しいメディアや情報源に受け手を奪われる結果、ニュースメディアの議題設定機能も衰微していくという見方である（Shaw & Hamm, 1997）。インターネットや情報技術に傾倒する人びとが主張しているのは、むしろこちらに近い予想だろう。

ともあれ、人びとのメディア利用の仕方がどう変わっていくかは、まさに現在進行形の問題であり、上記の異なる見方の当否も経験的に明らかにされるべきものであることはいうまでもない。もうひとつ、急いで付け加えておくべき点は、ジャーナリズム一般の必要性を認めることと、現在の主要メディアによるジャーナリズム活動を無条件に肯定することとは別問題だということである。これはまた、次の論点とも関連している。

適切なニュース判断とは

多メディア化・多チャンネル化状況では競争相手が激増し、メディア同士の、受け手の時間・注目・支出の獲得競争はますます熾烈になる。かつては聖域視されていたニュース部門ももはや例外ではない。こうした読者獲得競争、視聴率競争の激化は、ジャーナリズム活動にも影響を及ぼす。その典型例は、一九八〇年代アメリカで指摘されるようになった「市場志向型ジャーナリズム」（market-oriented or market-driven journalism）の台頭である（McManus, 1994 ; Underwood, 1993）。

この市場志向型ジャーナリズムについてはJ・マクマナスが簡潔にまとめているが、いわばニュースを商品、受け手を市場とみなし、できるだけ低コストでかつ受け手の最大化を目指すという経営政策である（McManus, 1994）。結果として、ニュース素材の選択やニュースの扱いにおいて、受け手に「何を伝えるべきか」よりも、受け手を「いかに引きつけておくか」が優先されることになる。たとえば、重要だが小難しい政策論議のニュースよりも、犯罪や災害といった耳目を集めやすい出来事のほうが編集者に重宝がられる。また、同じ犯罪や災害を伝える場合でも、事件を生み出した背景的要因よりも、被害者の惨状や苦悩など、よりセンセーショナルな側面に焦点を合わせる傾向が生じる。

歴史的・制度的背景の異なる日本のマスメディアにこの概念をそのまま当てはめることには注意を要する。しかし、日本のメディア業界内でも合理化・省力化が進展し、企業間のシェア争いが激化していること、そして、一九九五年の阪神淡路大震災報道や同年以降のオウム問題報道（とくにテレビ）に典型的に見られるような、ニュースの「見世物」化が進んでいること――こうした傾向を思い起こすならば、アメリカの問題が決して対岸の火事ではないことがわかる（桂、一九九八）。

仮にニュースメディアが一般公衆の注目を引きつけることに成功したとしても、問題は、人びとにとって真に重要な争点やトピックが、メディア議題として提示されているかどうかである。人びとが共通に関心を払うべき、社会が全体として取り組むべき諸問題が、どれだけメディア議題に盛り込まれているかである。言い換えれば、メディアが議題設定力を行使する際に、公共の利益がどれだけ配慮されているかが重要なのである。ちなみに、アメリカで九〇年代に登場した「パブリックジャーナリズム」（ジャーナリストの側から市民のニーズを積極的に汲み上げていこうとする一種の報道改革運動）の試みも、この点と深く関わるものといえよう（Meyer, 1995）。

高度通信ネットワークの時代においても、何らかのニュースメディアが、一般公衆の準拠点として重要な役割を担う可能性は高い。しかしそれは、あくまでもそのジャーナリズム活動が、多数の人びとに真に重要となる問題を提起し続けることが前提である。多メディア化・多チャンネル化が進展する中で、まさにニュースメディアの、そしてその議題設定機能の真価が厳しく問われているといえよう。

補章一　議題設定とフレーミング――属性型議題設定の二つの次元[1]

一　はじめに

マスコミュニケーション研究にフレームないしはフレーミング（＝フレームを状況に適用する行為）という概念が導入されたのは一九八〇年代だが、研究者の間で広く注目を集めるようになったのは一九九〇年代以降である。ここでのフレームとは、ある問題や出来事に対する解釈枠組みのことであり、また、フレーミング効果とは、メディアがどのようなフレームを用いて報道するかが、その問題や出来事に対する受け手の解釈や評価に影響を与えることと定義できる。

いまやメディアテクストやその効果の分析に欠かせない概念道具と目されるようになったフレームの概念だが、しかし、問題も少なくない。フレームの定義の仕方が研究者ごとに異なり、また、研究方法も質的なものから量的なものまで多種多様である。百家争鳴といえば聞こえはよいが、カオス的状況にあるといえないこともない。

本章では、メディア議題設定研究の立場から、フレーミング研究のうちでもとくにフレーミング効果の分析手続きを、どう標準化できるかという課題を追究する。そのために、幅広い争点やトピックに適用可能なフレーム概念を用い、かつメディアのフレーミングが人びとの認識に及ぼす効果を、信頼性の高いやり方で測定しようと試みた。具体的には、A・エーデルステイン、伊藤陽一、H・ケップリンガー（Edelstein, Ito, & Kepplinger, 1989）が提起した「問題状況（problematic situations）」図式をフレームのモデルとし、トピックとしては一九九〇年代初頭のバブル崩壊以降長期化した「日本経済の低迷」を取り上げ、二〇〇一年東京都内で実施した意識調査で、経済報道（新聞）のフレーミング効果を検証した[2]。こうした標準化に向けた試みは、研究結果の相互比較や理論的一般化を容易にすることで、フレーミング研究に一定の貢献をなしうると考えられる。

二　フレーム概念の多様な定義と問題点

T・ネルソンとE・ウィリーは、政治コミュニケーション研究におけるフレームという語の用いられ方を四つに分類している（Nelson & Willey, 2001）。第一は「集合行為フレーム（collective action frames）」。これは社会学者が提起したもので、社会運動で支持をいかに動員するかという戦略に関わるものである（e. g., Gamson, 1992）。第二は、「決定フレーム（decision frames）」。心理学者は実験に用いる課題のワーディングの仕方を微妙に変化させることで、実験参加者の判断が大きく変わることを示した（Tversky & Kahneman, 1981）。人間の判断は、物事の客観的事実ではなく、それをどう解釈するかに左右されるからである。第三の「ニュースフレーム（news frames）」は、ニュースメディアがメッセージをどう枠づけるかに関連する。そして、第四の「争点フレーム（issue frames）」とは、特定の争点を報じる際の視点・切り口を意味する。

メディアのフレーミング効果に関連が深いのは、第三のニュースフレームと第四の争点フレームであろう。ニュースフレームの代表例が、選挙・政治報道における「ゲーム」対「実質的内容」フレーム（Patterson, 1980）や、「戦略型」対「争点型」フレーム（Cappella & Jamieson, 1997）、あるいは社会問題報道における「エピソード型」対「テーマ型」フレームである（Iyengar, 1991）。この種のニュースフレームは、メディアの組織的慣行や営業上の必要に起因するもので、特定のジャンルの報道全般に見出すことができるものだとネルソンらは言う。他方、争点フレームは、原発問題や妊娠中絶問題といった個別具体的な争点に特化したものであり、このフレームの担い手は、メディア自体であるよりも、むしろ政策決定者や利益団体の広報担当者、シンクタンク研究員といったニュースソースだと考えられる。ネルソンが同僚らと行なってきた研究も、この第四の系譜に属する（たとえば、Nelson, Clawson, & Oxley, 1997）。とはいえ、メディア自体も、論説や解説・分析記事などによって、ある争点の特定のフレーミングに積極的に加担する場合もあるだろう。

　フレーミング効果に限って言えば、第三のニュースフレームに関する研究には次のような問題点がある。まず、おおざっぱな二項対立的フレームに依拠することで、ニュースの描写法を過度に単純化する危険性がある。さらに、受け手側もメディアのそれと対応したフレームで認識を行なっているのかという効果形成過程の問題をバイパスして、ニュースフレームと後続効果（たとえば、社会問題の責任帰属の認知）とをじかに関連づけてしまう場合が少なくない。

　他方、第四の争点フレームに関する研究は、ある争点に固有な条件を特定し、詳細な分析を行なうには有用だが、争点報道におけるメディアの役割に関して一般化を導き出すという方向にはなかなか進みにくい。もちろん、「汎用性」を持った争点フレームモデルを構築しようとする試みがこれまでになかったわけではない。たとえば、W・R・ニューマン、M・ジャスト、A・クリグラーらが提起した五項目のフレームモデル（「実利主義」「対立」「無力感」「人的影響」「道徳性」）はその一例であろう（Neuman, Just, & Crigler, 1992）。ニューマンらは、一九八七年から八八年にかけて四〇名余りの市民を対象に実施した深層面接で、五つの公共的争点（アパルトヘイト、スターウォーズ構想〔ＳＤＩ〕、一九八七年の株価の暴落、薬物乱用、エイズ）がどう解釈され評価されているかを調べた。その結果として、どの争点を解釈する場合にも登場する、いくつかの中心的なフレームを見出したのである。ただ、相対的に顕著なフレームのセットであっても、その体系性や網羅性という点では疑問が残る。

三　マクロな属性あるいはフレームとしての「問題状況」図式

一九七〇年代から始まったメディア議題設定効果研究は、当初は、経済や外交・防衛、福祉政策といった一群の公共的争点間の優先順位に着目し、メディアの側で相対的に重要だと判断された争点が、受け手の側でも同様に重要視される傾向があるかどうかを追究してきた（McCombs & Shaw, 1972）。しかし、「メディアから公衆の側への顕出性（≒重要性）の転移」という議題設定の基本的なアイディアは、さまざまな応用が可能である。たとえば、特定の争点や候補者について報道する際にも、メディアは、その争点や候補者のどの属性（＝側面、具体的には下位争点や人物特性など）を強調し、どの属性を無視するかという取捨選択と格付けの作業を、やはり行なっている。結果として、くだんの争点や候補者が持つどの属性に受け手の注意が向くか、どの属性を手がかりに受け手が争点や候補者を認識するかという点でも、一種の議題設定効果が働くと予想される。これが、いわゆる「第二レベルの議題設定（the second level of agenda-setting）」ないしは「属性型議題設定（attribute agenda-setting）」の考え方である。ただ、一見して、フレーミング効果の概念と類似点が少なくないことがわかるだろう。

一九九〇年代に入り、議題設定研究において属性型議題設定の概念が提起されるようになった（ただし、その萌芽は一九七〇年代半ばから存在する〔Weaver, Graber, McCombs, & Eyal, 1981〕）。さらに数々の実証研究も登場してきた。結果として、フレーミング研究と属性型議題設定研究とはきわめて似たテーマを追究することになり、それゆえ、両概念の類似点と相違点をめぐって、両陣営の研究者はさまざまな論争を繰り広げてきた（本書 六章；Weaver, 2007）。

属性型議題設定とフレーミングとの収斂の可能性について論じたM・マコームズとS・ガーネムによれば、属性型議題設定における属性には、客体（争点、候補者など）が持つ多様な要素のうちで顕出的になった要素という「ミクロ」次元の属性から、顕出化した要素にまとまりを与える抽象的なアイディアという「マクロ」次元の属性までを想定できるという（McCombs & Ghanem, 2001）。ミクロな属性を「側面（aspects）」、マクロな属性を「中心的テーマ（central themes）」と彼らは呼んでいる。後者は受け手を特定の推論や評価へと誘導するものだが、フレーミング研究におけるフレームとはまさにこの中心的テーマのことだとマコームズらは考える。議題設定研究の観点からなされたこのようなフレームの定義に対しては、フレーミングの研究者から異議が出るかもしれない。しかし、フレームという同じラベルの下に多種多様なアプローチや定義が混在する現実に鑑みて、マコームズらの定義もまた、フレームのひとつの定義だと主張することは可能だろう。

本章では、このマコームズらの概念枠組みにのっとり、マクロな属性としての中心的テーマ（＝フレーム）が、受け手にどのような効果を持つかを実証的に検討する。その際、操作手続きの信頼性とフレームモデルの適用性の二点にとくに配慮したい。前者に関しては、争点報道における中心的テーマとしてのフレームを、研究者の直観に頼るのではなく、より信頼性の高い手続きによって抽出することを試みたい。後者に関していえば、研究結果の比較や追試を可能にするためには、アドホックな争点フレームではなく、より広い適用性を備えたフレームモデルを用いることが望ましい。そうした「汎用型」フレームモデルの候補として、エーデルステインらが提唱する「問題状況（problematic situations）」図式を取り上げ、分析に適用する（Edelstein et al., 1989）。

「問題状況」図式とは、人がある状況を何故に問題をはらむもの（problematic）として認識するのか、そのさまざまな理由を体系的なカテゴリーにまとめたものである。エーデルステインらは、哲学者J・デューイの議論、そしてより直接的には教育心理学者の、教育における問題解決に関する研究に依拠しながら、問題状況認知の分類枠を作成した。それは以下のような七カテゴリーから成る。

①損失（Loss of value）——個人にとっての何らかの価値あるモノが損失した状態。
②必要（Need for value）——個人にとっての何らかの価値あるモノが不足し、それが求められている状態。
③制度崩壊（Institutional breakdown）——制度レベルでの価値の損失。統治機構、教育、家族といった社会的制度が、適切に機能しなくなったり、社会的ニーズに合わなくなった状態。
④対立（Social conflict）——他のアクター間、制度間で対立が見出される状態。個人間や政府間での戦争や競合・競争など。
⑤不確実さ（Indeterminate situation）——不確かで、曖昧、混乱した状態。
⑥解決への措置（Steps toward solutions）——問題解決に向けてのなんらかの策を要求したり、提案したり、あるいは策が実行されている状態。
⑦妨害（Blocking）——個人や集合体が、あるアクターによって進路を妨げられている状態。

やや抽象度の高い分類図式ではあるが、しかしそれゆえに、多様な争点や問題に適用可能だと考えられる。

四　本調査の概要

調査のテーマ

本調査のテーマとして取り上げた争点は、一九九〇年代初頭のバブル崩壊以降、長期にわたって低迷を続けてきた「日本の経済状況」である。経済は、一面では雇用や物価、暮らし向きといった個人的経験から実感できる問題であるが、他方、マクロな状況は主にメディアを通して知ることが多いという点で「間接経験的争点」（Weaver et al., 1981）としての性格も持っている。「失われた一〇年」とも呼ばれたように、日本経済がなぜかくも長きにわたって低迷したかについては、専門家や実務家の間でも諸説紛々である（ごく簡単なレビューは、竹下、二〇〇三）。この複雑な問題について、一般の人びとがどのような視点からどう理解しようとしているのか、また、マスメディアの報道は人びとの問題理解に対して、どのような影響を及ぼしているのか、を追究した。

予備調査：フォーカスグループインタビュー

まず、予備調査としてフォーカスグループインタビューを実施した。一九九九年の九月から一二月にかけて、二〇歳代から六〇歳代までの男女を対象に、職業的にも学生、主婦、サラリーマン、退職者などとバラツキをもたせて、五セッションに分け計二八人（うち女性は一二人）に集まってもらい、低迷する日本の経済状況のうち、何がいちばん問題だと思うかをできるだけ自由に語ってもらった。録音されたインタビュー内容はテープ起こしされ、意識調査質問作成のための資料として用いられた。

意識調査：東京都民調査

二〇〇一年五月下旬から六月初めにかけて、東京都在住の二〇歳以上七〇歳未満の男女八〇〇人（住民基本台帳から無作為抽出）を対象に意識調査を実施した。留置法を用い、有効回答数は五五六（六九・五％）であった。調査地を東京都にした理由のひとつは、都内のかなりの地域が、全国紙の東京本社発行最終版の配布地域であり、縮刷版を用いた内容分析と対応がとれるということがある。

本論文と最も関係する質問——日本の経済状況を調査対象者がどのようなフレームでとらえているかを調べる質問——は次のようなものである。まず冒頭の質問は「今の日本の経済をめぐってはいろいろな議論がありますが、あなたご自身は、A～Lのような事柄はどのくらい問題だとお考えですか」。そして、一二項目の陳述それぞれに対して、「4．かなり問題だと思う」「3．ある程度は問題だと思う」「2．あまり問題とは思わない」「1．問題とはいえない」のいずれかで、問題としての〝重大さ〟あるいは〝深刻さ〟を評価してもらった。

一二項目の陳述の内容については、フォーカスグループインタビューにおける参加者の発言内容にもとづき、かつエーデルステインらの「問題状況」図式との対応をも考慮しながら決定した。図S1—1の最左列に各項目の具体的なワーディングが示されている。今回はエーデルステインらが提起した「問題状況」図式のうちの5カテゴリーを用いた（以降、これらを「問題状況フレーム」と呼ぶ）。他のカテゴリーについては、それらと対応する発言がフォーカスグループインタビューで見出せなかったためである。マトリックス中のHの記号は、質問を作成する段階で、一二項目の陳述がどの問題状況フレームと対応すると仮定されていたかを示している。このように質的分析（フォーカスグループインタビュー）と量的分析（意識調査）とを結びつける試みは、すでに一九七〇年代の「利用と満足」研究で導入されており、今回もそうした先行業績を参考にしている（McQuail, Blumler, & Brown, 1972）。

内容分析：新聞の経済報道の分析

マスメディアの経済報道における経済問題のフレーミングの仕方を調べるために、内容分析を実施した。素材の入手可能性という条件から、分析対象は新聞に限定した。東京都民の主読紙である「朝日新聞」と「読売新聞」（意識調査の結果では、回答者の七〇％がいずれかを読んでおり、うち七％は両紙を併読）を対象とし、意識調査の実施時期に先立つほぼ1年間＝五二週（二〇〇〇年五月二二日〜二〇〇一年五月一九日）を分析期間とした。曜日ごとに五二日分から一三日分を系統抽出し、この一三構成週（constructed weeks）に該当する日の朝刊と夕刊（夕刊休刊日を除く）をサンプルとした。

分析紙面は毎号で最重要と判断されたニュースが掲載される第一面に絞り、そこに登場した「経済関連記事」を分析対象として選定。ここでの経済関連記事とは、基本的に「日本（国内）経済」に関連したもので、生産や消費の動向についてだけでなく、雇用や政府の経済政策など、かなり広い範囲にわたっている。外国の経済動向や外国企業などに言及しているものは、日本への影響が記事の主題となっている場合にのみ分析にかけた。

対象記事は、（a）経済の下位争点と（b）問題状況フレームの両カテゴリーにしたがい分類した。下位争点とは、フォーカスグループインタビューから抽出した一二項目が、広義の経済問題のそれぞれどの側面に該当するのかをカテゴリー化したものである（図S1-1参照）。また、今回の分析単位は一本ごとの記事である。（a）（b）とも、一本の記事は原則として一つのカテゴリーに分類するものとした。ただし、内容によっては二つまでのカテゴリーへのダブルコーディングも認めた。あらかじめ訓練を受けた二人の学部学生がコーダー（判定者）として各対象記事の見出しおよび原則として第一パラグラフまでを読み、コーディングを行なった。コーダー間の判定の一致度を示す信頼

質問項目	関連する下位争点	問題状況フレーム				
		損失	必要	制度崩壊	対立	不確実さ
A. 日本の景気が低迷していること	景気					H↓A
B. 失業率が上がったり、就職が難しくなったりしていること	雇用					H↓A
C. 公共事業や補助金などで、税金のむだ使いが見られること	既得権益擁護			H↓A		
D. 国や地方自治体の「借金」が膨大な額にのぼっていること	公的債務残高			H↓A		
E. 若い世代ほど、負担に見合った額の年金がもらえない恐れがあること	年金制度	H↓A				
F. 税金や年金・健康保険などの負担が今後増えそうなこと	公的負担	H↓A				
G. 金融機関の不良債権の処理がなかなか進まないこと	不良債権処理			H↓A		
H. 政府や企業の情報公開がなかなか進まないこと	情報公開		H↘	A		
I. 年功序列賃金から業績給に変える企業が増えていること	成果主義				H↓A	
J. 安い輸入品との競争に負けてしまう国内産業が見られること	国際競争力				H↓A	
K. 役所が業界を保護したり指導したりする政策が続いてきたこと	行政指導			H↓A		
L.「結局、国が何とかしてくれる」という意識の人が少なくないこと	官依存意識		H↘	A		

図Ｓ 1－1　仮説的分析枠組み

表中のＨは、各質問項目の仮定された位置を、またＡは、因子分析の結果（表Ｓ 1－1 参照）から推定される、各質問項目の位置をそれぞれ示す。

性係数（Scott's *pi*）は、経済の下位争点カテゴリーに関しては〇・八六、問題状況カテゴリーに関しては〇・七九であり、いちおう満足のいくレベルだと考えられる。

五　結果の分析

有権者の問題状況認識

意識調査の回答者となった都内在住の有権者は、低迷する日本経済のどこに問題があると認識していたのだろうか。図S1-1左側に示したA～Lまでの項目のうち、「かなり問題だと思う」と答えた人の比率が最も高い項目は、「C・公共事業や補助金などで、税金のむだ使いが見られること」（六四％）で、「A・日本の景気が低迷していること」（六一％）、「D・国や地方自治体の『借金』が膨大な額にのぼっていること」（六一％）がこれに続く。逆に、問題として認知する人が少ない項目としては、「I・年功序列賃金から業績給に変える企業が増えていること」（七％）、「J・安い輸入品との競争に負けてしまう国内産業が見られること」（一七％）などがある（紙数の都合で、表は省略）。景気の低迷を懸念しつつも、財政支出に批判的で、かつ従来の保護主義的な慣行が変わることへの抵抗が少ないという傾向は、今回の意識調査が大都市住民を対象としているためかもしれない。

さて、日本経済に対する問題状況認識がどう構造化されているかを調べるために、回答選択肢を四ポイントスケールとみなし、因子分析（主因子解、バリマックス回転）を行なった。結果を示したのが表S1-1である。固有値一・〇以上の基準で四つの因子が抽出された。

第一因子は、「H・情報公開（以下では、実際のワーディングに代えて、関連する下位争点名（図S1-1の下位争点の列で示したもの）で略記する）」「G・不良債権処理」「K・行政指導」など六項目の因子負荷量がとくに高い。「問題状況」図式の観点から解釈すると、これは「制度崩壊」フレームを表わす因子だといえる。第二次世界大戦後から一九八〇年代まで、他国もうらやむ高度なパフォーマンスを誇ってきた日本の経済システムが、いまや国内外の変化に対応できず、数々の機能障害を引き起こしている――。こうした観点から現在の日本経済の状況を理解しようとするのがこのフレームである。

第二因子は、「F．公的負担」「E．年金制度」の二項目の因子負荷量が高い。これは「損失」フレームと解釈できよう。エーデルステインらの元来の定義では、「損失」とは過去に保持していた価値あるモノが失われつつあるという点を問題視するフレームである。しかし、今回の例のように、将来の実施が必然視されている増税や年金減額といった〝予期される損失〟も、このフレームに含めて良いのではなかろうか。

第三因子は、「A．景気」「B．雇用」の二項目を中心としたものである。不況や雇用難といった問題は、問題の渦中にある人びとだけでなく、社会全体に対しても先行き不透明で何となく不安な雰囲気を醸成する。「問題状況」図式の中では「不確実さ」フレームに相当するといえよう。

最後の第四因子は、「I．成果主義」や「J．国際競争力」の項目が高い因子負荷量を持つもので、「対立」フレームに相当しよう。エーデルステインらの説明によると、このフレームには、抗争や闘争だけでなく、競争もまた含まれる。

このように因子分析の結果では、A～Lの一二項目は、「制度崩壊」「損失」「不確実さ」「対立」という四つの問題状況フレームにまとまるようである。結果を図S1-1のマトリックスにAの文字でプロットした。この図に示したように、われわれは、上記四つに「必要」フレームを加えた五フレームに、一二項目は分かれると仮定していた。しかし、図の矢印で示したように、「H．情報公開」や「L．官依存意識」の項目は、「必要」フレーム――われわれ

表S 1-1　「経済状況に対する問題認識」因子分析結果（主因子解，バリマックス回転）

質問項目（略記）	第1因子〔制度崩壊〕	第2因子〔損失〕	第3因子〔不確実さ〕	第4因子〔対立〕
H．情報公開	**0.65**	0.20	--	0.20
G．不良債権処理	**0.63**	0.26	0.23	--
K．行政指導	**0.60**	--	--	--
D．公的債務処理	**0.53**	0.36	0.32	−0.11
L．官依存意識	**0.52**	--	0.12	0.18
C．既得権益擁護	**0.48**	0.35	0.18	−0.11
F．公的負担	0.10	**0.66**	0.15	0.23
E．年金制度	0.17	**0.65**	--	--
A．景気	0.18	--	**0.71**	0.10
B．雇用	--	0.25	**0.59**	0.25
I．成果主義	--	0.11	--	**0.56**
J．国際競争力	0.23	--	0.26	**0.50**
固有値	3.91	1.39	1.21	1.05
寄与率	17.5%	10.9%	9.6%	6.7%

注：--因子負荷量の絶対値が.10未満のセル

は、従来の日本型システムに欠けており導入・獲得すべきモノを表わすと仮定したのだが——ではなく、「制度崩壊」フレームに属すると見なされたようである。回答者は、時代の変化の要求に制度が対応できない、という文脈でこれらを解釈したのかもしれない。しかし、残り一〇項目に関しては、因子分析結果を見る限り、われわれの仮定と回答者が解釈した問題状況フレームとは合致していた。

ミクロ属性次元の議題設定：下位争点レベルでの効果

先に掲げた分析手順にもとづき、朝日新聞、読売新聞の第一面の経済関連記事を内容分析した。まず、下位争点による分類の結果を示したのが、表S1-2の左半分である。今回サンプリングした一三週分の第

表S 1-2　新聞の経済報道における経済問題の下位争点の強調度と有権者における重要性認知度

下位争点	朝日・読売合計 %	順位	東京都民調査 平均得点	順位
景気	13.7	(2)	3.54	(2)
雇用	8.7	(6)	3.46	(4.5)
既得権益擁護	20.8	(1)	3.65	(1)
公的債務残高	1.6	(10)	3.51	(3)
年金制度	5.5	(8)	3.45	(6)
公的負担	11.7	(4)	3.46	(4.5)
不良債権処理	13.7	(2)	3.22	(7)
情報公開	8.2	(7)	2.98	(9)
成果主義	0.5	(12)	2.28	(12)
国際競争力	4.4	(9)	2.72	(11)
行政指導	9.8	(5)	2.96	(10)
官依存意識	1.1	(11)	3.07	(8)
その他	3.3			
計	102.7			
N	183		530	

注：下位争点の重要性認知の平均得点（右半分）は，「かなり重要だと思う」＝4点から「問題とはいえない」＝1点までの4点尺度の平均点。内容分析（表の左半分）は複数コーディングのため合計は100%を超える。

一面に掲載された経済関連記事で、なおかつ、見出しと第一パラグラフの範囲内でなんらかの問題状況を示唆する記述が含まれている記事は、朝日九三本、読売九〇本の計一八三本であった。[3] 両紙は、どの下位争点を取り上げたかというカテゴリー分布においてもよく似ていたので（スピアマン順位相関係数で〇・七九、N＝12、片側検定1％水準で有意）、表S1-2では両紙合わせた結果を示した。「既得権益擁護」に関連した記事が最も多く、「景気」と「不良債権処理」、そして「公的負担」に関して取り上げた記事がそれに続く。

他方、有権者の側はどの下位争点を重要だと考えていたのだろうか。意識調査においてA～Lまでの一二項目をどのくらい問題だと思うかを四ポイントスケールでたずねたときの平均得点を、ここでは回答者側の下位争点顕出性の指標と見なした。回答者全体として

表S１-３　新聞の下位争点強調度と有権者の下位争点重要性認知との関連（スピアマン順位相関係数）

	Rho	N
回答者全体	.59*	12
経済報道への注意度		
高レベル	.58*	12
中レベル	.56*	12
低レベル	.59*	12

注：*p<.05（片側検定）
「経済報道への注意度」は，“新聞への接触度”と“政府の経済政策への関心度”とをかけあわせることで構成した。

の結果を示したのが表S１-２の右半分である。

下位争点レベルでの議題設定効果を検証するために、新聞側の争点強調順位と有権者側での争点重視順位との相関をとってみた。両者の類似度が高ければ、メディアから受け手への効果を推定することができる。もちろん相関関係があっても因果関係の証明にはならないが、日本経済全体についての個々人の認識を調べている以上、そうしたマクロな認識の形成にメディア報道が大きく関わっていると仮定することは妥当であろう。

新聞の下位争点強調度と有権者の下位争点重要性認知との関連を示したのが表S１-３である。回答者全体でみた場合、スピアマン順位相関係数は○・五九となり、統計的にも有意である。さらに回答者を「経済報道への注意度」のレベルに応じて三分割したうえで、グループ別に相関を計算してみた。この経済報道への注意度は、調査票に含まれる二つのメジャー――①新聞への接触度と②政府の経済政策への関心度[4]――をかけ合わせることによって構成したものである。単なるメディア接触度よりも、関連するニュースへの注意度のメジャーのほうが、議題設定効果をよりうまく説明できることは、別の研究によっても示されている（Takeshita & Mikami, 1995）。

もし注意度が高いほどメディア側と受け手側との間の相関が高まるならば、メディア効果の存在を補強する証拠となるだろう。ただし今回は必ずし

表S 1-4　新聞の経済報道における問題状況フレームの言及頻度（朝日・読売合計）

問題状況フレーム	
損失	1.6
必要	2.7
制度崩壊	**20.8**
対立	2.2
不確実さ	**8.7**
解決への措置	35.0
妨害	1.1
解決策の帰結	1.1
問題状況の否定	--
問題状況への言及なし	38.8
計	112.0
N	183

注：複数コーディングを認めているため，合計は100%を超える。
　朝日と読売の結果はかなりよく似ていたので（Spearman's ρ=.93，N=8），合算した。

もそうはならなかった。表S1-3が示すように、注意度が高・中・低のいずれの場合も相関係数は回答者全体のそれとほとんど変わらない。そしていずれも統計的には有意である。この知見から、新聞報道は人びとに対して飽和的に議題設定効果をもたらしていたと解釈できるかどうかは、もう少し検討を重ねてみないとわからない。ともあれ、下位争点レベルで、メディアの強調度と有権者の重要性認知度との間に有意な関連が見られたことは、ミクロ属性次元での属性型議題設定効果の存在に一定の支持を与えるものである。

マクロ属性次元の議題設定：問題状況フレームレベルでの効果

次に、マクロ属性次元——本論文の場合には、問題状況フレームのレベル——での分析へと移ろう。このレベルでの属性型議題設定効果は、したがってフレーミング効果と言い換えることができる。

表S1-4は、何らかの下位争点に言及していた新聞記事が、どのような問題状況フレームを用いてその争点について語っていたかを判定した結果である。まず、記事全体の三九%がいずれの問題状況フレームにも「言及なし」と判定されている。これは内容分析のやり方が、あくまでも記事の執筆者が当の問題をどのようなフレームで定義しようとしていたか（コーダー自身や世間一般がその問題をどう解釈するかではなく）を判定するものであり、したがって記事中に特定のフレームを意味するような明示的な記述があるものに限って分析を行なったためである。

今回の内容分析では、アメリカ、フランスそれぞれの大統領選挙報道を「問題状況」図式を用いて分析したA・メイジャーにならい、上述の七つの問題状況フレームに「解決策の帰結」（なんらかの解決策を講じた結果やそれに対する評価）と「問題状況の否定」（状況が問題含みであるということ自体を否定する発言）という二カテゴリーを追加した（Major, 1992）。しかし、「問題状況の否定」に該当する記事は見出せなかった。

問題状況フレームの中で「解決への措置」が最も多く登場するのは、政府高官や財界・企業トップなどの発言を報じた記事で、経済問題に対する何らかの対策に言及されることが多いからであろう。低迷する経済状況をどう理解しているかという、われわれがフォーカスグループインタビューから抽出した五つの問題状況フレームに関していえば、新聞で際立って強調されていたのは「制度崩壊」フレームであり、それに続くのが「不確実さ」フレームであった。他の三フレームの出現頻度はずっと低くなる。

それでは、報道における問題状況フレームのこうした強弱のパターンが、受け手に対してフレーミング効果をもたらしているのかどうかを検討しよう。意識調査での回答の因子分析結果（表S1-1）から、四つの問題状況フレームに対応すると解釈可能な因子が抽出された。各因子の因子得点スケールは、対応する問題状況フレームに関する重

表Ｓ１-５　フレーミング効果のテスト：新聞の経済報道への注意度と各問題状況フレームの重要性認知との関連（ピアソン相関係数）

問題状況フレーム	単相関	偏相関
損失	−.03	.01
制度崩壊	.31**	.24**
対立	.02	−.05
不確実さ	.17**	.14**

注：「経済報道への注意度」は，“新聞への接触度”と“政府の経済政策への関心度”とをかけあわせることで構成された。

4つの「問題状況フレームの重要性認知」は，表Ｓ１-１の因子分析で抽出された各因子の因子得点スケールである。

偏相関でコントロールされた変数は，“性別”（女性＝1，男性＝0），“年齢”，“与党支持”（支持与党＝1，その他＝0）である。

**p＜.01片側検定

要性認知のメジャーと見なすことができる。そこで、これらのメジャーと、前項でも使用した「経済報道への注意度」のメジャーとの関連を調べてみた。仮にフレーミング効果が存在するならば、メディアの経済報道への注意度が高い人ほど、報道内で強調された問題状況フレームを、より重要なものと認知する傾向があるだろう。すなわち、注意度とフレーム認知度との間には正の相関が見出せるだろう。

検討の結果を示したのが表Ｓ１-５である。新聞の経済報道で最も強調されていたフレームは「制度崩壊」であった。表Ｓ１-５の単相関の列を見ると、経済報道への注意度と「制度崩壊」フレームに対する重要性認知との間には有意な正の相関（ピアソン相関係数で〇・三一）が見られる。また、新聞で二番目に強調されていた「不確実さ」フレームに関しても、「制度崩壊」フレームの場合よりはやや弱いものの、やはり有意な正の相関（〇・一七）が見出された。他方、新聞報道で強調されていなかった「損失」と「対立」フレームに関しては、報道への注意度とフレーム重要性認知との間に、有意な関連は見られなかった。

さらに、報道への注意度と重要性認知との関連が見かけの相関かどうかをチェックするために、いくつかの変数をコントロールしてみた。新聞への接触度は性別や年齢によって偏る傾向がある。また、政党支持――ただし、今回は与党を支持するか否かという区別だけ――も考慮した。結果が表S1-5の偏相関の列である。偏相関分析の結果でも、「制度崩壊」と「不確実さ」フレームについては、有意な関連が見られる（それぞれ、〇・二四と〇・一四）。これらは、あくまでも相関分析の範囲内ではあるが、フレーミング効果の存在を支持するデータだといえよう。

六　議論

属性型議題設定研究の観点からメディアフレームを定義するならば、フレームとは、メディアが、特定の争点や人物を描写する際に用いる「中心的テーマ」（＝マクロ次元の属性）と定義しうる。本研究では、この意味でのフレームを、質的分析（フォーカスグループインタビュー）と量的分析（統計調査）とを組み合わせた、信頼性の高い手続きによって抽出しようと試みた。また、特定の問題だけにあてはまるアドホックなフレームではなく、より広い適用性を持つフレーム概念とするために、エーデルステインらの「問題状況」図式をフレームのモデルとして採用した。フレームモデルの「汎用性」が増すことで、他の研究との比較や追試がより容易になるだろう。

「日本の経済状況」を研究テーマとし、新聞報道の内容分析と東京都在住の有権者に対する意識調査とを組み合わせた分析から、メディアによる経済問題のフレーミングが受け手側の経済問題の認識の仕方に影響していることを示す知見が得られた。新聞の経済報道では、低迷する日本経済の状況を定義する際に、「制度崩壊」フレーム（次いで「不確実さ」フレーム）が比較的よく用いられ、他方、受け手の側でも、経済報道を注意してよく読む人ほど、同じフレームを重視する傾向が見られた。

この知見は、次のような意味合いを持っている。日本の「失われた一〇年」の問題点を論じるとき、経済の専門家の間でも大別して二つの立場がある。一方は、不況の原因として景気循環的要因を重視し、適切なマクロ経済政策がとられなかったことが経済の長期低迷をもたらした主因だとする立場である。他方、より構造的な要因を重視し、景気対策よりも日本型政治経済システムの構造改革こそが優先されるべきだとする立場がある。今回の調査結果から見る限り、新聞も東京都民も後者の見方に傾斜していたようである。これは、メディアや有権者が為政者の政策的立場から影響を受けたせいかもしれないが、逆に、メディア論調や世論の一定の傾向が、政府がとりうる政策の幅を規定する可能性も否定できない。奇しくも今回の意識調査の実施時期は小泉内閣発足（二〇〇一年四月下旬）の直後にあたっていた。「構造改革なくして景気回復なし」と唱えた小泉内閣に、国民が少なからぬ支持を与えた理由の一端を、本調査結果は示しているといえよう。

ただ、本研究はまだ試論的な分析であり、理論面でも方法面でも今後検討すべき課題は少なくない。例として、内容分析に関わる問題をいくつか指摘しておこう。第一に、今回は新聞報道の内容分析の期間を意識調査実施にさかのぼる一年間としたが、これは便宜的に決められたものであり、さらなる検討が必要である。ただ、同じデータを用いた別の分析で、内容分析期間を意識調査実施前六ヵ月にまで短縮しても、本論文で報告した結果とほとんど差が出ないことは確認している（竹下、二〇〇二）。もともと議題設定効果の最適効果スパン（＝メディア議題と受け手議題との関連が最大になるような、メディア議題測定期間の長さ）についてはまだ定説がない状態だが（Wanta, 1997）、フレーミング効果の場合にもそれがあてはまる。第二に、新聞では第一面のみを分析対象としたが、フレームを調べるという趣旨からいえば、一面以外の論説や解説、分析記事などももっと分析に含めるべきかもしれない。第三に、問題状況フレームは抽象度が高いため、内容分析のコーダーのトレーニングを通常よりも念入りに行なう必要があるだろう。

注

（1）本章は、竹下（二〇〇七）を加筆修正のうえ再掲したものである。

（2）本論文の調査知見は、科研費研究成果報告書として発表済みのものである（竹下、二〇〇三）。ただし、新聞の内容分析に関しては、今回、残余カテゴリー部分のコーディングを再点検し、若干のミスを修正した。しかし、結論部分は変化していない。

（3）政府関連の会議日程や個別企業の動向、株式市場や外国為替市場の値動きなどで、単に事実のみを伝えている記事は分析から除外した。たとえば、「東証、終値〇〇円安」という内容だけの記事は分析対象外である。しかし、「株続落、〇〇円、バブル後最安値を更新」といった見出しが付く場合、日本経済の長期低迷を印象づける効果があると考えられるので、こちらの記事は「景気」に分類した。

（4）①新聞への接触度は、「平日の新聞閲読時間」を自由回答でたずね、結果を四カテゴリーにまとめたもの。②政府の経済政策への関心度の質問は、「新聞やテレビのニュースを見るとき、このような話題（政府の経済政策）にどの程度関心がありますか」。回答選択肢は「非常に関心がある」「ある程度関心がある」「あまり関心がない」「まったく関心がない」。

補章二　議題設定研究における三つの重要問題(1)

マコームズとショーが一九六八年に実施した最初の研究以来（McCombs & Shaw, 1972）、議題設定理論は、マスミュニケーション効果研究の主要なパースペクティブのひとつとして、世論過程においてメディアがどのような役割を果たすかを説明してきた。オリジナルの議題設定仮説は、どんな争点が世論の主要なテーマになるかをメディアが決めると主張し、他方、新しく生まれた「第二レベルの議題設定」もしくは「属性型議題設定」の概念は、人びとが世論のテーマをどう理解するかに、メディアが影響を及ぼすと仮定する。

過去三〇年間にわたり着実な発展をとげてきた議題設定研究ではあるが、いまや一種の中だるみの時期にあるようにみえる。近年、とくに一九九〇年代末以降、議題設定研究に深刻な影響を及ぼしうる三つの問題が認められるようになった。それらは仮に「過程（process）」「独自性（identity）」「環境（environment）」と名づけることができる。これら三つの問題は、議題設定研究の価値に疑念を提起し、この研究系譜の基盤を掘り崩しかねないという意味でかなり深刻なものである。

まず、「過程」問題は、議題設定過程の性質に関わる。認知心理学の訓練を受けた何人かのコミュニケーション研究者や政治学者が、議題設定の効果過程を説明するためのモデルをこれまでに提起している。こうしたモデルは重要な貢献を成すものではあるが、同時に困惑するような意味合いも含んでいる。このモデルにしたがうと、議題設定の効果過程は表面的で機械的なものと見なされるからである。

「独自性」問題は属性型議題設定の概念化に関連している。属性型議題設定についてはフレーミング効果の概念との類似性が指摘されてきた。さらに、情緒次元での属性型議題設定は、態度効果モデルをほうふつとさせる。議題設定のこうした最近の発展形態は、この研究系譜がフレーミング研究や伝統的な説得研究と融合してしまうのではないかという疑問を提起する。

最後に、「環境」問題であるが、これはコミュニケーション技術の発達に伴うニュースメディアの多様化に関わるものである。新しいコミュニケーション技術は、社会レベルでのメディアの議題設定力を制限し、メディアによる社会的合意形成の機能を妨げることになるかもしれない。これは、マスメディアの時代が終焉を迎えるとともに、議題設定も廃れていくことを意味しているのだろうか。

本章ではこれら三つの問題を順に検討する。ここでの結論を先にいえば、議題設定は、メディアと世論研究の領域において、まだ当分は有意義なアプローチであり続けるだろうというものである。さらに、議題設定研究が今後取り組むべき研究課題についても提言する。

一　「過程」問題——議題設定効果の心理的メカニズム

アクセス可能性バイアス

T・メイヤーが指摘したように（Maher, 2001）、議題設定の創始者たちは、この効果がどのようにして起こるのかという心理学的説明を当初は提示しなかった。この問題に取り組んだのは後に続く、認知心理学の訓練を受けたコミュニケーション研究者や政治学者たちであった。そのうちの一人アイエンガーが提起したのが「アクセス可能性バイアス（accessibility bias）」モデルである（Iyengar, 1990, 1991）。すなわち、個人はある判断を行なうときに、アクセス可能性が高い情報（つまり長期記憶からすぐに検索しやすい概念）に依存する傾向がある。

たとえば、ニュースで頻繁に、あるいは直近に見聞きした情報は、個人の頭の中でアクセス可能性が高い状態にある。したがって、意識調査で「この国が直面している最も重要な問題は何ですか」とたずねられた場合、回答者はニュースでよく見聞きした争点やトピックを挙げやすい。同じメカニズムを「アクセス可能性にもとづいた（accessibility-based）」モデルと呼ぶ研究者もいる（Kim, Scheufele, & Shanahan, 2002）。この説明では、議題設定効果とは、メディアで目についた事柄をオウム返しに反復するような、ほとんど無意識的で機械的な反応だと解釈される。

顕出性の定義

議題設定の研究者は議題設定過程を、メディアから公衆への「顕出性（salience）」の転移と表現することがしばしばある（e. g., McCombs & Shaw, 1977a）。アクセス可能性バイアスモデルは、顕出性を――少なくとも公衆の側の顕出性に関する限り――アクセス可能性と同じだとみなす。この再定義に則り、D・ショイフェレイは議題設定研究を批判する。すなわち、研究者は公衆の顕出性を測定する際に長年不正確なメジャーを用いてきたと（Scheufele, 1999, 2000）。

彼は、ネルソンらの実験的研究にもとづき（Nelson, Clawson, & Oxley, 1997）、顕出性（彼によればアクセス可能性と同義）と「重要性の認識（perceived importance）」（議題設定研究における従属変数の標準的メジャーであり、多くの議題設定研究者はこれを顕出性と同義とみなしてきた）とは概念的にも操作的にも別物だと主張する。ネルソンらの研究では、アクセス可能性は、コンピューター画面に表示される、刺激に関連した言葉への反応時間（潜伏時間）の長短によって測定される。他方、重要性の認識は、自己報告質問によって測られる。ネルソンらは、重要性の認識のほうがアクセス可能性よりも理論的に重要だと結論づけた。なぜなら、前者は後続効果としてのフレーミング効果を媒介するという働きがあったが、後者はそうではなかったからである。

だが、もしそうならば、議題設定概念を批判するショイフェレイの思惑に反して、このネルソンらの実証知見は、従来の議題設定研究が理論的に意義のある現象に取り組んできたことを示唆するものではないか。議題設定研究は、まさに自己報告質問によって公衆の顕出性を測ってきたのだから。さらに、議題設定効果がフレーミング効果とも関連することも、ネルソンらは実証してくれたといえないだろうか。

ショイフェレイの議論に戻ろう。議題設定研究に対するショイフェレィの批判は、顕出性がアクセス可能性と同義であることを前提としている。しかし、顕出性の概念は、異なる学者が異なる意味で用いている。M・ヤングによれば、顕出性という用語は「質問の対象となった争点や問題に対して回答者が付与する重要性、もしくはある争点が回答者の『意識の前面（top of mind）』に置かれている程度」（Young, 1992, p. 189）として定義されてきた。この説明では、顕出性という概念は、部分的に重なるものの完全には一致しない二つの要素から成り立っている。定義の第一の部分は重要性の認識という考え方に対応しており、第二の部分はアクセス可能性の概念により近い。当然ながら、容易にアクセスできるアイディアならどんなものでも即重要と判断されるわけではない。ヤングと同様に、P・レスラーとW・アイホーンも、顕出性の操作的定義には二つの要素――知覚（awareness）と重要性（importance）――があることを指摘している（Roessler & Eichhorn, 1999）。前者は、アクセス可能性にもとづく即時的な反応を調べることで測定されるものであろう。対する後者は、個人の信念体制と関連したより安定的な判断を意味するものである。要するに、顕出性という言葉は二つの意味を帯びている。投票行動の研究者は、従来この言葉を重要性や優先度を意味するものとして用いてきた（e. g., Berelson, Lazarsfeld, & McPhee, 1954 ; RePass, 1971）。これに対し、認知心理学者は、顕出性をアクセス可能性の同義語として用いる傾向がある。

議題設定の創始者であるマコームズやショーが一九七〇年代前半に議題設定を最初に概念化した際、彼らは顕出性という用語をどのように定義したのだろうか。一章で述べたように、一九五〇年代になるとアメリカではジャーナリズムやマスコミュニケーションの独立した大学院が設立されるようになるが、彼らはそこで訓練を受けた初期の世代である。そもそもマスコミュニケーション研究は、ラザーズフェルド率いるコロンビア学派の投票行動研究とルーツを共有している。しかも、認知心理学のパラダイムが行動科学に広く影響を及ぼす前の時期であるから、議題設定理論の創始者たちにとって「顕出性」と「重要性の認識」とは同義であったと推測することは理に適っているだろう。

しかも、マコームズとショーは、議題設定とマスメディアの地位付与機能との類似性について指摘し、その理由を、両概念とも対象の顕出性を扱ったものだと述べている（McCombs & Shaw, 1977a）。周知のように、地位付与機能とは、メディアが特定の個人や集団を取り上げるだけで、そうした対象に威信や重要性が付与される現象を指す（Lazarsfeld & Merton, 1948）。したがって、議題設定研究における顕出性の概念はアクセス可能性と同一視すべきではないのである。議題設定の研究者は当初から顕出性を重要性の認識と同義的に用いてきた。議題設定研究における顕出性は、反応の潜伏時間（response latency）のような間接的なメジャーで測るべきだとするショイフェレイの主張（Scheufele, 2000）は当を得ていないと筆者は考える。

議題設定過程の性質

とはいえ、仮に顕出性のメジャーとして自己報告質問を用いた場合でさえも、そこで測っている争点顕出性とはアクセス可能性に近いものではないのか、という疑問は残る。アクセス可能性バイアスモデルに則れば、議題設定効果過程は反射的かつ自動的なものになる傾向があると予想できる。たとえば、世論調査の回答者に選ばれた人は、「何が重要な問題だと思いますか」という質問に対してじっくりと考えることなく、メディアで突出している問題を機械的になぞり、その場しのぎの回答をするかもしれない。したがって、極端な言い方をすれば、議題設定効果とは、世論調査が生み出す人工的な現象に過ぎないということになりかねない。

しかしながら、そうではないことを示唆する研究もいくつかある。「自由回答質問は『顕出的な』争点を測定しているのか」と題するＪ・ギアの論文は、顕出性に関する自由回答質問が、回答者が直近に見聞きした情報を繰り返すだけの表面的な反応をとっているにすぎないという主張に対する反証を提示している（Geer, 1991）。彼の実験の参加者は、事前に受けた刺激情報の種類にかかわらず、自由回答質問には能動的な思考の結果を記入してくれていた。また、Ｈ・シューマンらは「最も重要な問題（ＭＩＰ）」をたずねる自由回答式と選択肢式の質問の回答結果を比較し、自由回答式ＭＩＰ質問が表面的で自動的な反応しかすくいだせないという主張に疑義を呈している（Schuman, Ludwig, & Krosnick, 1986）。この点で傍証となるのは、議題設定効果の随伴条件であるオリエンテーション欲求の概念である（Weaver, 1980）。オリエンテーション欲求が強い人ほど議題設定効果を受けやすいという知見は、効果過程が受け手の能動性を前提としていることを示している。

Ｊ・ミラーとＪ・クロスニックはより説得的な実証知見を提示している（Miller & Krosnick, 2000）。彼らの実験では、参加者のうちでもメディアに信頼をおき、かつ政治知識量の多い人に、最も強い議題設定効果が現われた。さらに、このタイプの参加者においては、「重要性の認識」の変数は、後続効果としてのプライミング効果を媒介していることが見出された。こうした知見は、議題設定が無意識的で自動的な過程ではなく、推論によって媒介され、その影響を後続効果へと橋渡ししていることを示唆するものである。人びとは、国が直面している重要な問題は何であるかをニュース判断から能動的に学習する。「議題設定はこれまで考えられてきた以上に思慮を伴う過程なのかもしれない」とミラーらは述べる（Miller & Krosnick, 2000, p. 312）。

議題設定が能動的な情報処理を伴うという見方は、V・プライスとD・テュークスベリーが提起した仮説とも符合する（三章、一三三―一三四ページ参照）。

議題設定には二つのタイプがあるか

しかしながら、現時点では、アクセス可能性バイアスモデルが完全に否定されたわけではない。先に引用したミラーとクロスニックの研究において、最も強い議題設定効果が見られたのは高知識／高信頼のグループであったが、実験参加者の残りの人たちも、強度は下がるものの議題設定効果を受けていたのである。この知見は、議題設定効果には二つのタイプがあるかもしれないことを示唆している。すなわち、能動的な推論を伴う「真性」議題設定と、アクセス可能性バイアスによって説明される自動的な「擬似的」議題設定とである。

後者に関しては、情報処理を行なおうとする動機づけや能力が弱い場合、ある刺激を評価するために、一時的に活性化した概念が自動的に使用されることもある、というプライスらの予想が想起される（Price & Tewksbury, 1997）。これはまた、精緻化見込みモデルの周辺的ルートで情報が処理されるやり方と似ている（Petty & Cacioppo, 1986）。

一九七七年から一九八六年までのギャラップ世論調査データを分析したズーとボロソンは、回答者全体を通して「均質的な議題設定効果（homogeneous agenda-setting effects）」が見られると結論づけた（Zhu with Boroson, 1997）。すなわち、学歴や所得といった回答者の諸属性は、効果差をほとんど生み出さなかったのである。だが、一見均質的に見える効果も、じつは真性議題設定と擬似的議題設定とが混在しているゆえにそうみえるのだ、と推定できないことはない。「いま何が重要な問題だと思うか」と質問されて、熟慮した末に出した回答と、単に新聞やテレビニュースをなぞっただけの回答とが結果として一致することはありうるからである。真性議題設定と擬似的議題設定とを識別しうるような要因をつきとめることが、今後の研究課題である。

二　「独自性」問題――議題設定概念の個性は薄れつつあるか

属性型議題設定はフレーミングの模倣か

マスコミュニケーション研究では、一九八〇年代にフレーミング効果のパースペクティブが台頭を見た。フレーミング研究は、特定のフレーム（解釈枠組み）を適用することで、メディアがある争点や出来事をいかに報道したのか、そしてメディアのフレーミングがその争点や出来事に対する人びとの理解にいかに影響したのかを探究するものである（概要については Reese, Gandy, & Grant, 2001 を参照）。フレーミング研究のひとつの特徴は、従来の議題設定研究が看過しがちであった問題に取り組んでいることである。それに対し従来の議題設定研究は、G・コシッキが指摘したように、争点の集合を取り扱い、個々の争点がどう構成されているかに関心を払うことはまれであった（Kosicki, 1993）。

しかしながら、一九九〇年代になると、議題設定研究でも「第二レベルの議題設定」もしくは「属性型議題設定」と呼ばれる新しい概念が提起される（Ghanem, 1997 ; McCombs, Lopez-Escobar, & Llamas, 2000 ; Takeshita, 1997）。属性型議題設定は、個々の争点や他の対象（たとえば、選挙の候補者）が持つ属性のレベルでも、議題設定効果が生じると予想する。ある争点を報道するとき、ニュースメディアはその争点が持つ属性（下位争点、側面など）のあるものを強調し、他は無視する。それは、受け手が件の争点をどの視点から認識するかに影響を及ぼすだろう。結果として、議題設定研究とフレーミング研究は、ほとんど同じような問題を追究することになった。すなわち、マスメディアが特定の争点をわれわれに代わってどう定義しているかという問題である。それゆえ、フレーミング研究者の中からは批判も出てくる。曰く、議題設定研究者は議題設定の領域を不当に拡張し、他の理論を植民地化しようとしている（Kosicki, 1993; Pan & Kosicki, 1997）。

しかし、属性型議題設定はフレーミング効果を模倣したものとはいえない。属性型議題設定がオリジナル概念の自然な拡張であるとD・ウィーバーらは主張するが（Weaver, McCombs, & Shaw, 2004）、これには十分な理由がある。すでに一九七〇年代半ばに、マコームズは属性型議題設定のアイディアを提起している（McCombs, 1977）。争点や候補者だけでなく、それらの諸属性もまた、議題の項目として取り扱うことが可能だと彼は述べている。そして、このアイディアは「イメージ型議題設定」の研究において具体化された。一九七六年アメリカ大統領選挙では、まだ「属性型」や「第二レベル」といった呼称は用いられていないが、主要候補者の属性レベルでも議題設定効果が探究されたのである（Weaver, Graber, McCombs, & Eyal, 1981）。さらに、M・ベントンとP・フレイジャーは、経済問題の下位争点レベルで議題設定効果を追究している（Benton & Frazier, 1976）。一九七〇年代に実施されたこれらの研究は、まさに属性型議題設定の先駆けである。

ついでにいえば、フレーミング研究者が議題設定研究者に投げかけるもうひとつの批判は、議題設定がフレーミングの概念を、メディア効果研究という狭い領域に閉じこめているというものである（Carragee & Roefs, 2004）。フレーミング理論は、政治的対立や社会運動において、政治的アクターがどのようなコミュニケーション戦略を用いるかという問題にも広く適用されてきたからである（Benford & Snow, 2000; Pan & Kosicki, 2001）。しかし、それをいうなら議題設定の概念も同じである。数多くの政策研究者が公共政策形成の領域でこの概念を用いてきた（Birkland, 1997; Rochefort & Cobb, 1994）。フレーミング概念と同様、議題設定のアイディアもメディア研究の領域を越えて広がっている。メディア議題設定に限っていえば、研究者がもっぱらメディア―受け手関係に焦点を合わせていることは、批判の対象になるかもしれない。しかしそれは、議題設定概念の適用範囲がフレーミングのそれよりも狭いということを意味するものではない。[2] この点を指摘したうえで、本章では、メディア効果研究の文脈で、議題設定とフレーミング両概念を扱っていくことにする。

二つの概念間の差異

議題設定とフレーミング概念と違いは何か。理論的にいえば、議題設定は認知レベルの効果であり、他方、フレーミングはそれ以上のものだと見なされている。議題設定効果を表わすものとしてしばしば用いられる言い回し――メディアは人びとに何について考えるべきかを告げる――にも示されるように、議題設定の基本的過程は認知の次元にとどまっている。対するフレーミング効果は、R・エントマンが述べているように、認知次元（「問題状況の認定」や「原因の特定」）をカバーするだけでなく、態度次元（道徳的判断・評価）や、さらには行動次元（「対策の提示」）までをも射程に収めている（Entman, 1993）。議題設定もフレーミングも特定対象の顕出性に関心を持つという点では共通しているが、「フレーミングには単なる顕出性以上のものが含まれている」（Weaver, 1997, p. 3）。フレーミング効果のメカニズムに関するひとつの心理学的説明は次のようなものである。ある政治的争点のメディアでの描写のされ方が、記憶の中の特定の概念を活性化し、受け手がその争点について解釈したり評価したりするときに、その概念に依拠する傾向を増大させる（Price & Tewksbury, 1997）。

だが、議題設定研究も、認知次元にとどまってばかりいるわけではない。争点顕出性の高まりが受け手の意識の中でどのような後続的影響をもたらすかを探究する試みもなされてきた。他の理論モデルと連結することで、議題設定は態度次元にも迫ることができる。

連結の相方として最も知られているのがプライミング理論である。この理論は、メディアで強調された争点が、人びとが政治的評価を下す際の基準にもなる傾向があると予想する（Iyengar & Kinder, 1987）。

ここで注意を要するのは、プライミング理論は、メディアが、政治的エリートや出来事に対して受け手が抱く態度の方向性自体を左右するとはいっていないことである。メディアがなしうることは、基本的には、プライム刺激となった争点に関する個々人の先有傾向を活性化させることにとどまる。とはいえ、集合的に見たとき、それだけでもメディア報道が重要な政治的帰結をもたらす場合がある。

たとえば、賛否がかなり不均等に分布するような争点、つまり大多数が賛成ないしは反対の立場に偏っているような「合意争点（valence issue）」が顕出化した場合を考えてみよう。汚職などの政治的スキャンダルは誰もが否定的な感情を持つという意味で典型的な合意争点である。国政選挙が近づいてきたときに、閣僚が何らかの贈収賄事件に関わっていたことが明るみに出れば、これは、汚職問題の重要争点化およびプライミング効果を誘発することで、与党にとって打撃となるだろう。

別の例を挙げよう。多くの有権者は、それぞれの政党がどの政策領域を得意としているかに関して、ほぼイメージが固まっているといわれる（三宅、一九八九）。したがって、各政党は自らが「所有」する（得意とする）政策をメディアにより大きく取り上げさせることで、選挙で自党に有利な状況をつくり出そうとする（「争点所有〔issue ownership〕」論）（Petrocik, 1996）。同様のやり方で、政治的抗争に関わる政党は、公衆の支持を糾合するために、自分たちの立場に有利に働く（と予想される）ような情報発信やイベントを企てる。H・ケップリンガーらはこうした活動を「道具的活性化（instrumental actualization）」と呼ぶ（Kepplinger, Brosius, and Staab, 1991）。こうした政治的アクターの戦略の効果も、議題設定とプライミングとの連結で説明可能な場合が少なくないだろう。

　プライミングのアイディアは、属性型議題設定の後続効果を追究する場合にも有効である。ある対象（特定争点であれ候補者個人であれ）のある属性がメディアで強調され、結果としてそれが受け手の心の中でも顕出的になる（＝属性型議題設定効果）。そうして顕出化した属性は、受け手がその対象全体を評価する際の主要な基準としても作用すると予想される。

　たとえば、クリントン大統領について考えるとき、彼の仕事ぶりに対する全体的評価は、彼が起こしたセックススキャンダルに着目するか、あるいは他の争点に着目するかで異なるだろう（Wanta & Chang, 1999）。また、S・キムらは、ニューヨーク州のある地域開発計画に関して、その問題のさまざまな属性（次元）に対する人びとの意見が、計画全体の賛否にどう影響するかを検討している（Kim et al., 2002）。彼らはこの種の影響を「属性型プライミング（attribute priming）」と呼ぶ。

　かくして属性型議題設定は、単独ではなく他のモデルと連結することで、「何について考えるか（what to think about）」の次元から先の、「どう考えるか（what to think）」の次元でのメディアのインパクトを追究しつつある。

　このように、属性型議題設定効果とフレーミング効果とは、特定の争点（ないしは人物）に対するメディアの描写の仕方が、同じ争点（人物）に対する受け手の解釈・評価にどう影響するかという問題に対する互いに代替的な説明方法を提供している。両アプローチがいずれ収斂するかどうかは、まだわからない。いまのところは、それぞれが別個にそれぞれの可能性を追求することになろう。どちらの理論がより広く受け入れられるかは、現実定義におけるメディアの役割を、どちらがより説得的に説明できるかにかかっている。

　議題設定の立場からひとこと付け加えるならば、議題設定にはフレーミング効果と比べて方法論的利点がひとつある。メディア議題と公衆議題の標準的な操作的定義が開発されており、定量的分析に適しているという点である。自然的状況でのメディア効果は、一定期間にわたるメディア内容への繰り返し接触の結果として形成されるものであろう。したがって、メディア報道の傾向を的確に摑んでおくためには、なんらかの量的内容分析法は有用である。

態度的効果への回帰か

属性型議題設定の後続効果としての属性型プライミングは、ある対象を評価する際に受け手が用いる基準をメディアが設定すると主張するが、メディアは態度の方向（好意的か非好意的か）を直接指示するものではない、と先に述べた。しかし、これには例外もある。

属性型議題設定に関する研究のなかには、「情緒的属性（affective attributes）」の概念を用いているものもある。情緒型属性とは、ある対象のある属性がメディアで取り上げられる場合のトーンを意味し、このトーンが、受け手がそうした属性をそしてさらには対象全体をどう感じるかに影響を及ぼすと仮定する。研究で取り上げられた対象としては、選挙の候補者（e. g. Golan & Wanta, 2001；McCombs, Llamas, Lopez-Escobar, & Rey, 1997；McCombs et al., 2000；Wanta, Song, & Golan, 2002）や外国（e. g. Wanta, Golan, & Lee, 2004）、あるいは政治的争点（e. g. Blood & Phillips, 1997）などがある。

情緒的属性型議題設定は、態度的効果モデルの変種と見なしうるのだろうか。初期の効果研究では、メディアが人びとの態度や意見を直接的に変えうるかどうかが追究され、結果として、極小効果論や限定効果論に到達したのだった（Klapper, 1960）。では、情緒的属性型議題設定は、この限定効果論の再検討を促すものなのだろうか。この問いにこたえるためにはもっと多くの研究が必要である。メディアから公衆へと情緒が転移する過程は、まだ十分に究明されていない。加えて、情緒的属性型議題設定を規定する条件も特定しなければならない。これまでの研究が明らかにしてきたように、従来の（争点型）議題設定効果は決して普遍的なものではなく、さまざまな随伴条件に規定されている。属性型議題設定に関しても同じことがいえるはずである。

属性型議題設定の随伴条件について検討するうえで、竹下が提起した受け手の類型化が示唆的かもしれない（図S2-1：本書二章の図2-6に補足したもの）。この類型化のもともとの目的は、限定効果論の随伴条件を明らかにすることであった。二章で論じたように、限定効果論は特定の条件下にある受け手だけに有効である。図のタテ軸はキャンペーン主題に対する人びとの関与——B・ジョンソンとA・イーグリーが「結果に関連した関与（outcome-relevant involvement）」と呼ぶものに等しい（Johnson & Eagly, 1989）——の度合いを表わし、ヨコ軸はこのテーマに対して受け手が固まった態度を有しているかどうかの区分である。限定効果論が最もよくあてはまるのはタイプIの受け手であり、キャンペーンへの接触の結果として補強効果が最も生じやすい。このタイプの受け手は、キャンペーン主題への関与度が高く、かつそれに対してしっかりとした態度——言い換えれば、自我関与的態度——を形成している。それゆえに自己防衛メカニズムができあがっており、メディアの説得力に対して最も抵抗を示すと考えられる。

この類型化は、また別の興味深い点も示唆している。タイプIIの受け手は、いわばキャンペーン主題への関与度は高いものの、主題への明確な態度を持っていない人であるが、議題設定研究でオリエンテーション欲求が高レベルの人の特徴とほぼ等しい。このことは、補強効果を最もよく受けやすいタイプの受け手と議題設定効果を最もよく受けやすいタイプの受け手とが、類型化のうえでは並存していることを意味する。したがって、議題設定は——しばしば「強力効果論」といったカテゴリーに含められるものの——限定効果論のアンチテーゼというよりも、それぞれ異なるタイプの受け手に作用すると考えたほうがよい。

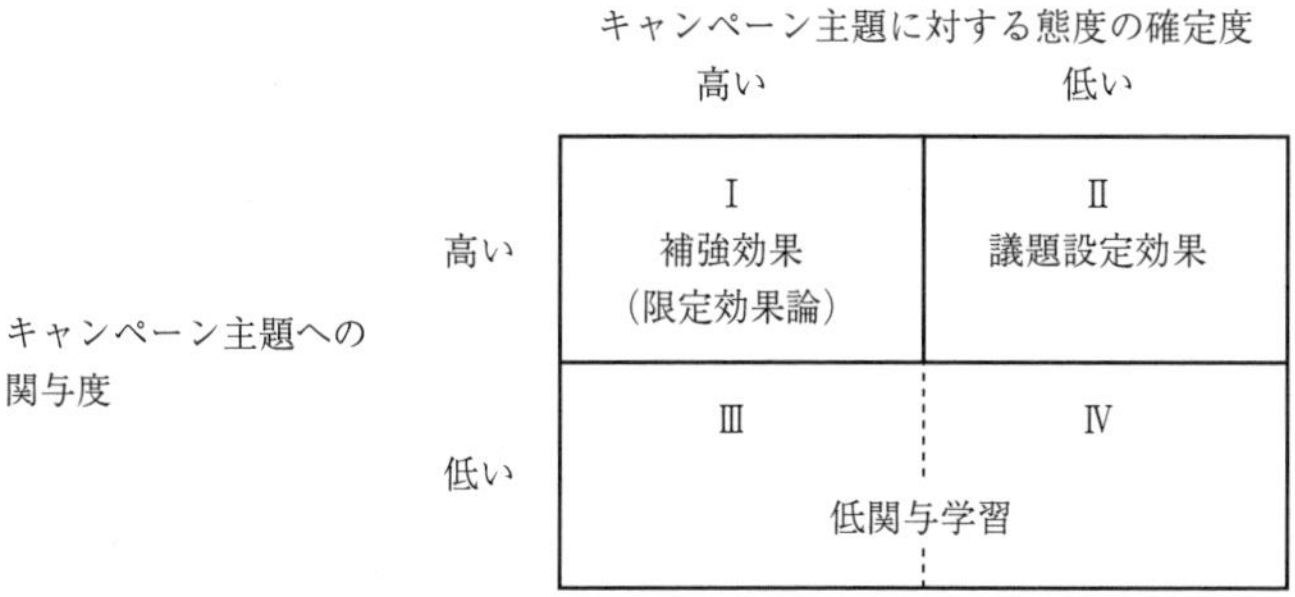

図S 2-1　キャンペーンの受け手の類型化と各タイプに生じやすいメディア効果

注：タイプⅢとタイプⅣとは実際には識別しにくいため、破線で区切ってある。

さらにいえば、このキャンペーンの受け手のタイポロジーは、属性型議題設定（情緒的属性型議題設定を含む）の場合にも応用可能かもしれない。

タイプⅠの受け手は特定の対象（争点であれ候補者であれ）に対して固定した態度を形成しているので、その対象の良い点や悪い点についても明確な意見を持っている。したがって、彼らは、その対象についてメディアが語っていることを、彼らの先有傾向にもとづき選択的に受容するだろう。

それに対して、タイプⅢやタイプⅣの受け手は――ともに関与度が低い状態にあるわけだが――件の対象に対する安定しかつ持続的な態度を欠いている。キャンペーンのメッセージに接触すれば、彼らはメディアのトーンに従い、それに合わせて対象への態度を形成するかもしれない。しかし、そうした態度は表面的で移ろいやすいものであろう。タイプⅢとⅣに予想されるメディア効果は、低関与学習（Krugman, 1965）、周辺的ルートを経た態度変化（Petty & Cacioppo, 1986）、ないしは単純接触効果（Zajonc, 1980）などと類似したメカニズムによって説明できるかもしれない。

メディアの属性議題の影響を最も受けやすいのはタイプⅡの人びとで

あろう。彼らは高レベルの情報欲求を持っており、メディアが提供する顕出性の手がかりにしたがって、どの属性に注意を払うべきかを学習するだろう。もし、このタイプの人が件の対象に対して明確な態度を形成していない場合は、メディアのトーンから、取り上げれらた属性について取材源やジャーナリストの多くがどう感じているかを学習し、そうしたメディアによる評価を取り込んで、件の対象に対する自らの態度を形成するかもしれない。ただし、そうしたことが起こるかどうかは、たとえば、その人がメディアをどの程度信頼しているかにかかっているだろう。

以上の議論はまだ仮説的なものである。情緒的属性型議題設定は、情緒レベルでのメディアの影響を扱っているが、しかし、この効果が自動的に生じるものと考えるべきではない。効果過程は認知的学習によって媒介され、何らかの随伴条件によって規定されているだろう。今後の研究ではそうした過程を究明すべきである。

三 「環境」問題——マスメディアの求心力は減衰しているか

メディアの合意形成機能

メディア議題設定のひとつの重要な社会的側面は、マスメディアが果たしている合意形成機能である（McCombs, 1997）。一時期に比較的少数の争点を強調することで、マスメディアは公衆の注意をそうした争点へと焦点化する。そうすることで、メディアは世論のテーマをわれわれに代わって設定するのである。言い換えれば、何について考え議論するかという点で人びとは一致を見る。これは世論形成過程の最初の段階に相当する。

議題設定のこうした社会的機能について検討してきた研究者もいる。たとえば、D・ショーとS・マーティンは、ノースカロライナ州で実施された調査で、新聞閲読が、異なるデモグラフィック集団間での公衆議題の収斂をもたらすことを明らかにした（Shaw & Martin, 1992）。性別を例にとってみると、新聞をあまり読まない人びとの間では、男性グループと女性グループそれぞれの争点議題は一致度が低い。しかし、新聞をよく読む人びとの間では、男性と女性の議題の一致度は高まる。異なるデモグラフィック集団の間で、マスメディアは、何について考えるべきかに関して合意の形成に寄与しているのである。スペインで実施された研究からも、争点議題および候補者の属性議題に関して、アメリカでの知見を追認する結果が得られた（Lopez-Escobar, Llamas, & McCombs, 1998）。

ところで、この合意形成に関する分析モデルは、テレビの社会的機能を探究するためにG・ガーブナーらが編み出した「主流形成（mainstreaming）」モデルを想起させる（Gerbner, Gross, Morgan, & Signorielli, 1980）。テレビ視聴は、もしそれがなければ個人的特性に応じて異なっているはずのさまざまな意見や価値観を均質化する、という仮説をガーブナーらは検証したのであった。

メディアの合意形成機能は、これまではどちらかといえば否定的な文脈で捉えられてきた。というのも、エリートによる大衆操作を連想させがちだったからである。しかしながら、公衆の熟議という点から見る限り、「中心的なスペースを準備することは決して全体主義的な考えではない」（Katz, 1996, p. 23）。そのスペースが政府から自律し、全市民に開かれていればの話だが。E・カッツによれば、そうした中心的スペースには、異なる利害関心をもった多様な集団を代表する人びとが集まり、そこで争点について議論し、合意や妥協に到達するのである。現代の大衆民主主義は、社会的統合を維持するためにそうしたスペースを必要としている。従来型のマスメディアは、少なくとも一種の中心的スペースを提供し、公衆の共通の議題を設定することに寄与していた。

議題の細分化

一九九〇年代以降のデジタルコミュニケーション技術――ケーブルテレビや衛星放送、そしてとくにインターネット——の発達は、先進国における民営化や規制緩和政策の普及と相俟って、メディア環境を変えてきた。ニュースアウトレット（販路：具体的には個別のテレビチャンネルや新聞紙、ニュースサイトなど）の数は急速に増え、かつ多様化している。たとえば、ノースカロライナ州チャペルヒルは、一九六八年に議題設定の最初の調査が行なわれた所だが（McCombs & Shaw, 1972）、この地でも、新聞やテレビチャンネルの数は過去三〇年で飛躍的に増えている。おまけに、市民は数多くの多様なウェブサイトからもニュースや公共的問題に関する情報を得ている（Shaw, Stevenson, & Hamm, 2001）。

マスオーディエンスは細分化しつつある。地上波テレビネットワークや新聞といった従来型のマスメディアに依存する人の数は減り続けている。J・ブラムラーとD・カバナウが指摘するように、「比較的画一化した政治的内容に大勢の人びとが接触するという前提、それは議題設定、沈黙のらせん、培養仮説という三大パラダイムを支えてきたものであるが、その前提はもはや当然視できない」（Blumler & Kavanagh, 1999, pp. 221-222）。技術的発達はマスメディアの議題設定機能に何をもたらすのだろうか。

ひとつの極端な予測は、公衆議題の細分化である。それは、ニュースアウトレットの増殖と主流メディアの弱体化によってもたらされる（Shaw & Hamm, 1997）。ニューメディアの助けを借りて、人びとはいまや自分と似た嗜好や信条を持った他者と地理的制約を超えてコミュニケートできる。かくして、特殊な利害関心にもとづいた議題に同一化することが容易となる。公衆の間で広範に共有される議題——従来型のマスメディアが支えてきたものだが——が崩壊することで、社会的亀裂が増大する。

細分化に対抗する力

受け手の細分化、そしてそれに伴う公衆議題の細分化は、実際にはどの程度まで進むのだろうか。インターネットが大衆的に普及する直前の時期である一九九〇年代初頭、W・R・ニューマンは次のように予測した（Neuman, 1991）。新しいコミュニケーションチャンネルの増殖は、コミュニケーションの全体量を増加させるものの、コミュニケーションの多様性はそれに比例しては増えないだろう。彼はその理由として、ひとつには、コンテンツを販売するメディア企業が規模の経済を追求しがちであること、他方では、受け手の選好やメディア利用習慣が比較的同質的であること、を挙げた。ニューマンの仮説は、今日のインターネット時代にあらためて検証する価値がある。

インターネットが、平均的な利用者が見ているニュース内容を、実際どの程度多様化しているのかは明らかではない。だが日本を例にとれば、ニュースや公共的問題情報を知るために大半のネットユーザーがアクセスするサイトは、比較的限られているようにみえる。二〇〇四年九月に「読売新聞」が実施した全国世論調査では、成人でインターネットのニュースサイトを習慣的に利用している人（回答者の二三％）のうち、七〇％は「ポータル系（ヤフー、ニフティ、ビッグローブなど）のサイト」を利用していた。次に多かったのは「一般の新聞社のサイト」で四四％、そして「スポーツ紙や夕刊紙のサイト」が一七％でこれに続く（複数回答）。しかしながら、ポータルやマスメディア企業のサイト以外を選んだ回答者は一％に満たず、無回答と合わせても五％に過ぎない（「読売新聞」二〇〇四年一〇月一一日付朝刊）。

要するに、ネットユーザーの一〇人中七人は、ポータルサイトからニュースや公共問題情報を得ていることが示されたわけだが、こうしたポータルサイトは基本的に主要新聞社や通信社からニュースの配信を受けている。そこで、ポータルサイトのニュース議題と主要なニュースサイトのニュース議題とは、多少とも似通っていることが予想されるのである。

「ヤフー・ジャパン」のホームページには、その時々のニュースの短い見出しが七、八項目ほど並んでいる〈トピックス〉という欄がある。名称や項目数は異なるが、大半のポータルサイトはそうした最新ニュースの見出しを紹介する欄を設けている。この欄は、ニュース項目の顕出性の度合いを知るひとつの手がかりになるかもしれない。ヤフーの〈トピックス〉に見出しが掲載される項目は、機械的に決まるのではなく、同社ニュース部門の編集スタッフが選んでいる。彼らに対する成田康昭らの聴き取り調査によると、〈トピックス〉に載る項目の選定基準は「社会人として常識として知っておくべきニュース」であるという（ニュースサイト研究会、二〇〇四、六七ページ）。こうした選定基準はやや曖昧ではあるが、伝統的なニュースバリューの基準と全く異なるものというよりも、むしろ、それに沿ったものと解釈できよう。

それでは、インターネット上の主要なニュースサイトは従来型ニュースメディアの一種の延長であり、マスメディアの議題設定機能や合意形成機能はこれからも持続すると仮定することができるだろうか。現時点では明確な答は出せない。なによりも現在進行中の現象であるし、実証研究がそれに追いついていない。日々新しいものが発表されているものの、実証知見の数もまだ少ない。だが、その中からいくつかを紹介してみよう。

韓国の二〇〇〇年総選挙の際に市民団体主導で展開された「落選運動」をテーマとした金相集の研究によると、落選運動に関する有力新聞四紙の報道量と、「ヤフー・コリア」の電子掲示板へのこの問題に関する書込み量との間には、相関係数で〇・七二という強い関連が見られた（金、二〇〇三）。これは、新聞からネットユーザーへと一種の議題設定効果がもたらされ、それが電子掲示板への書込み行動にも反映したと解釈することが可能な結果である。

同様に、Ｍ・ロバーツらは、四つの個別争点に関するオンライン新聞上での報道と、ＡＯＬの電子掲示板上でのそれらの争点に関する議論との関係を調べている（Roberts, Wanta, & Dzwo, 2002）。オンライン新聞として分析の対象になったのは、「ニューヨークタイムズ」「アソシエイティッド・プレス（AP）」「ロイター」『タイム』そしてCNNのオンライン版である。四つの争点のうち三つに関して、電子掲示板上での議論の頻度とオンライン新聞上での報道量とが関連していることがわかった。これら韓国やアメリカでの研究例は、議題設定効果がインターネット時代にも存続するであろうことを示唆している。

一方、全国紙の印刷版とオンライン版とを比べた研究によれば、オンライン版読者は印刷版読者よりも、国際・全国ニュースや政治的トピックに対する認識度や記憶度が低いことが判明した（Althaus & Tewksbury, 2002；Tewksbury & Althaus, 2000）。言い換えれば、オンライン版読者は印刷版読者と比べて、ハードニュースを避け、ソフトニュースを好む傾向がある。研究者たちは、こうした傾向が生じる理由として、印刷版のように記事の顕出性の手がかりを伝える手段がオンライン版には欠けていること、オンライン版読者のほうが印刷版読者よりもニュース記事選択におけるコントロール権が強いこと、を挙げている。したがって、印刷版をやめてオンライン版に乗り換える人の数が増えれば増えるほど、新聞の議題設定力はしだいに減衰するという予想も成り立つ。

今後の研究課題

マスメディアの合意形成機能は弱化するのか、公衆議題は必然的に細分化するのか、といった問題に答を出すにはまだ時期尚早である。こうした問題に取り組むための今後の研究課題について若干述べたい。

第一に、インターネットサイトの研究に関連して。インターネット上のニュースサイトの数は急速に増加しており、それらを網羅的にチェックし、ネットにおけるニュース議題を割り出すことはますます困難になりつつある。しかし、すべてのニュースサイトが等しくアクセスされているわけではない。サイト間には注目の序列がある。研究のひとつの戦略としては、ネットでニュースをよく見る人びとのウェブアクセスのパターンを調査し、常に大勢のユーザーを引きつけている「ハブ」ニュースサイトを特定することである。内容分析の対象を一握りのハブサイトに限定することが妥当であると確認できれば、分析のコストを低減することができる。また、従来型メディアとハブニュースサイトとの間にメディア間議題設定効果が生じているかどうかも追究すべきである。

ネット上の動向としてもうひとつの興味深い課題は、いまや急速に増殖しつつある「ブログ（blog）」が、議題設定過程でどのような役割を果たすかである。いわゆる「ラザーゲート」事件のように、ブログが従来型メディアに対してユニークなインパクトを持ちうることを示すエピソードはある（Cornfield, Carson, Kalis, & Simon, 2005）。しかし、これまでのところ、体系的な研究は行なわれていない。

第二に、利用者の研究に関しては、ニュースを求める人びとの心理の探究をもっと進めるべきであろう。議題の細分化に関する議論は、ますます多くの市民が単一争点公衆となることを想定している。しかし、M・デリ・カーピニとS・キーターは、アメリカでの調査データにもとづき、次のように主張する（Delli Carpini & Keeter, 2003）。すなわち、市民の多くは（主に専門的なニュースを求める）情報スペシャリストではなくゼネラリストであり、知識を持った市民ほど、より広範な公共的争点やトピックを知ろうとする傾向がある。もし、この傾向がインターネットからニュースを得る人びとにもあてはまるならば、公衆議題の細分化に対する抑止力となるだろう。

この傾向と関連する概念が、常にニュースを知っておきたいという市民的義務感（civic duty to keep informed）である。こうした心理的構えが、新聞やテレビの全国ニュース・国際ニュースへの接触を規定する要因として、デモグラフィック属性とは独立した効果を持つことを示した研究がある（McCombs & Poindexter, 1983）。今後は、こうした心理的要因が、インターネット上のニュース追求行動をどう規定するかを探究する必要がある。

第三に、議題設定アプローチは、公衆議題が実際にどの程度細分化しているかをチェックするうえでも有用である。個人や社会集団がどの程度多様な争点を認識しているかを検討するために、「議題多様性（agenda diversity）」ないしは「争点多様性（issue diversity）」という概念が提起されてきた（Chaffee & Wilson, 1977）。レスラーとアイホーンは、この概念をさらに量的多様性と質的多様性とに区分している（Roessler & Eichhorn, 1999）。前者は、個人が重要と考える争点の数を意味する。他方、後者は、社会集団のメンバーが重要と考える争点の数と、各争点を重要と考える下位集団の分布の歪みとに関係している。質的多様性は、相対エントロピーのメジャーで表わされる。

また、量的多様性をさらに名目的（nominal）議題の多様性とテーマ的（thematic）議題の多様性とに分類する研究者もいる（Peter & de Vreese, 2003）。たとえば、重要な問題として景気対策とインフレとが挙げられた場合、それは名目的には二種類の争点とカウントされるが、テーマ的には、両方とも経済の領域に含まれるので、一種類とみなす。

これまでの研究によれば、従来型のニュースメディアは公衆議題の多様性に対してほとんど影響を及ぼさなかった（たとえば、Lasorsa, 1991；Wanta, King, & McCombs, 1995）。しかし、新しいメディア、とくにインターネットの場合はどうであろうか。ともあれ、議題多様性に関するこうしたさまざまな概念は、公衆議題がどの程度細分化しているかを示す経験的指標として役立つだろう。

四　議論

本章では、議題設定研究が現在直面している三つの重要問題について論じた。ここでの議論の焦点は、受け手に対するメディア効果としての議題設定の概念に置かれている。ただし、近年では議題設定研究の視野は、メディア議題、公衆議題、政策議題の三者間の関係を探究する方向へと拡げられつつある（Dearing & Rogers, 1996）。この動向を無視したわけではなく、議題設定のオリジナルかつ最も基本的な概念を検討対象としたのである。

ここで取り上げた三つの問題は「過程」「独自性」「環境」と名づけることができる。それぞれの問題に関する議論と今後の研究課題を、ここで要約しておこう。

「過程」問題は、議題設定効果過程の性質に関わるものである。具体的にいえば、議題設定効果とは意識的な思慮を介したものなのか、それとも無意識的で機械的な反応に近いのかという問題である。最近のいくつかの研究が示唆するところでは、議題設定効果過程は、アクセス可能性にもとづいた機械的な反応から成り立っているわけではなく、思慮を介した判断や推論を含むようである。したがって、議題設定仮説の従属変数としての争点顕出性は、アクセス可能性で説明しきれるものではない。ミラーとクロスニックが指摘するように、議題設定効果はこれまで考えられてきた以上に、思慮をともなう過程である（Miller & Krosnick, 2000）。しかしながら、無意識的で機械的な擬似的議題設定も存在する可能性があることを示唆する実証知見もある。今後の研究では、真性議題設定と擬似的議題設定とを識別しうる要因をつきとめることが求められる。

「独自性」問題は、認知レベルの効果概念として生み出された議題設定が、属性型議題設定の登場によって、どう変化していくのかという問題である。属性型議題設定は、やがてはフレーミング効果や態度的効果研究と融合してしまうのだろうか。属性型議題設定概念の出現は、議題設定アプローチが、フレーミング効果や態度的効果のアプローチと並立しながら、態度レベルでのメディア効果を説明する代替的な方法を提起するに至ったことを意味している。単独ではなく、他の概念、とくにプライミングと連結することによって、属性型議題設定は、ある対象（争点であれ候補者であれ）が持つとされるある属性の顕出性の高まりが、その対象に対する個人の態度の活性化へとどのようにつながるかを説明する。こうした効果過程をもっと詳細に究明し、こうした効果を規定する随伴条件を特定することが今後の研究課題である。とくに、情緒的属性型議題設定の効果過程についてはより詳しく研究する必要がある。情緒的属性型議題設定は、メディアから受け手への情緒の単純な転移ではなく、認知的学習によって媒介されていることが予想されるからである。

三番目の「環境」問題は、コミュニケーション技術の発達とそれにともなうメディアアウトレットの増加とが、従来型メディアの議題設定力を弱化させ、社会レベルでみた場合に、公衆議題の細分化をもたらすのではないかという問題である。促進要因と抑制要因とか混在する現時点においては、マスメディアの議題設定力がどの程度衰え、公衆議題がどの程度細分化するかを予測することは難しい。ともあれ、新しいメディア環境におけるメディア議題設定を探究するために、次のような戦略を立てるべきだろう。

①ネットでニュースを得ようとする人びとのウェブアクセスパターンを調べ、「ハブ」となるニュースサイトを特定する。そして、研究の対象をハブサイトにひとまず限ることが妥当であるかどうかを確認する。

②ニュースを求める人びとが、幅広い話題に注意を払う「情報ゼネラリスト」の傾向をどの程度持っているのかどうかを追究する。

③議題設定研究から派生した、議題多様性の概念を利用し、公衆議題が実際にどの程度細分化しているかをチェックする。

議題設定理論は、ジャーナリズムやマスコミュニケーション研究の中でも珍しい存在である。社会学や心理学、政治学といった他のディシプリンから借りてきたアイディアではなく、この研究領域の中で独自に生まれた「生え抜き」の理論である。もちろん、「生え抜き」であるがゆえに他の関連する理論を排除してまでも擁護しなければならない、というものではない。

とはいえ、一点だけ指摘したいことは、議題設定の概念が、マスコミュニケーション研究において一定の「架橋」機能を果たしてきたという事実である。言い換えれば、この概念は、さまざまな研究テーマや研究アプローチを結びつけることに貢献してきた。たとえば、送り手分析と受け手分析とが、ゲートキーピングとその効果という観点からどのように結びつくかを示唆してきた（たとえば、McCombs & Shaw, 1976）。また、取材源とジャーナリストとがどう相互作用しているかという問題にも議題設定概念は適用されてきた（たとえば、Semetko, Blumler, Gurevitch, & Weaver, 1991）。受け手分析の側では、議題設定の随伴条件を表わすものとして良く知られたオリエンテーション欲求の概念は、利用と満足研究のパースペクティブを効果研究に取り入れたという特長がある。さらに、プライミング効果と連結することによって、属性型議題設定は、メディアによるイメージ形成の問題を取り扱うようになった。社会レベルに目を向ければ、議題設定は、「争点注目サイクル」（Downs, 1972）にメディア報道がどう関連しているかを示すことで、マスメディア、世論、および政策エリートの間の相互作用を明らかにするうえで役立ってきた。

繰り返すならば、議題設定の概念は、さまざまな研究アプローチを互いに関連づけるうえで貢献してきた。これは、一部の研究者が批判するような、議題設定が他のアプローチを自らの傘下に取り込んだという意味ではない。さまざまな、そうでなければ互いに没交渉のままであったような諸概念を結びつけることによって、議題設定は、マスコミュニケーション研究における理論構築に重要な役割を果たしてきたし、いまも果たしているのである。研究アプローチとしての議題設定は、現在もなお追求する価値を有している。

注

（1）本章は、Takeshita（2006）を加筆修正のうえ再掲したものである。

（2）D・ディアリングとE・ロジャーズが著わした『議題設定』という著作は、議題設定研究者の必読者と呼べるものだが、彼らもまた、議題設定の適用範囲の広がりを意識した議論を行なっている（Dearing & Rogers, 1996）。ディアリングらは、議題設定が「マスコミュニケーション研究の領域から生まれたという点できわめて珍しい学術的トピックである」（p. vii）と紹介したうえで、メディア—公衆間の関係にとどまらず、メディア・公衆・政策エリートの三者関係へと研究対象を拡張したモデルを提起している（本書六章、図6-1参照）。

あとがき

議題設定研究に初めて出会ったのは、大学院で修士論文の準備をしていた頃であった。それ以前から擬似環境論の発想に慣れ親しんでいたこともあり、マコームズらの論文には強い既視感を覚えたし、一種の巡り合わせのようなものを感じた。

この研究テーマとはそれ以来の長いつきあいだが、私の意図としては、単に外国の理論を輸入し、日本で追試するということだけを目指したものではない。少なくとも、メディアによる現実構成という発想の面では、戦後日本のマスコミュニケーション研究のほうがアメリカより先んじていたのであり、こうした日本の業績と接合させつつ、議題設定をより精緻で、しかも適用範囲の広い理論へと発展させることができないかと思い続けてきた。本書はいわばその中間報告であるが、研究の意図がどれだけ達成できたかについては、内心忸怩たるものがないわけではない。

ともあれ、こうしたささやかな仕事でさえ、まとめあげるまでには多くの方々の恩恵にあずかっている。私がマスコミュニケーション研究を志すようになったきっかけは、学部学生のとき、非常勤講師として出講された藤竹暁先生（学習院大学／当時ＮＨＫ総合放送文化研究所）との出会いである。擬似環境論を教わったのも、藤竹先生その人からであった。また、大学院時代に指導教官を引き受けていただいた竹内郁郎先生（東洋大学／東京大学新聞研究所）には、研究の進め方のみならず、研究者としての生き方についても多くのご教示を授かってきた。高橋（岡田）直之先生（東洋大学／成城大学）は、私にとって「議題設定者」であった。私自身の研究の方向を決めるうえで、高橋先生の論文やご一緒の研究会でのお話などから多大な示唆を受けてきた。私がマスコミュニケーション研究者として、これまでどうにかやってこれたのも、これら三人の先生方のご指導のおかげである。

さらに、議題設定研究に関しては、マックスウェル・マコームズ教授（テキサス大学／シラキューズ大学）とデービッド・ウィーバー教授（インディアナ大学）にも感謝しなければならない。

初期の頃の議題設定研究は、かなりの部分が学会発表論文や大学の部内資料の形で公表され、日本でそのコピーを入手することは難しかった。そうした研究も、しばらく待てば学術誌に載ったりするのだろうが、当方には修士論文の提出期限もあり、それほど悠長にかまえてはいられない。そこで私が最初にしたことは、マコームズ教授に手紙を書き、いくつかの論文や報告書を送ってくれるようお願いすることであった（格安航空券が出まわっている現在なら、また別の方法があったかもしれない）。マコームズ教授が、どこの馬の骨とも知れない大学院生の不躾な手紙に親切に答えてくださったのをきっかけに、かれこれ二〇年にわたる交流が続いている。

かつてマコームズ教授の弟子であったウィーバー教授は、やはり議題設定研究の指導的研究者の一人であるが、教授が筆頭執筆者となって刊行された議題設定の研究書を私が日本語に翻訳して以来、親交が続いている。一九九七年には、両教授および議題設定仮説のもう一人の創始者であるドナルド・ショー教授（ノースカロライナ大学）が編者となった『コミュニケーションとデモクラシー——議題設定理論の知的フロンティアの探究』という論文集が出版された。これは、議題設定研究者のいわば「第二世代」を糾合した企画であり、私もひとつの章を担当させていただいた（「君は他のメンバーよりも古くからやっているから、一・五世代かもしれないね」とはマコームズ教授の弁である）。

ところで、本書で私が行なっている議題設定の実証研究のデータは、すべて何らかの共同研究の一環として収集されたものである。もとよりサーベイリサーチの実施には多額の経費や多くの人手が必要であり、個人が単独で行なうことは難しい。その意味でも、私の研究は、共同研究者としての多くの諸先輩や同僚諸氏の恩恵を受けている。なかでもとくにお世話になった方として、川本勝教授（駒澤大学）と三上俊治教授（東洋大学）のお名前を挙げておきたい。

本書は、私が筑波大学大学院社会科学研究科に提出した博士論文が基になっている。ただし、さまざまな事情から、もとの長さの七割程度へと圧縮した。利用と満足研究に関する議論をはじめとして、思いきって割愛した章や節もあるし、また全編にわたって細かな修整も施した。しかし基本的な構成と論旨には変更はない。

筑波大学は前任校として九年間勤めた職場でもある。論文の主査をお引き受けくださった副田義也先生をはじめとする社会科学系（とくに社会学研究室）の先生方、および現代語・現代文化学系や比較文化学類の先生方からは、在任中、たえず知的刺激を受けてきた。論文博士とはいえ学位を授与されたことで、筑波大学は私にとって、東京都立大学、東京大学に次ぐ第三の母校になったといえるだろう。

最後に、本書の出版に至るまで忍耐強く事を運んでくださった学文社の田中千津子社長に深くお礼申しあげたい。また、本書の完成を側面から支えてくれた妻美貴子にも、心から感謝の意を表したい。

一九九八年八月

竹下俊郎

増補版あとがき

早いもので、初版を上梓してから一〇年が過ぎた。この間、一九九九年度大川出版賞（財団法人大川情報通信基金）の受賞対象にもなり、また何度か増刷の機会にも恵まれた。当然ながら、時間が経つにつれ内容は古くなる。研究の進展に合わせて全面的に書き換えたらという提案も受けたが、もともと博士論文をベースにしたものなので、原型をとどめないほど変えることには抵抗がある。在庫が徐々に減り、いつのまにか絶版になるのが自然だと考えていた。

ところが、メディア議題設定研究に関する図書はいまだ国内ではほとんどないし、メディア効果研究についても、さまざまな概念や理論仮説を羅列するだけのテキスト的なものはあっても、本書のようにそれらを相互に関連づけながら論じたものは少ない。さらに、いまだにテキストや参考書として指定してくださる方もいる（ありがとうございます）。本書も、もうしばらくは存在価値があるのではないかと考え、議題設定研究の最近の動向（の一部）を表わす二論文を付け加えて増補版とした次第である。

今回も学文社の田中千津子社長にはお世話になった。記して感謝申しあげたい。

二〇〇八年八月

竹下俊郎

著者紹介

竹下　俊郎（たけしたとしお）

一九五五年　大阪府生まれ
東京都立大学人文学部卒業
東京大学大学院社会学研究科修士課程修了
博士（筑波大学・社会学）
東京大学新聞研究所助手、東海大学文学部講師、筑波大学現代語・現代文化学系助教授を経る

現　在　明治大学政治経済学部教授
（マスコミュニケーション論専攻）

主　著（いずれも共著）　『選挙報道と投票行動』（東京大学出版会、一九八八年）、『ニューメディアと社会生活』（東京大学出版会、一九九〇年）、*Media and Politics in Japan* (Univ. of Hawaii Press, 1996)、*Communication and Democracy* (LEA, 1997)、『メディア・コミュニケーション論』（北樹出版、一九九八年）。『メディアと政治』（有斐閣、二〇〇七年）

翻　訳　マクウェール『マス・コミュニケーションの理論』（共訳、新曜社、一九八五年）、ウィーバー他『マスコミが世論を決める』（勁草書房、一九八八年）

増補版メディアの議題設定機能
―マスコミ効果研究における理論と実証―

一九九八年　九 月三〇日　第一版第一刷発行
二〇〇一年一〇月一〇日　第一版第三刷発行
二〇〇八年　九 月三〇日　増補版第一刷発行

著者　竹下俊郎
発行所　学文社
〒一五三―〇〇六四　東京都目黒区下目黒三―六―一
発行者　田中千津子
電話〇三・三七一五・一五〇一　振替口座〇〇一三〇―九―九八八四二

落丁・乱丁本はお取替えいたします　ISBN 978-4-7620-1876-3
定価はカバー、売上カードに表示してあります　検印省略
印刷／シナノ㈱

事項索引

さ　行

た　行

な　行

は　行

ま　行

や　行

ら　行

わ　行

人名索引

あ 行

か 行

さ 行

た 行

な 行

は 行

ま行

や　行

ら　行

わ　行

引 用 文 献

阿部謹也（1995）『「世間」とは何か』講談社.

Adoni, H., & Mane, S. (1984). Media and the social construction of reality : Toward an integration of theory and research. *Communication Research, 11*, 323-340.

飽戸弘（1987）『新しい消費者のパラダイム』中央経済社.

Akuto, H. (1996). Media in electoral campaigning in Japan and the United States. In S. J. Pharr & E. S. Krauss (Eds.), *Media and politics in Japan* (pp. 313-337). Honolulu : University of Hawaii Press.

Albert, E. (1989). Aids and the press : The Creation and transformation of a social problem. In J. Best (Ed.), *Images of issues : Typifying contemporary social problems* (pp. 39-54). New York : Aldine de Gruyter.

Althaus, S. L., & Tewksbury, D. (2002). Agenda setting and the 'new' news : Patterns of issue importance among readers of the paper and online version of the New York Times. *Communication Research, 29*, 180-207.

天野勝文（1989）「『取り込まれる』ジャーナリスト」『総合ジャーナリズム研究』128号, pp. 46-52.

天野勝文（1997）「新聞ジャーナリズムの将来」『ジュリスト増刊　変革期のメディア』有斐閣, pp. 188-191.

新井直之（1979）『ジャーナリズム』東洋経済新報社.

Atkin, C. K. (1972). Anticipated communication and mass media information-seeking. *Public Opinion Quarterly 36*, 188-199.

Atwater, T., Fico, F., & Pizante, G. (1987). Reporting on the state legislature : A case study of inter-media agenda-setting. *Newspaper Research Journal, 8*, 53-61.

Atwater, T., Salwen, M. B., & Anderson, R. B. (1985a). Media agenda-setting with environmental issues. *Journalism Quarterly, 62*, 393-397.

Atwater, T., Salwen, M. B., & Anderson, R. B. (1985b). Interpersonal discus-sion as a potential barrier to agenda-setting. *Newspaper Research Journal, 6*, 37-43.

Bachrach, P., & Baratz, M. S. (1970). *Power and poverty in theory and practice*. New York : Oxford University Press.

Bateson, G. (1972). *Steps to an ecology of mind*. New York: Ballantine Books, 佐伯泰樹・佐藤良明・高橋和久訳 (1986)『精神の生態学 上・下』思索社.

Becker, L. (1982). The mass media and citizen assessment of issue importance : A reflection on agenda-setting research. In D. C. Whitney, E. Wartella & S. Windahl (Eds.), *Mass communication review yearbook* (vol. 3, pp. 521-536). Beverly Hills, CA : Sage.

Becker, L. B., McCombs, M. E., & McLeod, J. M.(1975). The development of political cognitions. In S. H. Chaffee (Ed.), *Political Communication : Issues and Strategies for Research* (pp. 21-63), Beverly Hills, CA : Sage,

Becker, L. B., Weaver, D. H., Graber, D. H., & McCombs, M. E. (1979). Influence in public agenda. In S. Kraus (Ed.), *The great debates : Carter vs. Ford 1976* (pp. 418-428). Bloomington : Indiana University Press.

Behr, R. Y., & Iyengar, S. (1985). Television news, real-world cues, and changes in the public agenda. *Public Opinion Quarterly, 49*, 38-57.

Benford, R. D., & Snow, D. A. (2000). Framing processes and social movements: An overview and assessment. *Annual Review of Sociology, 26*, 611-639.

Benton, M., & Frazier, P. J. (1976). The agenda-setting function of the mass media at three levels of information holding. *Communication Research, 3*, 261-274.

Berelson, B. R., Lazarsfeld, P. F., & McPhee, W. N. (1954). *Voting : A study of opinion formation in a presidential campaign*. Chicago : University of Chicago Press.

Berger, P. L., & Berger, B.(1975). *Sociology : A biographical approach* (2nd ed.). New York: Basic Books. 安江孝司・鎌田彰仁・樋口祐子訳 (1979)『バーガー社会学』学習研究社.

Berger, P. L., & Luckman, T. (1966). *The social construction of reality : A treatise in the sociology of knowledge*. New York : Anchor Books. 山口節郎訳 (1977)『日常世界の構成――アイデンティティと社会の弁証法』新曜社.

Berkowitz, D. (1987). TV news sources and news channels: A study in agenda-building. *Journalism Quarterly, 64*, 508-513.

Birkland, T. A. (1997). *After disaster : Agenda setting, public policy, and focusing events*. Washington, D.C.: Georgetown University Press.

Blood, D. J., & Phillips, P. C. B. (1997). Economic headline news on the agenda :New approaches to understanding causes and effects. In M. McCombs, D. L.Shaw, & D. Weaver (Eds.), *Communication and democracy : Exploring the intellectual frontiers in agenda-setting theory* (pp. 97-113). Mahwah, NJ : Lawrence Erlbaum Associates.

Blood, R. W. (1989). Public agendas and media agendas : Some news that may matter. *Media Information Australia, 52*, 7-15.

Blumler, J. G. (1979). The role of theory in uses and gratifications studies. *Communication Research, 6*, 9-36.

Blumler, J. G., & Kavanagh, D. (1999). The third age of political communication :Influences and features. *Political Communication, 16*, 209-230.

Boot, W. (1985, March-April). Ethiopia: Feasting on famine. *Columbia Journalism Review*, pp. 47-48.

Brown, R. L. (1970). Approaches to the historical development of mass media studies. In J. Tunstall(Ed.), *Media sociology* (pp. 41-57). University of Illinois Press.

Bowen, L. (1994). Time of voting decision and use of political advertising : The Slade Gorton-Brock Adams senatorial campaign. *Journalism Quarterly, 71*, 665-675.

Campbell, J. C. (1990). The mass media, policy change, and Japanese old people. 増山幹高訳「メディアと政策転換――日本の高齢者対策」『レヴァイアサン』 7号, pp. 49-74.

Cantril, H. (1940). *The invasion from Mars : A study in the psychology of panic.* Princeton, NJ : Princeton University Press. 斎藤耕二・菊池章夫訳 (1971) 『火星からの侵入』 川島書店.

Cappella, J. N., & Jamieson, K. H. (1997). *Spiral of cynicism*. New York : Oxford University Press. 平林紀子・山田一成監訳 (2005) 『政治報道とシニシズム』 ミネルヴァ書房.

Carragee, K. M., & Roefs, W. (2004). The neglect of power in recent framing research. *Journal of Communication, 54*, 214-233.

Chaffee, S. H. (1980). Comments on the Weaver-Gray paper. In G. Wilhoit, G. Cleveland, & H. de Bock (Eds.), *Mass communication review yearbook* (vol. 1, pp. 156-160). Beverly Hills, CA : Sage.

Chaffee, S. H., & Choe, S. Y. (1980). Time of decision and media use during the Ford-Carter campaign. *Public Opinion Quarterly, 44*, 53-69.

Chaffee, S. H., & Hochheimer, J. L. (1985). The beginnings of political

communication research in the United States : Origins of the 'limited effects' model. In E. M. Rogers & F. Balle (Eds.), *The media revolution in America and in Western Europe* (pp. 267-296). Norwood, NJ : Ablex.

Chaffee, S. H., & Wilson, D. G. (1977). Media rich, media poor : Two studies of diversity in agenda-holding. *Journalism Quarterly, 54*, 466-476.

Cobb, R. W., & Elder, C. D. (1972). *Participation in American politics : The dynamics of agenda-building*. Baltimore, MD : Johns Hopkins University Press.

Cohen, B. C. (1963). *The press and foreign policy*. Princeton, NJ : Princeton University Press.

Cook, F. L., Tyler, T. R., Goetz, E. G., Gordon, M. T., Protess, D., Leff, D. R., & Molotch, H. L. (1983). Media and agenda-setting : Effects on the public, interest group leaders, policy makers, and policy. *Public Opinion Quarterly, 47*, 16-35.

Cornfield, Carson, Kalis, & Simon (2005). Buzz, blogs, and beyond : The Internet and the national discourse in the fall of 2004. Retrieved Jun 27, 2005, from http://www.pewinternet.org/ppt/BUZZ_BLOGS__BEYOND_Final05-16-05.pdf

Cotton, J. L. (1985). Cognitive dissonance in selective exposure. In D. Zillmann, & J. Bryant (Eds.), *Selective exposure to communication* (pp. 11-33). Hillsdale, NJ : Lawrence Erlbaum Associates.

Cushing, P. (1985). The effect of people/product relationships on advertising processing. In L. Alwitt & A. Mitchell (Eds.), *Psychological process and advertising effects* (pp.241-259). Hillsdale, NJ : Lawrence Erlbaum Associates.

Davis, F. J. (1952). Crime news in Corolado newspaper. *American Journal of Sociology, 57*, 325-330.

Davison, W. P. (1983). The third-person effect in communication. *Public Opinion Quarterly, 47*, 1-15.

Dayan, D., & Katz, E. (1992). *Media events : The live broadcasting of history*. Harvard University Press. 浅見克彦訳 (1996)『メディア・イベント——歴史をつくるメディア・セレモニー』青弓社.

Dearing, J. W., & Rogers, E. M. (1996). *Agenda-setting*. Thousand Oaks, CA : Sage.

DeFleur, M., & Ball-Rokeach, S. (1989). *Theories of mass communication* (5 th ed.). New York : Longman. 柳井道夫・谷藤悦史訳 (1994)『マ

ス・コミュニケーションの理論』敬文堂.
Delli Carpini, M. X., & Keeter, S. (2003). The Internet and an informed citizenry. In D. M. Anderson & M. Cornfield (Eds.), *The civic web : Online politics and democratic values* (pp. 129-153). Lanham, MD : Rowman & Littlefield.
堂本暁子（1981）「追跡・ベビーホテル」『放送レポート』52号，pp. 8-16.
Downs, A. (1972). Up and down with ecology : The 'issue-attention cycle.' *Public Interest, 28*, 38-50.
Edelstein, A. S., Ito, Y., & Kepplinger, H. M. (1989). *Communication and culture*. New York : Longman.
Entman, R. M. (1993). Framing : Toward clarification of a fractured paradigm. *Journal of Communication, 43* (4), 51-58.
Erbring, L., Goldenburg, E. N., & Miller, A. H. (1980). Front-page news and real-world cues: A new look at agenda-setting by the media. *American Journal of Political Science, 24*, 17-49.
Festinger, L. (1950). Informal social communication. *Psychological Review, 57*, 271-282.
Festinger, L. (1957). *A theory of cognitive dissonance*. Evanston, IL : Row, Peterson. 末永俊郎監訳（1965）『認知的不協和の理論』誠信書房.
Fiske, S. T., & Taylor, S. E. (1984). *Social cognition*. New York : Random House.
藤竹暁（1968）『現代マス・コミュニケーションの理論』日本放送出版協会.
藤竹暁（1981）「擬似環境論の展開」『新聞学評論』30号，pp.24-26.
福田充（1995）「テレビニュース映像と記憶」『マス・コミュニケーション研究』46号，pp. 128-141.
Funkhouser, G. R. (1973). The issues of the sixties: An exploratory study in the dynamics of public opinion. *Public Opinion Quarterly, 37*, 62-75.
Gadziala, S. M., & Becker, L. B. (1983). A new look at agenda-setting in the 1976 election debates. *Journalism Quarterly, 60*, 122-126.
Gamson, W. A. (1989). News as framing. *American Behavioral Scientist, 33*, 157-161.
Gamson, W. A. (1992). *Talking politics*. New York : Cambridge University Press.
Geer, J. G. (1991). Do open-ended questions measure 'salient' issues? *Public Opinion Quarterly, 55*, 360-370.
Gerbner, G. (1987). Television's populist brew : The three Bs. *ETC., 44* (1), 3-7.

Gerbner, G. (1990). Epilogue: Advancing on the path of righteousness (maybe). In N. Signorielli, & M. Morgan (Eds.), *Cultivation analysis: New directions in the media effects research* (pp. 249-262). Newbury Park, CA: Sage.

Gerbner, G., & Connolly, K. (1983). Television as new religion. In M. Emery & T. C. Smythe (Eds.), *Readings in mass communication: Concepts and issues in the mass media* (5th ed., pp. 221-228). Dubuque, IA: Wm. C. Brown.

Gerbner, G., & Gross, L. (1976a). Living with television: The violence profile. *Journal of Communication, 26* (2), 173-199.

Gerbner, G., & Gross, L. (1976b). The scary world of TV's heavy viewer. *Psychology Today, 9* (11), 41-45, 89. 一色留実訳（1980）「テレビ暴力番組」高根正昭編『変動する社会と人間２　情報社会とマス・メディア』（現代のエスプリ別冊）至文堂，pp. 148-158.

Gerbner, G., Gross, L., Morgan, M., & Signorielli, N. (1980). The 'mainstreaming' of America: Violence profile no. 11. *Journal of Communication, 30* (3), 10-29.

Gerbner, G., Gross, L., Morgan, M., & N. Signorielli, (1982). Charting the mainstream: Television's contributions to political orientations. *Journal of Communication, 32* (2), 100-127.　佐藤雅彦抄訳（1996）「世間の主流意識を絵解きする——テレビは政治の方向づけに加担している」D．A．グレイバー編『メディア仕掛けの政治』現代書館，pp. 174-188.

Gerbner, G., Gross, L., Morgan, M., & Signorielli, N. (1994). Growing up with television: The cultivation perspective. In J. Bryant & D. Zillmann (Eds.), *Media effects: Advances in theory and research* (pp. 17-41). Hillsdale, NJ: Lawrence Erlbaum Associates.

Ghanem, S. (1997). Filling in the tapestry: The second level of agenda-setting. In M. McCombs, D. L. Shaw, & D. Weaver (Eds.), *Communication and democracy: Exploring the intellectual frontiers in agenda-setting theory* (pp. 3-14). Mahwah, NJ: Lawrence Erlbaum Associates.

Ghorpade, S. (1986, August-September). Agenda setting: A test of advertising's neglected function. *Journal of Advertising Research*, 23-27.

Gitlin, T. (1980). *The whole world is watching: Mass media in the making & unmaking of the new left.* Berkeley, CA: University of California Press.

Glynn, C. J., Hayes, A. F., & Shanahan, J. (1997). Perceived support for one's opinions and willingness to speak out : A meta-analysis of survey studies on the 'spiral of silence.' *Public Opinion Quarterly, 61*, 452-463.

Goffman, E. (1974). *Frame analysis : An essay on the organization of experience*. New York : Harper & Row.

Golan, G., & Wanta, W. (2001). Second-level agenda setting in the New Hampshireprimary : A comparison of coverage in three newspapers and public perceptions of candidates. *Journalism & Mass Communication Quarterly, 78*, 247-259.

Gonzenbach, W. J. (1996). *The media, the president, and public opinion : A longitudinal analysis of the drug issue, 1984-1991*. Mahwah, NJ : Lawrence Erlbaum Associates.

Halloran, J., Elliott, P., & Murdock, G. (1970), *Demonstrations and communication : A case study*. Harmondsworth : Penguin.

橋元良明・福田充・森康俊 (1997)「慎重を期すべき『街頭の声』の紹介——テレビ報道番組におけるイグゼンプラー効果に関する実証的研究」『新聞研究』553号（8月号), pp. 62-65.

Hawkins, R. P., & Pingree, S. (1982). Television's influence on social reality. In *Television and Behavior : Ten Years of Scientific Progress and Implications for the Eighties* (vol. 2, pp. 224-247). Rockville, MD : National Institute of Mental Health.

Hawkins, R. P., & Pingree, S. (1990). Divergent psychological processes in constructing social reality from mass media content. In N. Signorielli & M. Morgan (Eds.), *Cultivation analysis : New directions in the media effects research* (pp. 35-50). Newbury Park, CA : Sage.

Herzog, H. (1944). What do we really know about day-time serial listeners? In P. F. Lazarsfeld & F. N. Stanton (Eds.), *Radio research 1942-43*. New York : Duell,Sloan & Pearce.

Hirsch, P. M. (1977). Occupational, organizational, and institutional models in mass media research : Toward an integrated framework. In P. M. Hirsch, P. V. Miller & F. G. Kline (Eds.), *Strategies for communication research* (pp. 13-42). Beverly Hills, CA : Sage.

Hirsch, P. M. (1980). The 'scary world' of the nonviewer and other anomalies : A reanalysis of Gerbner et al.'s findings on cultivation analysis. *Communication Research, 7*, 403-456.

堀江湛 (1982)「大衆社会とマス・デモクラシー」堀江湛・芳賀綏・加藤秀治

郎・岩井奉信『現代の政治と社会』北樹出版，pp. 30-42.

Hovland, C. I., Janis, I. L., & Kelley, H. H. (1953). *Communication and persuasion*. New Haven, CT : Yale University Press. 辻正三・今井省吾（1960）『コミュニケーションと説得』誠信書房.

Hovland, C. I., Lumsdaine, A. A., & Sheffield, F. D. (1949). *Experiments on mass communication*. Princeton, NJ : Princeton University Press.

池田謙一（1993）『社会のイメージの心理学――ぼくらのリアリティはどう形成されるか』サイエンス社.

Inglehart, R. (1990). *Culture shift in advanced industrial society*. Princeton, NJ : Princeton University Press. 村山皓・富沢克訳（1993）『カルチャーシフトと政治変動』東洋経済新報社.

井上忠司（1977）『「世間体」の構造――社会心理史への試み』日本放送出版協会.（講談社学術文庫版，2007年）

石川真澄（1990）「メディア――権力への影響力と権力からの影響力」『レヴァイアサン』7号, pp. 30-48.

Ito, Y. (1987). Mass communication research in Japan : History and present state. In M. McLaughlin (Ed.), *Communication Yearbook 10* (pp.49-85). Newbury Park, CA : Sage.

岩渕美克（1986）「マス・メディアの情報と争点選択」堀江湛・梅村光弘編『投票行動と政治意識』慶應通信, pp. 181-195.

岩渕美克（1989）「政治的争点と世論形成過程――沈黙の螺旋理論の実証研究」『聖学院大学論叢』2, pp. 55-79.

Iyengar, S. (1990). The accessibility bias in politics : Television news and public opinion. *International Journal of Public Opinion Research, 2*, 1-15.

Iyengar, S. (1991). *Is anyone responsible? : How television frames political issues*. Chicago : The University of Chicago Press.

Iyengar, S., & Kinder, D. R. (1985). Psychological accounts of agenda-setting. In S. Kraus & R. M. Perloff (Eds.), *Mass media and political thought : An information-processing approach* (pp.117-140). Beverly Hills, CA : Sage.

Iyengar, S., & Kinder, D. R. (1987). *News that matters : Television and American opinion*. Chicago : The University of Chicago Press.

Iyengar, S., Peters, M. E., & Kinder, D. R. (1982). Experimental demonstrations of the ‘not-so-minimal’ consequences of television news programs. *American Political Science Review, 76*, 848-858.

Iyengar, S., & Simon, A. (1993). News coverage of the Gulf Crisis and public

opinion : A study of agenda-setting, priming, and framing. *Communication Research, 20*, 365-383.

Johnson, B. T., & Eagly, A. H. (1989). Effects of involvement on persuasion : A meta-analysis. *Psychological Bulletin, 106*, 290-314.

蒲島郁夫 (1986a)「争点，政党，投票」綿貫譲治・三宅一郎・猪口孝・蒲島郁夫『日本人の選挙行動』東京大学出版会，pp. 237-267.

蒲島郁夫 (1986b)「マスメディアと政治——もう一つの多元主義」『中央公論』2月号，pp. 110-130.

蒲島郁夫 (1989)「社党大勝は『争点選挙』化による一時現象」『エコノミスト』10月23日号，pp. 57-61.

蒲島郁夫 (1990)「マス・メディアと政治」『レヴァイアサン』7号，pp. 7-29.

Kahneman, D., & Tversky, A. (1984). Choices, values, and frames. *American Psychologist, 39* (4), 341-350.

桂敬一 (1998)「メディア産業と組織」竹内郁郎・児島和人・橋元良明編『メディア・コミュニケーション論』北樹出版，pp. 101-156.

Katz, E. (1957). The two-step flow of communication : An up-to-date report on an hypothesis. *Public Opinion Quarterly*, 21, 61-78. 下沢夫美子訳 (1968)「コミュニケーションの二段階の流れ」W. シュラム編，学習院大学社会学研究室訳『新版マス・コミュニケーション』東京創元社，pp. 194-219.

Katz, E. (1981). Publicity and pluralistic ignorance : Notes on “the spiral of silence.” In H. Baier, H. M. Kepplinger, & K. Reumann (Eds.) *Public opinion and social change : For Elisabeth Noelle-Neumann* (pp. 28-38). Wiesbaden : Westdeutscher Verlag.

Katz, E. (1987). Communication research since Lazarsfeld. *Public Opinion Quarterly, 51*, s25-s45.

Katz, E. (1996). And deliver us from segmentation. *The Annals of the American Academy of Political and Social Science, 546*, 22-33.

Katz, E., & Lazarsfeld, P. F. (1955). *Personal influence : The part played by people in the flow of mass communication*. Glencoe, IL : The Free Press. 竹内郁郎訳 (1965)『パーソナル・インフルエンス』培風館.

Kepplinger, H. M., Brosius, H.-B., & Staab, J. F. (1991). Instrumental actualization : A theory of mediated conflicts. *European Journal of Communication, 6*, 263-290.

金相集 (2003)「間メディア性とメディア公共圏の変化——韓国『落選運動』の新聞報道とＢＢＳ書込みの比較分析を中心に」『社会学評論』54

(2), pp. 175-191.

Kim, S.-H., Scheufele, D. A., & Shanahan, J. (2002). Think about it this way: Attribute agenda-setting function of the press and the public's evaluation of a local issue. *Journalism & Mass Communication Quarterly, 79*, 7-25.

Klapper, J. T. (1960). *The effects of mass communication*. New York: The Free Press. NHK放送学研究室訳 (1966)『マス・コミュニケーションの効果』日本放送出版協会.

小林良彰 (1983)「争点選択におけるマス・メディアの政治的効果に関する計量分析」『慶應義塾創立125年記念論文集 (法学部政治学関係)』pp. 367-394. (富田信男・岡沢憲芙編『情報とデモクラシー』学陽書房, 1983, pp. 167-193に「情報とマス・メディア」として収録)

小林良彰 (1990)「マスメディアと政治意識」『レヴァイアサン』7号, pp. 97-114.

児島和人 (1982)「政治過程とマス・コミュニケーション」竹内郁郎・児島和人編『現代マス・コミュニケーション論』有斐閣, pp. 218-245. (後に, 児島和人 (1993)『マス・コミュニケーション受容理論の展開』東京大学出版会に収録)

Kosicki, G. M. (1993). Problems and opportunities in agenda-setting research. *Journal of Communication, 43* (2), 100-127.

Krugman, H. E. (1965). The impact of television advertising: Learning without involvement. *Public Opinion Quarterly, 29*, 349-356.

Kuhn, T. S. (1962). *Structure of scientific revolutions*. Chicago: University of Chicago Press. 中山茂訳 (1971)『科学革命の構造』みすず書房.

Lang, K., & Lang, G. E. (1959). The mass media and voting. In E. Burdic & A. J. Brodbeck (Eds.), *American voting behavior* (pp. 217-235). Glencoe, IL: The Free Press.

Lang, G. E., & Lang, K. (1984). *Politics and television, Re-viewed.* Beverly Hills, CA: Sage. 荒木功・大石裕・小笠原博毅・神松一三・黒田勇訳 (1997)『政治とテレビ』松籟社.

Lasorsa, D. L. (1991). Effects of newspaper competition on public opinion diversity, *Journalism Quarterly, 68*, 38-47.

Lasorsa, D. L. (1992). Policymakers and the third-person effect. In J. D. Kennamer (Ed.), *Public opinion, the press, and public policy* (pp. 163-175). New York: Praeger.

Lasswell, H. (1948). The structure and function of communication in society. In L. Bryson (Ed.), *The communication of ideas* (pp. 32-51).

New York : Institute for Religious and Social Studies. 本間康平訳 (1968)「社会におけるコミュニケーションの構造と機能」W. シュラム編，学習院大学社会学研究室訳『新版　マス・コミュニケーション』東京創元社，pp. 66-81.

Lazarsfeld, P. F. (1969). An episode in the history of social research : A memoir. In D. Fleming & B. Bailyn (Eds.), *The intellectual migration, Europe and America, 1930-1960.* Harvard University Press. 今防人訳 (1973)「社会調査史におけるひとつのエピソード：メモワール」荒川幾男他訳『亡命の現代史 4　社会科学者・心理学者』みすず書房，pp. 181-287.

Lazarsfeld, P. F., Berelson, B., & Gaudet, H. (1944). *The people's choice : How the voter makes up his mind in a presidential election.* New York : Duell, Sloan and Pearce. 有吉広介監訳 (1987)『ピープルズ・チョイス』芦書房.

Lazarsfeld, P. F., & Merton, R. K. (1948). Mass communication, popular taste and organized social action. In L. Bryson (Ed.), *The communication of ideas* (pp. 95-118). New York : Institute for Religious and Social Studies. 犬養康彦訳 (1968)「マス・コミュニケーション，大衆の趣味，組織的な社会的行動」W. シュラム編，学習院大学社会学研究室訳『新版　マス・コミュニケーション』東京創元社，pp. 270-295.

Lemert, J. B. (1966). Two studies of status conferral. *Journalism Quarterly, 43*, 25-33.

Lemert, J. B. (1981). *Does mass communication change public opinion after all? : A new approach to effects analysis*. Chicago : Nelson-Hall.

Lewin, K., & Grabbe, P. (1945). Conduct, knowledge and acceptance of new values. *Journal of Social Issues, 1*(3), 53-64. Reprinted in K. Lewin (1948), *Resolving social conflicts* (pp. 56-68). New York : Harper & Brothers.

Lippmann, W. (1922). *Public opinion.* New York : Macmillan. 掛川トミ子訳 (1987)『世論（上）（下）』岩波書店.

Lopez-Escobar, E., Llamas, J. P., & McCombs, M. (1998). Agenda setting and community consensus : First and second level effects. *International Journal of Public Opinion Research, 10*, 335-348.

Lowery, S. A., & DeFleur, M. (1988). *Milestones in mass communication research* (2nd ed.). New York : Longman.

前田寿一 (1978)「購買紙と政治意識」慶應義塾大学法学部紀要『法学研究』

51(5), pp. 311-338.

Maher, T. M. (2001). Framing : An emerging paradigm or a phase of agenda setting? In S. D. Reese, O. H. Gandy, Jr., & A. E. Grant (Eds.), *Framing public life : Perspectives on media and our understanding of the social world* (pp.83-94). Mahwah, NJ : Lawrence Erlbaum Associates.

Major, A. M. (1992). 'Problematic' situations in press coverage of the 1988 U. S. and French elections. *Journalism Quarterly, 69*, 600-611.

Manheim, J. B. (1987). A model of agenda dynamics. In M. McLaughin (Ed.), *Communication Yearbook 10* (pp. 499-516). Newbury Park, CA : Sage.

Mathes, R., & Pfetsch, B. (1991). The role of the alternative press in the agenda-building process : Spill-over effects and media opinion leadership. *European Journal of Communication, 6*, 33-62.

McClure, R. D., & Patterson, T. E. (1976). Print vs. network news. *Journal of Communication, 26* (2), 23-28.

McCombs, M. E. (1976) Elaborating the agenda-setting influence of mass communication.『慶應義塾大学新聞研究所年報』7号, pp. 15-38.

McCombs, M. E. (1977, December). *Expanding the domain of agenda-setting research : Strategies for theoretical development.* Invited Paper for the Mass Communication Division of the Speech Communication Association, Washington, DC.

McCombs, M. E. (1981). The agenda-setting approach. In D. D. Nimmo & K. R. Sanders (Eds.), *Handbook of political communication* (pp. 121-140). Beverly Hills, CA : Sage.

McCombs, M. E. (1992). Explorers and surveyors : Expanding strategies for agenda-setting research. *Journalism Quarterly, 69*, 813-824.

McCombs, M. E. (1994). The future agenda for agenda setting research.『マス・コミュニケーション研究』45号, pp. 171-181.

McCombs, M. (1997). Building consensus : The news media's agenda-setting role. *Political Communication, 14*, 433-443.

McCombs, M. E., & Estrada, G. (1997). The news media and the pictures in our heads. In S. Iyengar, & R. Reeves (Eds.), *Do the media govern? : Politicians, voters, and reporters in America* (pp. 237-247). Thousand Oaks, CA : Sage.

McCombs, M., & Ghanem, S. I. (2001). The convergence of agenda setting and framing. In S. D. Reese, O. H. Gandy, Jr., & A. E. Grant (Eds.),

Framing public life (pp. 67–81). Mahwah, NJ : Lawrence Erlbaum Associates.

McCombs, M., Llamas, J. P., Lopez-Escobar, E., & Rey, F. (1997). Candidate images in Spanish elections : Second-level agenda-setting effects. *Journalism & Mass Communication Quarterly, 74*, 703–717.

McCombs, M., Lopez-Escobar, E., & Llamas, J. P. (2000). Setting the agenda of attributes in the 1996 Spanish general election. *Journal of Communication, 50* (2), 77–92.

McCombs, M. & Poindexter, P. (1983). The duty to keep informed : News exposure and civic obligation. *Journal of Communication, 33* (2), 88–96.

McCombs, M. E., & Shaw, D. L. (1972). The agenda-setting function of mass media. *Public Opinion Quarterly, 36*, 176–187. 谷藤悦史訳「マス・メディアの議題設定の機能」谷藤悦史・大石裕編訳『リーディングス政治コミュニケーション』一藝社, 2002, pp. 111–123.

McCombs, M. E., & Shaw, D. L. (1976). Structuring the 'unseen environment.' *Journal of Communication, 26* (2), 18–22.

McCombs, M. E., & Shaw, D. L. (1977a). The agenda-setting function of the press. In D. L. Shaw & M. E. McCombs (Eds.), *The emergence of American political issues : The agenda-setting function of the press* (pp. 1–18). St. Paul, MN : West Publishing Co.

McCombs, M. E., & D. L. Shaw, (1977b). Agenda-setting and the political process. In D. L. Shaw & M. E. McCombs (Eds.), *The emergence of American political issues: The agenda-setting function of the press* (pp. 149–156). St. Paul, MN : West.

McCombs, M. E., & Shaw, D. L. (1993). The evolution of agenda-setting research : Twenty-five years in the marketplace of ideas. *Journal of Communication, 43* (2), 58–67.

McCombs, M. E., & Weaver, D. H. (1985). Toward a merger of gratifications and agenda-setting research. In K. E. Rosengren, L. A. Wenner, & P. Palmgreen (Eds.), *Media gratifications research : Current perspectives* (pp. 95–108). Beverly Hills, CA : Sage.

McLeod, J. M., Becker, L. B., & Byrnes, J. M. (1974). Another look at the agenda-setting function of the press. *Communication Research, 1*, 131–165.

McLeod, J. M., & Chaffee, S. R. (1972). The construction of social reality. In J. Tedeschi (Eds.), *The social influence process* (pp. 50–99).

Chicago : Aldine-Atherton,
McManus, J. H. (1994). *Market-driven journalism: Let the citizen beware?* Thousand Oaks, CA : Sage.
McQuail, D., Blumler, J. G., & Brown, J. R. (1972). The television audience. In D. McQuail, (Ed.), *Sociology of mass communication* (pp. 135-165). Middlesex, England : Penguin Books. 時野谷浩訳（1979）「テレビ視聴者」D．マクウェール編著『マス・メディアの受け手分析』誠信書房，pp. 20-57.
Merton, R. K. (1946). *Mass persuasion : The social psychology of a war bond drive*. New York : Harper & Brothers. 柳井道夫訳（1973）『大衆説得』桜楓社.
Merton, R. K. (1957). *Social theory and social structure* (rev. ed.). Glencoe, IL : The Free Press. 森東吾・森好夫・金沢実・中島龍太郎訳（1961）『社会理論と社会構造』みすず書房.
Meyer, P. (1995). Public journalism and the problem of objectivity. *The IRE Journal* [On-line]. Available : http ://www. ire. org/pubjour. html.
三上俊治（1987）「現実構成過程におけるマス・メディアの影響力――疑似環境論から培養分析へ」『東洋大学社会学部紀要』24-2号, pp. 237-279.
三上俊治（1994）「1993年７月衆議院選挙におけるマスメディアの役割」『東洋大学社会学部紀要』31-2号，pp. 143-204.
三上俊治（1996）「インターネットと現代政治の変動」『東洋大学社会学部紀要』34-1号，pp. 23-47.
Mikami, S., Takeshita, T., Nakada, M., & Kawabata, M. (1995). The media coverage and public awareness of environmental issues in Japan. *Gazette, 54* (3), 209-226.
Miller, J. M., & Krosnick, J. A. (2000). News media impact on the ingredients of presidential evaluations : Politically knowledgeable citizens are guided by a trusted source. American Journal of Political Science, 44, 301-315.
Minsky, M. (1975). A framework for representing knowledge. In P. H. Winston (Ed.), *The psychology of computer vision* (pp. 211-277). New York : McGraw-Hill. 白井良明・杉原厚吉訳（1979）「知識を表現するための枠組」『コンピュータービジョンの心理学』産業図書, pp. 237-332.
三宅一郎（1989）『投票行動』東京大学出版会.
三好和昭（1981）「日常の些事にも鋭い感覚で――『ベビーホテル』の場合」『月刊民放』10月号，pp. 20-21.

Mullins, L. E. (1977). Agenda-setting and the young voter. In D. L. Shaw & M. E. McCombs (Eds.), *The emergence of American political issues : The agenda-setting function of the press* (pp. 133-148). St. Paul, MN : West.

Mutz, D. (1989). The influence of perceptions of media influence: Third person effects and the public expression of opinions. *International Journal of Public Opinion Research, 1*, 3-23.

難波功士 (1993)「広告研究における状況的パースペクティブ——E. Goffman "Frame Analysis" の検討から」『マス・コミュニケーション研究』42号, pp. 179-193.

Nelson, B. J. (1984). *Making an issue of child abuse : Political agenda setting for social problems.* Chicago : University of Chicago Press.

Nelson, T. E., Clawson, R. A., & Oxley, Z. M. (1997). "Media framing of a civil liberties and its effect on tolerance." *American Political Science Review, 91*, 567-583.

Nelson, T. E., & Willey, E. A. (2001). Issue frames that strike a value balance : A political psychology perspective. In S. D. Reese, O. H. Gandy, Jr., & A. E. Grant (Eds.), *Framing public life* (pp. 245-266). Mahwah, NJ : Lawrence Erlbaum Associates.

Neuman, W. R. (1991). *The Future of the Mass Audience*, New York : Cambridge University Press. 三上俊治・川端美樹・斉藤慎一訳 (2002)『マス・オーディエンスの未来像——情報革命と大衆心理の相克』学文社

Neuman, W. R., Just, M. R., & Crigler, A. N. (1992). *Common knowledge : News and the construction of political meaning*. Chicago : University of Chicago Press.

Nie, N. H., Verba, S., & Petrocik, J. R. (1976). *The changing American voter.* Cambridge, MA : Harvard University Press.

Noelle-Neumann, E. (1973). Return to the concept of powerful mass media. *Studies of Broadcasting, 9*, 67-112.

Noelle-Neumann, E. (1974). The spiral of silence : A theory of public opinion. *Journal of Communication, 24* (2), 43-51.

Noelle-Neumann, E. (1977). Turbulences in the climate of opinion : Methodological applications of the spiral of silence theory. *Public Opinion Quarterly, 41*, 143-158.

Noelle-Neumann, E. (1989). Advances in spiral of silence research. *Keio Communication Review, 10*, 3-34.

Noelle-Neumann, E. (1993). *The spiral of silence: Public opinion-our social skin* (2nd ed.). Chicago : University of Chicago Press. 池田謙一・安野智子訳 (1997)『沈黙の螺旋理論——世論形成過程の社会心理学 改訂版』ブレーン出版.

Noelle-Neumann, E., & Mathes, R.(1987). The 'event as event' and the 'event as news' : The significance of 'consonance' for media effects research. *European Journal of Communication, 2*, 391-414.

ニュースサイト研究会編 (2004)『インターネット時代におけるニュースの構造変化に関する研究』立教大学社会学部・成田康昭研究室.

小川恒夫 (1991)「議題設定機能の計量分析」小林良彰編『政治過程の計量分析』芦書房, pp. 100-136.

小川恒夫 (1995)「政治改革とマスメディアの議題設定機能」鶴木眞編『はじめて学ぶ社会情報論』三嶺書房, pp. 183-203.

岡田直之 (1979)「政治」早川善治郎・藤竹暁・中野収・北村日出夫・岡田直之『マス・コミュニケーション入門』有斐閣, pp. 147-171.

岡田直之 (1987)「アジェンダ設定研究の概観と課題」見田宗介・宮島喬編『文化と現代社会』東京大学出版会, pp. 175-207. (後に, 岡田直之 (1992)『マスコミ研究の視座と課題』東京大学出版会に収録)

大平英樹 (1997)「認知と感情の融接現象を考える枠組み」海保博之編『「温かい認知」の心理学——認知と感情の融接現象の不思議』金子書房, pp. 9-36.

大石裕 (1983)「コミュニティ権力構造論再考——潜在的政策決定に関する一考察」『慶應義塾大学法学研究科論文集』No. 17, pp. 75-90.

大嶽秀夫 (1990)『政策過程』東京大学出版会.

Pan, Z., & Kosicki, G. M. (1993). Framing analysis : An approach to news discourse. *Political Communication, 10*, 55-75.

Pan, Z., & Kosicki, G. M. (1997, July). *Framing public discourse: Another take on a theoretical perspective*. Paper presented at the Annual Convention of the Association for Education in Journalism and Mass Communication, Chicago.

Pan, Z., & Kosicki, G. M. (2001). Framing as a strategic action in public deliberation. In S. D. Reese, O. H. Gandy, Jr., & A. E. Grant (Eds.), *Framing public life: Perspectives on media and our understanding of the social world* (pp. 35-65). Mahwah, NJ : Lawrence Erlbaum Associates.

Palmgreen, P., & Clarke, P. (1977). Agenda-setting with local and national issues. *Communication Research, 4*, 435-452.

Patterson, T. E. (1980). *The mass media election : How Americans choose their president*. New York : Praeger.

Patterson, T. E., & McClure, R. D. (1976). *The unseeing eye : The myth of television power in national election*. New York : G. P. Putnam.

Perry, S. D., & Gonzenbach, W. J. (1997). Effects of news exemplification extended : Considerations of controversiality and perceived future opinion. *Journal of Broadcasting & Electronic Media, 41*, 229-244.

Peter, J., & de Vreese, C. H. (2003). Agenda-rich, agenda-poor : A cross-nationalcomparative investigation of nominal and thematic public agenda diversity. *International Journal of Public Opinion Research, 15*, 44-64.

Petrocik, J. (1996). Issue ownership in presidential elections with a 1980 case study. *American Journal of Political Science, 40*, 825-850.

Petty, R. E., & Cacioppo, J. T. (1986). *Communication and persuasion : Central and peripheral routes to attitude change*. New York : Springer-Verlag.

Petty, R. E., & Priester, J. R. (1994). Mass media attitude change : Implications of the elaboration likelihood model of persuasion. In J. Bryant & D. Zillmann (Eds.), *Media effects : Advances in theory and research* (pp. 91-122). Hillsdale, NJ : Laurence Erlbaum Associates.

Price, V., & Oshagan, H. (1995). Social-psychological perspectives on public opinion. In T. L. Glasser & C. T. Salmon (Eds.), *Public opinion and the communication of consent* (pp. 177-216). New York : The Guilford Press.

Price, V., & Tewksbury, D. (1997). News values and public opinion : A theoretical account of media priming and framing. In G. A. Barnett & F. J. Boster (Eds.), *Progress in communication sciences : Advances in persuasion* (Vol. 13, pp. 173-212). Greenwich, CT : Ablex.

Pritchard, D. (1986). Homicide and bargained justice : The agenda-setting effect of crime news on prosecutors. *Public Opinion Quarterly, 50*, 143-159.

Protess, D. L., Cook, F. L., Doppelt, J. C., Ettema, J. S., Gordon, M. T., Leff, D. R., & Miller, P. (1991). *The journalism of outrage : Investigative reporting and agenda building in America*. New York : Guilford.

Rabinowitz, G., Prothro, J., & Jacoby, W. (1982). Salience as a factor in the

impact of issues on candidate evaluation. *Journal of Politics, 44*, 41-63.

Ray, M. L. (1973). Marketing communication and the hierarchy-of-effects. In P. Clarke (Ed.), *New models for communication research* (pp.147-173). Beverly Hills, CA : Sage.

Ray, M. L. (1982). *Advertising and communication management*. Englewood Cliffs, NJ : Prentice-Hall.

Reese, S. D., & Danielian, L. H. (1989). Intermedia influence and the drug issue : Converging on cocaine. In P. J. Shoemaker (Ed.), *Communication campaigns about drugs : Government, media, and the public* (pp. 29-45). Hillsdale, NJ : Lawrence Erlbaum Associates.

Reese, S. D., Gandy, O. H., Jr., & Grant, A. E. (Eds.) (2001). *Framing public life : Perspectives on media and our understanding of the social world*. Mahwah, NJ : Lawrence Erlbaum Associates.

RePass, D. E. (1971). Issue salience and party choice. *American Political Science Review, 65*, 389-400.

Roberts, M. S. (1992). Predicting voting behavior via the agenda-setting tradition. *Journalism Quarterly, 69*, 878-892.

Roberts, M., & McCombs, M. (1994). Agenda setting and political advertising : Origins of the news agenda. *Political Communication, 11*, 249-262.

Roberts, M., Wanta, W., & Dzwo, T.-H. (2002). Agenda setting and issue salience online. *Communication Research, 29*, 452-465.

Robinson, J. P. (1976). Interpersonal influence in election campaigns : Two step-flow hypotheses. *Public Opinion Quarterly, 40*, 304-319.

Roessler, P., & Eichhorn, W. (1999). Agenda setting. In H. B. Brosius & C. Holtz-Bacha (Eds.), *The German communication yearbook* (pp. 277-304). Cresskill, NJ : Hampton Press.

Rogers, E. M. (1997). Review of *Communication and democracy : Exploring the intellectual frontiers in agenda-setting. Journalism & Mass Communication Quarterly, 74*, 892-893.

Rogers, E. M., & Chang, S. (1991). Media coverage of technology issues : Ethiopian drought of 1984, AIDS, Challenger, and Chernobyl. In L. Wilkins & P. Patterson (Eds.), *Risky business : Communicating issues of science, risk, and public policy* (pp. 75-96). New York : Greenwood.

Rogers, E. M., & Dearing, J. W. (1988). Agenda-setting research : Where

has it been, where is it going? In J. A. Anderson (Ed.), *Communication Yearbook 11* (pp. 555-594). Newbury Park, CA: Sage.

Rogers, E. M., Dearing, J. W., & Bregman, D. (1993). The anatomy of agenda-setting research. *Journal of Communication, 43* (2), 68-84.

Rogers, E. M., Hart, W. B., & Dearing, J. W. (1997). A paradigmatic history of agenda-setting research. In S. Iyengar & R. Reeves (Eds.), *Do the media govern? : Politicians, voters, and reporters in America* (pp. 225-236). Thousand Oaks, CA: Sage.

佐伯胖（1980）『「きめ方」の論理』東京大学出版会.

Saito, S. (1993). Television and the image of America in Japan. *Keio Communication Review, 15*, 45-67.

斉藤慎一・川端美樹（1991）「培養仮説の日本における実証的研究」『慶應義塾大学新聞研究所年報』37号, pp. 55-78.

Salwen, M. B. (1988). Effect of accumulation of coverage on issue salience in agenda setting. *Journalism Quarterly, 65*, 100-106, 130.

佐々木輝美（1996）『メディアと暴力』勁草書房.

Scheufele, D. A. (1999). Framing as a theory of media effects. *Journal of Communication, 49* (1), 103-122.

Scheufele, D. A. (2000). Agenda-setting, priming, and framing revisited: Another look at cognitive effects of political communication. *Mass Communication & Society, 3*, 297-316.

Schleuder, J., McCombs, M., & Wanta, W. (1991). Inside the agenda-setting process: How political advertising and TV news prime viewers to think about issues and candidates. In F. Biocca (Ed.), *Television and political advertising, Vol. 1: Psychological processes* (pp. 265-309). Hillsdale, NJ: Lawrence Eribaum Associates.

Schoenbach, K., & Semetko, H. A. (1992). Agenda-setting, agenda-reinforcing or agenda-deflating?: A study of the 1990 German national election. *Journalism Quarterly, 69*, 837-846.

Schudson, M. (1995). *The power of news.* Cambridge, MA: Harvard University Press.

Schuman, H., Ludwig, J., & Krosnick, J. A. (1986). The perceived threat of nuclear war, salience, and open questions. *Public Opinion Quarterly, 50*, 519-536.

Sears, D. O., & Freedman, J. L. (1967). Selective exposure to information: A critical review. *Public Opinion Quarterly, 31*, 194-213. 田崎篤郎訳（1967）「情報への選択的接触——批判的検討（1）（2）」『サンケ

イ・アド・マンスリー』（1）1967年10月号，pp. 38-45；（2）11月号，pp. 20-28.

Semetko, H. A., Blumler, J. G., Gurevitch, M., & Weaver, D. H. (1991). *The formation of campaign agendas : A comparative analysis of party and media roles in recent American and British elections*. Hillsdale, NJ : Lawrence Erlbaum Associates.

Semetko, H. A., & Mandelli, A. (1997). Setting the agenda for cross-national research : Bringing values into the concept. In M. McCombs, D. L. Shaw & D. Weaver (Eds.), *Communication and democracy : Exploring the intellectual frontiers in agenda-setting theory* (pp. 195-207). Mahwah, NJ : Lawrence Erlbaum Associates.

Shaw, D. L., & Hamm, B. J. (1997). Agenda for a public union or for private communities? : How individuals are using media to reshape American society. In M. McCombs, D. L. Shaw, & D. Weaver (Eds.), *Communication and democracy : Exploring the intellectual frontiers in agenda-setting theory* (pp. 209-230). Mahwah, NJ : Lawrence Erlbaum Associates.

Shaw, D. L., & McCombs, M. E. (Eds.) (1977). *The emergence of American political issues : The agenda-setting function of the press*. St.Paul, MN : West.

Shaw, D. L., & Martin, S. E. (1992). The function of mass media agenda setting. *Journalism Quarterly, 69*, 902-920.

Shaw, D. L., Stevenson, R. L., & Hamm, B. J. (2001, September). *Agenda setting theory and public opinion studies in a post-mass media age*. Paper presented at the World Association for Public Opinion Research annual conference, Rome.

Shaw, E. F. (1977). The interpersonal agenda. In D. L. Shaw & M. E. McCombs (Eds.), *The emergence of American political issues : The agenda-setting function of the press* (pp. 69-87). St.Paul, MN : West.

清水幾太郎（1951）『社会心理学』岩波書店.

Sigal, L. V. (1973). *Reporters and officials : The organization and politics of newsmaking*. Lexington, MA : D. C. Heath.

Signorielli, N. (1990). Television's mean and dangerous world : A continuation of the Cultural Indicators project. In N. Signorielli & M. Morgan (Eds.), *Cultivation analysis : New directions in the media effects research* (pp. 85-106). Newbury Park, CA : Sage.

Signorielli, N., & Morgan, M. (Eds.) (1990). *Cultivation analysis : New directions in the media effects research.* Newbury Park, CA : Sage.

Simpson, C. (1996). Elisabeth Noelle-Neumann's 'spiral of silence' and the historical context of communication theory. *Journal of Communication, 46* (3), 149-173.

Smith, T. (1980). America's most important problem : A trend analysis, 1946-1976. *Public Opinion Quarterly, 44*, 164-180.

Stevenson, R. L., & Ahern, T. J., Jr. (1982, July). *Agenda-setting and the individual.* Paper presented to the Association for Education in Journalism meeting in Athens, OH.

Stone, G., & McCombs, M. E. (1981). Tracing the time lag in agenda-setting. *Journalism Quarterly, 58*, 51-55.

Sutherland, M., & Galloway, J. (1981). Role of advertising : Persuasion or agenda setting? *Journal of Advertising Research, 21* (5), 25-29.

Swanson, D. L. (1988). Feeling the elephant : Some observations on agenda-setting research. In J. A. Anderson (Ed.), *Communication Yearbook 11* (pp. 603-619). Newbury Park, CA : Sage.

竹下俊郎（1981）「マス・メディアの議題設定機能――研究の現状と課題」『新聞学評論』30号，pp. 203-218.

竹下俊郎（1983）「メディア議題設定仮説の実証的検討」『東京大学新聞研究所紀要』31号，pp. 101-143.

竹下俊郎（1984）「議題設定研究の視角――マスコミ効果研究における理論と実証」『放送学研究』34号，pp. 81-116.

竹下俊郎（1988）「争点報道と議題設定仮説」東京大学新聞研究所編『選挙報道と投票行動』東京大学出版会，pp. 157-196.

竹下俊郎（1990）「マスメディアと世論」『レヴァイアサン』 7 号，pp. 75-96.

Takeshita, T. (1993). Agenda-setting effects of the press in a Japanese local election. *Studies of Broadcasting, 29*, 193-216.

竹下俊郎（1994）「マス・メディアとアナウンスメント効果」栗田宣義編『政治心理学リニューアル』学文社，pp. 115-136.

竹下俊郎（1995）「低調な選挙に対する媒介役の責任」『新聞研究』530号（9月号），pp. 70-73.

竹下俊郎（1996）「ジャーナリズムの現実定義機能――効果論からのアプローチ」天野勝文・桂敬一・林利隆・藤岡伸一郎・渡辺修編『岐路に立つ日本のジャーナリズム――再構築への視座を求めて』日本評論社，pp. 303-323.

Takeshita, T. (1997). Exploring the media's roles in defining reality : From

issue-agenda setting to attribute-agenda setting. In M. McCombs, D. L. Shaw & D. Weaver (Eds.), *Communication and democracy : Exploring the intellectual frontiers in agenda-setting theory* (pp. 15-27). Mahwah, NJ : Lawrence Erlbaum Associates.

竹下俊郎（1998）「メディア効果理論に関する一考察――議題設定，プライミング，フレーミング」日本選挙学会1998年度大会報告論文.

竹下俊郎（1999）「情報化とマスコミュニケーション過程」児島和人編『講座社会学８・社会情報』東京大学出版会，pp. 35-72.

竹下俊郎（2003）「メディア・フレーミング効果に関する実証的研究」平成12・13年度科学研究費補助金（基盤研究（C）（２））研究成果報告書（課題番号12610206）.

Takeshita, T. (2006). Current critical problems in agenda-setting research. *International Journal of Public Opinion Research, 18*, 275-296.

竹下俊郎（2007）「議題設定とフレーミング――属性型議題設定の２つの次元」『三田社会学』第12号，pp. 4-18.

Takeshita, T., & Mikami, S. (1995). How did mass media influence the voters' choice in the 1993 general election in Japan? : A study of agenda-setting. *Keio Communication Review, 17*, 27-41.

竹内郁郎（1976）「『利用と満足』研究の現況」『現代社会学』５号，pp. 87-114.（後に，竹内郁郎（1990）『マス・コミュニケーションの社会理論』東京大学出版会に収録）

竹内郁郎（1982）「受容過程の研究」竹内郁郎・児島和人編『現代マス・コミュニケーション論』有斐閣，pp. 44-79.（後に，竹内郁郎（1990）『マス・コミュニケーションの社会理論』東京大学出版会に収録）

田中靖政（1996）「World Wide Web（WWW）――報道・選挙メディアとしての可能性」『学習院大学法学会雑誌』32-1号，pp. 11-68.

Tankard, Jr., J. W. (1990). The theorists. In W. D. Sloan (Ed.), *Makers of the media mind : Journalism educators and their ideas* (pp. 227-286). Hillsdale, NJ : Lawrence Erlbaum Associates.

Tarde, G. (1901). *L'opinion et la foule*. 稲葉三千男訳（1964）『世論と群集』未来社.

田崎篤郎（1972）「耐久財購入後の広告接触」飽戸弘編『広告効果――受け手心理の理論と実証』読売テレビ，pp. 236-251.

Tewksbury, D., & Althaus, S. L. (2000). Differences in knowledge acquisition among readers of the paper and online versions of a national newspaper." *Journalism & Mass Communication Quarterly, 77*, 457-479.

Tipton, L., Haney, R. D., & Baseheart, J. R. (1975). Media agenda-setting in city and state election campaigns. *Journalism Quarterly, 52*, 15-22.

時野谷浩 (1983)「議題設定理論による広告効果の研究」『吉田秀雄記念事業財団昭和57年度助成研究集 (第16次)』吉田秀雄記念事業財団, pp. 75-87.

Tokinoya, H. (1989). Testing the spiral of silence theory in East Asia. *Keio Communication Review, 10*, 35-49.

Trenaman, J., & McQuail, D. (1961). *Television and the political image : A study of the impact of television on the 1959 general election.* London : Methuen.

Troldahl, V., & Van Dam, R. (1965). Face-to-face communication about major topics in the news. *Public Opinion Quarterly, 29*, 626-634.

土田昭司・上野徳美 (1989)「説得の過程」大坊郁夫・安藤清志・池田謙一編『社会心理学パースペクティブ・1　個人から他者へ』誠信書房, pp. 235-271.

Tsuruki, M. (1982). Frame imposing function of the mass media as seen in the Japanese press. *Keio Communication Review, 3*, 27-37.

Tversky, A., & Kahneman, D. (1981). The framing of decisions and the psychology of choice. *Science, 211*, 453-458.

Underwood, D. (1993). *When MBAs rule the newsroom : How the marketers and managers are reshaping today's media*. New York : Columbia University Press.

Walker, J. L. (1977). Setting the agenda in the U. S. Senate : A theory of problem selection. *British Journal of Political Science, 7*, 423-445.

Wanta, W. (1997). The messenger and the message : Differences across news media. In M. McCombs, D. L. Shaw & D. Weaver (Eds.), *Communication and democracy : Exploring the intellectual frontiers in agenda-setting theory* (pp. 137-151). Mahwah, NJ : Lawrence Erlbaum Associates.

Wanta, W., & Chang, K.-K. (1999, May). *Priming and the second level of agenda-setting : Merging two theoretical approaches*. Paper presented at the International Communication Association annual convention, San Francisco.

Wanta, W., Golan, G., & Lee, C. (2004). Agenda setting and international news : Media influence on public perceptions of foreign nations. *Journalism & Mass Communication Quarterly, 81*, 364-377.

Wanta, W., & Hu, Y. (1993). The agenda-setting effects of international news coverage : An examination of differing news frames. *International Journal of Public Opinion Research, 5*, 250-264.

Wanta, W., & Hu, Y. (1994). The effects of credibility, reliance, and exposure on media agenda-setting : A path analysis model. *Journalism Quarterly, 71*, 90-98.

Wanta, W., King, P.-T., & McCombs, M. E. (1995). A comparison of factors influencing issue diversity in the U. S. and Taiwan. *International Journal of Public Opinion Research, 7*, 353-365.

Wanta, W., Song, Y., & Golan, G. (2002, July). *Second-level agenda-setting : Linking attributes to Bush and McCain in the New Hampshire primary*. Paper presented at the annual conference of the International Communication Association, Seoul, Korea.

Wanta, W., & Wu, Y. (1992). Interpersonal communication and the agenda-setting process. *Journalism Quarterly, 69*, 847-855.

渡邉登（1994）「地域権力構造と市民参加」栗田宣義編『政治社会学リニューアル』学文社，pp. 21-55.

綿貫譲治・三宅一郎・猪口孝・蒲島郁夫（1986）『日本人の選挙行動』東京大学出版会.

Watzlawick, P., Weakland, J., & Fisch, R. (1974). *Change : Principles of problem formation and problem resolution*. New York : W. W. Norton & Company. 長谷川啓三訳（1992）『変化の原理――問題の形成と解決』法政大学出版局.

Weaver, D. H. (1977). Political issue and voter need for orientation. In D. L. Shaw & M. E. McCombs (Eds.), *The emergence of American political issues : The agenda-setting function of the press* (pp. 107-119). St. Paul, MN : West.

Weaver, D. H. (1980). Audience need for orientation and media effects. *Communication Research, 7*, 361-376.

Weaver, D. H. (1982, June). *Media agenda-setting and elections : Assumptions and implications.* Paper presented at an international conference, “Mass Media and Elections in Democratic Societies,” Munster, West Germany.

Weaver, D. (1997). Framing should not supplant agenda-setting. *CT & M Concepts, 27* (2), 3.

Weaver, D. H. (2007). Thoughts on agenda setting, framing, and priming. *Journal of Communication, 57*, 142-147.

Weaver, D. H., & Elliott, S. N. (1985). Who sets the agenda for the media : A study of local agenda-building. *Journalism Quarterly, 62*, 87-94.

Weaver, D. H., Graber, D. A., McCombs, M. E., & Eyal, C. H.(1981). *Media agenda-setting in a presidential election : Issues, images, and interest*. New York : Praeger. 竹下俊郎訳 (1988)『マスコミが世論を決める――大統領選挙とメディアの議題設定機能』勁草書房.

Weaver, D., McCombs, M., & Shaw, D. L. (2004). Agenda-setting research : Issues, attributes and influences. In L. L. Kaid (Ed.), *Handbook of political communication research* (pp. 257-282). Mahwah, NJ : Lawrence Erlbaum Associates.

Whitney, D. C., & Becker, L. B. (1982). 'Keeping the gates' for gatekeepers : The effects of wire news. *Journalism Quarterly, 59*, 60-65.

Williams, W., Jr., & Semlak, W. D. (1978). Structural effects of TV coverage on political agendas. *Journal of Communication, 28* (4), 114-119.

Williams, W., Jr., Shapiro, M., & Cutbirth, C. (1983). The impact of campaign agendas on perceptions of issues. *Journalism Quarterly, 60*, 226-232.

Winter, J., & Eyal, C. (1981). Agenda-setting for the civil right issue. *Public Opinion Quarterly, 45*, 376-383.

Wright, C. R. (1986). *Mass communication : A sociological perspective* (3rd ed.). New York: Random House.

Yagade, A., & Dozier, D. M. (1990). The media agenda-setting effect of concrete versus abstract issues. *Journalism Quarterly, 67*, 3-10.

横田一 (1996)『テレビと政治』すずさわ書店.

Young, M. L.(1992). *Dictionary of polling : The languages of contemporary opinion research.* Westport, CT : Greenwood.

Zajonc, R. B. (1980). Feeling and thinking : Preferences need no inferences. *American Psychologist, 35*, 151-175.

Zhu, J.-H., with Boroson, W. (1997). "Susceptibility to agenda setting : A cross-sectional and longitudinal analysis of individual differences." In M. McCombs, D. L. Shaw, & D. Weaver (Eds.), *Communication and democracy* (pp. 69-83). Mahwah, NJ : Lawrence Erlbaum Associates.

Zucker, H. (1978). The variable nature of news media influence. In B. D. Ruben (Ed.), *Communication Yearbook 2* (pp.225-245). New Brunswick, NJ : Transaction Books.